"十二五"职业教育国家规划教材（修订版）

高层建筑施工
第2版

主　编　程和平

副主编　田江永　岳　翎

参　编　沈董健　徐苗苗　何　旭

主　审　黄　彬

机械工业出版社

本书依据国家现行标准、规范，结合主流施工工艺和技术要求编写，融入建筑材料、施工质量控制、施工组织管理、施工安全管理、施工事故分析等内容，体现了目前国内外高层建筑施工的发展动态，在内容设置上注重培养学生的实践能力。本书基础理论以"实用为主、必需和够用"为度，编写内容结合了专业建设、课程建设和教学改革成果，是在广泛的调查和研讨的基础上进行规划和编写的。

全书分为桩基础施工、深基坑支护、深基坑降水与土方开挖、高层建筑脚手架施工与垂直运输设施的使用、高层现浇混凝土结构施工、装配式混凝土结构施工、防水工程施工、围护结构施工 8 个项目。每个项目后都设置了拓展阅读、思考题、能力训练题模块。本书还配套有形式多样的数字资源，可以通过扫码学习；同时，在智慧职教网站还配套开设有在线课程，以方便大家进行学习。

本书内容通俗易懂、图表丰富、可操作性强，可作为高等职业院校土建施工类专业的教材和指导用书，也可作为相关专业工程技术人员的参考书。

本书配有电子课件，凡使用本书作为教材的教师可登录机械工业出版社教育服务网 www.cmpedu.com 下载。咨询电话：010-88379375。

图书在版编目（CIP）数据

高层建筑施工 / 程和平主编. --2版.-- 北京：机械工业出版社，2025. 1. --（"十二五"职业教育国家规划教材：修订版）. -- ISBN 978-7-111-77804-2

Ⅰ. TU974

中国国家版本馆CIP数据核字第2025UL2315号

机械工业出版社（北京市百万庄大街22号　邮政编码100037）
策划编辑：常金锋　　　　　责任编辑：常金锋　陈将浪
责任校对：梁　园　陈　越　　封面设计：王　旭
责任印制：常天培
河北虎彩印刷有限公司印刷
2025年5月第2版第1次印刷
184mm×260mm・17.25印张・404千字
标准书号：ISBN 978-7-111-77804-2
定价：54.00元

电话服务　　　　　　　　　网络服务
客服电话：010-88361066　　机　工　官　网：www.cmpbook.com
　　　　　010-88379833　　机　工　官　博：weibo.com/cmp1952
　　　　　010-68326294　　金　书　网：www.golden-book.com
封底无防伪标均为盗版　机工教育服务网：www.cmpedu.com

前　言

"高层建筑施工"是高等职业院校土建施工类专业的一门专业核心课程，主要研究高层、超高层建筑施工中主要的施工工艺、技术和方法，学好这门课程对学生职业能力的培养和职业素养的形成具有重要的作用。本书第一版出版后，获评"十二五"职业教育国家规划教材，得到了广大师生的好评。本次修订在保留第一版优点和特色的基础上，结合高层建筑施工技术和信息技术的发展，进行了许多优化、改进和创新。经修订后，本书具有以下特色：

1. 以施工过程为主线，突出专业和职业教育特色

全书的编排按照施工过程展开，紧扣高层建筑施工领域典型工作岗位需求，按照"项目载体、任务驱动、工作导向"的思路，以岗位能力培养为核心，以施工过程为导向，以工作任务为载体，每个项目安排若干个任务，每个项目后又配备了拓展阅读、思考题、能力训练题帮助学生消化、吸收和巩固。本书编写过程中，将工匠精神、质量意识、规范意识、安全意识等高质量发展要素深度融入，促进专业学习和思想教育同向同行，不断提升学生的职业能力和职业素养。

2. 融入信息技术，突出富媒体教材特色

本书编写过程中运用现代信息技术，使知识的呈现形式多样化，书中采用了大量的二维码视频，读者可以通过扫描二维码进行学习。为方便授课老师的课程教学和学生学习，本书在智慧职教网站配套了在线课程。本书现代信息技术的应用充分体现了现代化学习方式的互动性、移动性、随时性，丰富了教师的教学手段，提高了学生的学习效率。

3. 校企深度合作开发，更好地融入岗位职业标准、主流施工工法等内容

本书编写过程中与南通四建集团有限公司、常州市建筑科学研究院集团股份有限公司进行校企合作，共同开发，将岗位职业标准、主流施工工法等内容融入书中，致力于实现课程内容与岗位技能的对接、教学过程与施工过程的对接。

全书由程和平主编，田江永、岳翎任副主编。其中程和平负责编写项目5、项目6；田江永负责编写项目3；岳翎负责编写项目2；徐苗苗负责编写项目4；项目1、项目8由南通四建集团有限公司沈董健编写；项目7由何旭编写。特别感谢常州市建筑科学研究院集团股份有限

公司黄彬高级工程师，对本书的编写和修改提出了许多宝贵意见。

由于编者水平有限，书中难免存在不足之处，恳请广大读者批评指正，以便及时进行修订和改进。

编　者

微课视频

名称	二维码	页码	名称	二维码	页码
桩基础的分类		1	地下连续墙施工		46
预制桩施工		3	支护结构内支撑施工		56
灌注桩施工		8	流砂的防治		65
桩基检测和验收		13	深基坑降水		68
支护结构的选型		20	轻型井点降水施工		71
排桩支护施工		23	喷射井点施工		75
水泥土墙施工		27	管井与深井井点施工		77
SMW工法施工		30	截水和回灌		78
土钉墙施工		34	深基坑土方开挖		80
土层锚杆施工		39	基坑（槽）验收		86

（续）

名称	二维码	页码	名称	二维码	页码
基坑监测		87	钢筋机械连接		143
高层建筑脚手架施工		94	电渣压力焊		146
承插型盘扣式钢管脚手架		95	气压焊		149
垂直运输设施的使用		106	泵送混凝土的施工准备		152
塔式起重机的选择和布置		109	泵送混凝土的浇筑		157
附着式和内爬式塔式起重机		111	施工缝和后浇带的设置		159
组合式模板施工		124	泵送混凝土的振捣、养护		164
大模板施工		127	装配式混凝土建筑常见的预制构件		174
滑升模板		131	预制混凝土构件的生产		178
爬模、早拆模板、永久性模板施工		139	预制混凝土构件的浇筑与厂内存放		181

（续）

名称	二维码	页码	名称	二维码	页码
预制混凝土构件的运输与现场堆放		185	刚性防水屋面施工		221
钢筋混凝土预制柱的安装		189	地下防水混凝土结构的施工		224
剪力墙安装		192	地下防水工程卷材防水层施工		226
叠合梁、板的安装		195	地下防水工程结构细部构造防水的施工		229
预制楼梯、阳台的安装		198	厨房、卫生间防水工程施工		235
结构连接		200	蒸压加气混凝土砌块填充墙构造要求		245
套筒灌浆连接		200	蒸压加气混凝土砌块填充墙施工		245
屋面防水工程施工		211	轻质板材隔墙施工		249
屋面卷材防水施工		211	EPS板薄抹灰外保温施工准备		256
涂膜防水屋面施工		218	EPS板薄抹灰外保温施工		256

现场施工视频

名称	二维码	页码	名称	二维码	页码
旋挖湿作业成孔		9	自动数控弯箍机弯曲钢筋		180
U形钢板桩与锚杆联合支护		24	外墙穿墙螺栓孔打发泡胶		204
挂网喷浆护坡		81	垫层表面收光		228
深层水平位移测量		88	植筋		244
现场电渣压力焊		146	铺浆法砌筑		247
混凝土泵送、浇筑		156	保温板的铺贴		257
楼板钢筋铺放、线盒安装		157	安装锚栓		259
激光整平机整平混凝土		165			

动画视频

名称	二维码	页码	名称	二维码	页码
SMW 工法施工动画		30	附着升降式脚手架搭设动画		103
土钉墙支护动画		35	内爬式塔式起重机施工动画		114
土层锚杆施工动画		39	早拆模板体系动画		140
地下连续墙施工动画		46	聚苯板外墙外保温施工动画		258
真空井点降水动画		71			

目　录

前言
微课视频
现场施工视频
动画视频

项目 1　桩基础施工 1
任务 1.1　预制桩施工 3
任务 1.2　灌注桩施工 8
任务 1.3　桩基础检测和验收 13
拓展阅读 16
思考题 18
能力训练题 18

项目 2　深基坑支护 20
任务 2.1　支护结构的选型 20
任务 2.2　排桩支护施工 23
任务 2.3　水泥土墙施工 27
任务 2.4　SMW 工法挡墙施工 30
任务 2.5　土钉墙施工 34
任务 2.6　土层锚杆施工 39
任务 2.7　地下连续墙施工 46
任务 2.8　支护结构内支撑施工 56
拓展阅读 61
思考题 62
能力训练题 63

项目 3　深基坑降水与土方开挖 65

任务 3.1　流砂的防治 65
任务 3.2　深基坑降水 68
任务 3.3　深基坑土方开挖 80
任务 3.4　基坑监测 87
拓展阅读 90
思考题 92
能力训练题 92

项目 4　高层建筑脚手架施工与垂直运输设施的使用 94

任务 4.1　高层建筑脚手架施工 94
任务 4.2　垂直运输设施的使用 106
拓展阅读 120
思考题 121
能力训练题 121

项目 5　高层现浇混凝土结构施工 123

任务 5.1　模板施工 123
任务 5.2　粗钢筋连接 143
任务 5.3　泵送混凝土的施工 152
拓展阅读 168
思考题 169
能力训练题 170

项目 6　装配式混凝土结构施工 172

任务 6.1　预制构件的制作 174
任务 6.2　预制构件的运输与现场堆放 185
任务 6.3　预制构件的安装 189
任务 6.4　结构连接 200
拓展阅读 206
思考题 208
能力训练题 208

项目 7　防水工程施工 ... 210
任务 7.1　屋面防水工程施工 ... 211
任务 7.2　地下防水工程施工 ... 223
任务 7.3　厨房、卫生间防水工程施工 ... 235
拓展阅读 ... 239
思考题 ... 240
能力训练题 ... 240

项目 8　围护结构施工 ... 242
任务 8.1　填充墙砌体施工 ... 242
任务 8.2　轻质板材隔墙施工 ... 249
任务 8.3　外墙外保温施工 ... 253
拓展阅读 ... 260
思考题 ... 262
能力训练题 ... 262

参考文献 ... 264

项目 1

桩基础施工

素养目标：

1. 通过桩基础的施工，培养学生重视基础、严格把关的质量意识和专业精神。
2. 通过对桩基础等隐蔽工程的质量验收，树立学生的社会责任感，培养学生对职业的敬畏感。

知识目标：

1. 熟悉桩基础的分类。
2. 了解灌注桩和预制桩的优（缺）点。
3. 掌握常见灌注桩的施工工艺流程和施工要点。
4. 掌握常见预制桩的施工工艺流程和施工要点。
5. 熟悉桩基础检测和验收的要求与常见方法。

能力目标：

1. 能够组织桩基础的施工。
2. 能进行桩基础的质量验收和安全检查。
3. 能利用互联网寻找各类学习资源。

高层建筑通常以建筑的高度或层数来定义，不同国家和地区对此有不同的理解，从不同的角度（如消防、运输角度）来看待，会有不同的结论。《民用建筑设计统一标准》（GB 50352—2019）规定，建筑高度大于27m的住宅建筑和建筑高度大于24m的非单层公共建筑，且高度不大于100m的为高层民用建筑；建筑高度大于100m为超高层建筑。2010年颁布的《高层建筑混凝土结构技术规程》（JGJ 3—2010）规定，10层及10层以上或房屋高度大于28m的住宅建筑和房屋高度大于24m的其他高层民用建筑为高层建筑。

高层建筑的基础必须具有足够的刚度和稳定性，才能对上部结构形成可靠的嵌固作用，避免不均匀沉降，防止建筑物在偶然荷载作用下发生倾覆或滑移。基础底面面积的形心，应与上部结构永久荷载的合力中心相重合。

高层建筑的基础类型有筏形基础（图1-1）和箱形基础（图1-2）。一般情况下，在筏形基础和箱形基础的下方均布置桩，也称为桩筏基础和桩箱基础，通过桩的植入，将上部结构的竖向力传递至深层地基。筏形基础和箱形基础起到承上启下的作用，将柱、剪力墙或支撑的荷载转换后传递至桩基础。桩的布置与基础底板的设计密切相关，可以布置成柱（墙）下桩基础和板下桩基础。

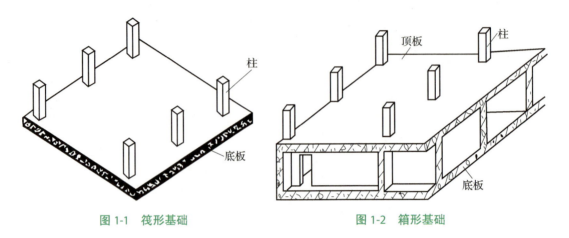

图 1-1　筏形基础　　　　　　　　图 1-2　箱形基础

桩基础的分类如下：

1）按桩的受力情况不同，桩基础可分为端承型桩和摩擦型桩，如图 1-3 所示。

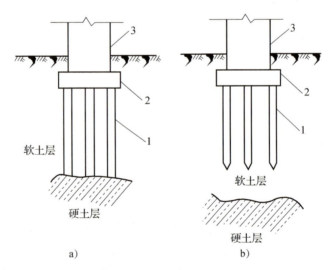

图 1-3　端承型桩与摩擦型桩
a）端承型桩　b）摩擦型桩
1—桩　2—承台　3—上部结构

①端承型桩是指在承载能力极限状态下，桩顶竖向荷载全部或主要由桩端阻力承担，桩尖进入岩层或硬土层，又可分为端承桩和摩擦端承桩。端承桩是指在极限承载力状态下，桩顶荷载由桩端阻力承受的桩；摩擦端承桩是指在极限承载力状态下，桩顶荷载主要由桩端阻力承受，部分由桩侧摩擦力承受的桩。

②摩擦型桩是指桩顶荷载全部或主要由桩侧摩擦力承担，桩尖进入软土层，又可分为摩擦桩和端承摩擦桩。摩擦桩是指在极限承载力状态下，桩顶荷载由桩侧摩擦力承受的桩；端承摩擦桩是指在极限承载力状态下，桩顶荷载主要由桩侧摩擦力承受，部分由桩端阻力承受的桩。

2）按桩的施工方法不同，桩基础有预制桩和灌注桩两类。

①预制桩是在工厂或施工现场制成的各种材料和形式的桩（如混凝土方桩、预应力混凝土管桩、钢管桩或型钢桩等），施工时用沉桩设备将其沉入土中。

②灌注桩是在施工现场的桩位上用机械或人工成孔，然后放入钢筋笼，再浇筑混凝土制成的桩。

3）按成桩时的挤土状况，桩基础可分为非挤土桩、部分挤土桩和挤土桩。

①非挤土桩：在成桩过程中将相应于桩身体积的土挖出来，常见的有挖孔桩、钻孔桩等。

②部分挤土桩：在成桩过程中，挤土作用轻微，桩周土的工程性质变化不大，常见的有预钻孔打入式预制桩、打入式敞口钢管桩等。

③挤土桩：在成桩过程中，桩周土被挤开，使土的工程性质与天然状态相比有较大变化，常见的有打入或压入的预制混凝土桩、封底钢管桩、混凝土管桩和沉管灌注桩。

应根据建筑结构类型、荷载性质，桩的使用功能、穿越土层情况，桩端持力层土的类别，地下水位，施工设备、施工环境、施工经验、制桩材料、供应条件等，选择经济合理、安全适用的桩型和成桩工艺。随着施工技术的发展，一些施工工艺逐步被淘汰或获得了新的发展。

任务 1.1 预制桩施工

预制桩主要有钢筋混凝土预制桩、钢管桩或型钢桩等，预制桩能承受较大的荷载，且坚固耐久、施工速度快，是广泛应用的桩型之一。

1. 钢筋混凝土预制桩的制作、运输和堆放

钢筋混凝土预制桩可以制作成各种需要的断面及长度，预制桩的制作及沉桩工艺简单，不受地下水位高低变化的影响，常用的有钢筋混凝土实心方桩（图 1-4）和钢筋混凝土空心管桩（图 1-5）。

图 1-4 钢筋混凝土实心方桩

图 1-5 钢筋混凝土空心管桩

1）钢筋混凝土实心方桩由桩尖和桩身组成，断面一般呈方形。桩身截面一般沿桩长不变，截面尺寸一般为 200mm×200mm ～ 600mm×600mm。较短的桩一般在工厂制作，较长的桩一般在施工现场附近制作。如在工厂制作，为便于运输，长度不宜超过 12m。如在现场制作，长度一般不超过 30m。当打设 30m 以上长度的桩时，在打桩过程中需要逐节接桩，但接头不宜超过 3 个。现场制作桩时，场地必须平整夯实，不应产生浸水湿陷和不均匀沉降。为节约场地，可采用叠浇桩。叠浇桩的层数一般不宜超过 4 层，上下层之间、邻桩之间、桩与模板之间应做好隔离层。上层桩或邻桩的浇筑，应在下层桩或邻桩的混凝土强度等级超过设计值的 30% 后方可进行。

2）钢筋混凝土空心管桩采用工厂化生产，混凝土管桩各节段之间的连接可以用角钢焊接（图 1-6）或法兰连接（图 1-7）。制作完成的管桩应在每根桩上标明编号及制作日期，如不埋设吊环，则应标明绑扎点位置。

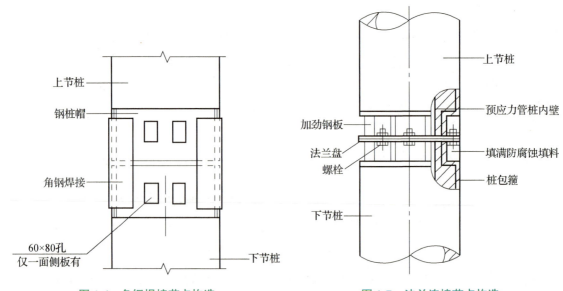

图 1-6　角钢焊接节点构造　　　　图 1-7　法兰连接节点构造

钢筋混凝土预制桩应在混凝土达到设计强度标准值的 70% 后方可起吊，达到 100% 后方能运输和打桩。如需提前起吊，必须做强度和抗裂等级验算，并采取必要的防护措施。起吊时，吊点位置应符合设计规定，如设计未做规定时，应符合起吊弯矩最小的原则，其合理吊点位置如图 1-8 所示。起吊时应平稳提升，吊点应同时离地，保证桩不受损坏。

桩的运输方式在运距不大时，可用起重机吊运；当运距较大时，常用平板拖车运输，注意桩下要设置活动支座。经过搬运的桩，必须进行外观检查，如质量不符合要求，应视具体情况，与设计单位共同研究处理。

桩堆放时场地应平整、坚实、排水良好，桩应按规格、桩号分层叠置，桩尖应朝向一端，支撑点应设在吊点或其近旁处，上下垫木应在同一条竖直线上，并支撑平稳；桩的堆放层数不宜超过 4 层，不同规格的桩应分别堆放。

项目1 桩基础施工

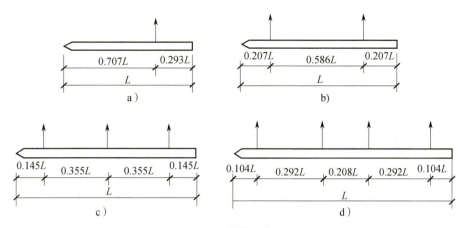

图 1-8 预制桩吊点位置

a）一点吊法 b）二点吊法 c）三点吊法 d）四点吊法

2. 沉桩施工

钢筋混凝土预制桩的沉桩方法有锤击法、振动法、水冲法和静力压桩法等，其中以静力压桩法较为常用。

静力压桩法是通过静力压桩机（图 1-9、图 1-10）的压桩机构，以压桩机自重和桩机上的配重作为反作用力将钢筋混凝土预制桩分节压入地基土层中。与锤击法相比，由于避免了锤击应力，桩的混凝土强度及其配筋满足吊装弯矩和使用期的受力要求即可，因而桩的断面尺寸和配筋率可以减小，压桩引起的桩周土体扰动也要小得多；并且，压桩力能自动记录，可预估和验证单桩承载力。因此，静力压桩法是软土地区常用的沉桩方法，这种沉桩方法无振动、无噪声，对周围环境影响小，适合在城市中施工。但存在压桩设备较笨重；当边桩中心到既有建筑物的间距较大时，压桩力受到一定的限制；以及挤土效应仍然存在等问题。

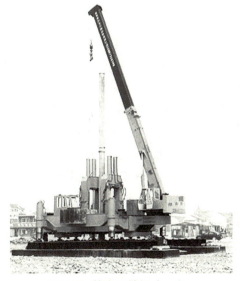

图 1-9 静力压桩机（一）

图 1-10 静力压桩机（二）

静力压桩法的施工程序为：测定桩位→桩机就位→压桩→接桩→送桩→终压→截桩。静力压桩法的工艺流程如图 1-11 所示。

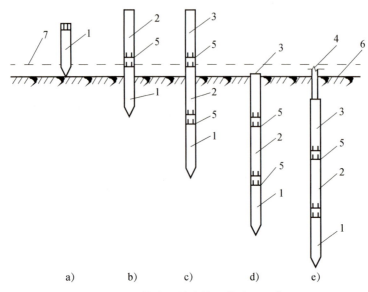

图 1-11　静力压桩法的工艺流程示意图

a）准备压第一段桩　b）接第二段桩　c）接第三段桩　d）整根桩压平至地面　e）采用送桩器压桩完毕
1—第一段桩　2—第二段桩　3—第三段桩　4—送桩器　5—桩接头处　6—地面　7—压桩架操作平台线

（1）测定桩位　平整清理好施工场地后，设置桩基础轴线定位点和水准点，根据建筑物的轴线控制桩，按设计图纸要求定出桩基础轴线和每根桩的位置，并做好标志。施工前，桩位要检查复核，以防因外界因素影响而造成偏移。

（2）桩机就位　桩机就位时，应对准桩位，将桩机调至水平、稳定，确保在施工中不发生倾斜和移动。

（3）压桩　压桩施工前，应了解施工现场的土层、土质情况，检查桩机设备，以免压桩过程中施工中断造成土层固结，使压桩变得困难。如果压桩过程需要停歇，应考虑将桩尖停歇在软弱土层中，以便再次压桩时阻力不致过大。桩机自重大，故行驶路基必须有足够的承载力，必要时应对路基进行加固处理。静力压桩施工中，一般采用分段压入、逐段接长的方法。第一节桩压入土中，其上端距地面 2m 左右时将第二节桩接上，继续压入，接桩、压入的工序应连续。压桩顺序应根据地质条件、基础的设计标高、桩的密集程度、现场土质情况等因素综合确定，一般采取先深后浅、先大后小、先长后短的顺序。对于密集群桩，可自中间向两个方向或四周对称进行施工；当毗邻建筑物时，从毗邻建筑物一侧向另一侧施工，以减少对建筑物的影响。

压桩时，应始终保持桩轴心受压，若有偏移应立即纠正。当桩压至接近设计标高时，不可过早停压，应使压桩一次成功，以免发生压不下或超压现象。工程中一般会有少数桩不能压至设计标高，此时可将桩顶截去。如初压时桩身发生较大的移位、倾斜，压入过程中桩身突然下沉或倾斜，桩顶混凝土被破坏或压桩阻力剧变，应暂停压桩，及时研究处理。

压桩过程中应全程测量,以保证桩身垂直度。当桩身垂直度偏差大于 1% 时,应找出原因并设法纠正;在桩尖进入较硬土层后,严禁用移动机架等方法强行纠偏。

(4)接桩 有时设计的桩较长,但由于桩机高度或运输等因素限制,只能采用分段预制、分段压入的方法,这就要在压桩过程中将桩接长。接长钢筋混凝土预制桩的方式有浆锚连接、法兰连接、焊接,目前以焊接应用最多。

1)浆锚连接(图 1-12)是用硫黄胶泥或环氧树脂,将上节桩的预留锚筋黏结于下节桩的锚筋孔内。硫黄胶泥是一种热塑冷硬性材料,由黏结剂、硫黄、增韧剂及填充剂,按一定配合比经熔融搅拌而成,具有在一定温度下多次熔融搅拌而强度不变的特性。采用浆锚连接可节约钢材,操作简便,接桩时间比焊接大为缩短,但不宜用于坚硬土层施工。

2)法兰连接是指在制作桩时,在桩的端部设置法兰,接桩时用螺栓把上节桩、法兰、下节桩连在一起,这种方法施工简便、施工速度快,主要用于钢筋混凝土空心管桩的施工。

3)焊接(图 1-13)施工时,在每段桩的端部预埋角钢或钢板,施工时与上下节桩的桩身相接触,用扁钢贴焊连成整体。采用焊接接桩时,应先将四周点焊固定,然后对称焊接,并确保焊缝质量和设计尺寸。焊接的材质(钢板、焊条)均应符合设计要求,焊接件应做好防腐处理。焊接接桩,其预埋件表面应清洁,上下节桩之间的间隙应用钢片垫实焊牢。

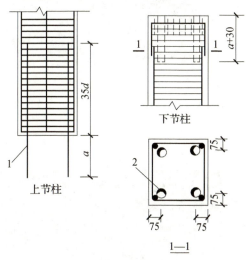

图 1-12 浆锚连接接桩
1—锚筋 2—锚筋孔

图 1-13 焊接接桩

(5)送桩 送桩作业可利用现场的桩段代替送桩器(图 1-14)来进行。施压最后一节桩时,当桩顶面到达地面以上 1.5m 左右时,应再吊一节桩放在被压桩顶面代替送桩器(但不要将接头连接),一直下压,将被压桩的桩顶压入土层中直至符合终压控制条件为止,然后将最上面这节桩拔出来即可。但对于大吨位的桩机(压力大于 4000kN),由于最后的压桩力及夹桩力很大,有可能将桩身混凝土夹碎,所以不宜用桩段代替送桩器,而应用专用钢质送桩器送桩。

（6）终压　一般来说，对于纯摩擦桩，终压时以设计桩长为控制条件。长度大于21m的端承摩擦桩，应以设计桩长为主要控制条件，以终压力值为对照；对设计承载力较高的桩，终压力值应尽量接近桩机满载值；对长度为14~21m的桩，应以终压力达满载值为终压控制条件；对桩周土质较差而设计承载力较高的桩，宜复压1~2次为佳；对长度小于14m的桩，宜连续多次复压。当工程中有少量桩确实不能压至设计标高且与设计标高相差不多时，可以采取截去桩顶的办法。

（7）截桩　对于高出设计标高的桩头，经测量找出断接线，将桩头按需要尺寸截割（图1-15）。对已切割的桩头，在去掉疏松的混凝土后，要将保留的桩头混凝土和桩头钢筋加以保护。要保护好高出地面的桩头，截桩头宜用锯桩器截割，严禁用大锤横向截桩或强行扳拉截桩。

图1-14　送桩器

图1-15　截桩

任务1.2　灌注桩施工

灌注桩是在施工现场的桩位上先就地成孔，然后在孔内安装钢筋笼后再灌注混凝土形成桩体（图1-16）。与预制桩相比，灌注桩具有节约材料、成本低廉、施工不受地层变化的限制、无须接桩及截桩等优点；但也存在着成桩工艺复杂，技术间隔时间长，质量影响因素多，不能立即承受荷载，软土地基中易缩颈、断裂，冬期施工较困难等缺点。根据成孔方法的不同可分为钻孔灌注桩、挖孔灌注桩、冲孔灌注桩、沉管灌注桩和爆扩桩等。下面介绍使用较多的钻孔灌注桩的施工。

图1-16　灌注桩

钻孔灌注桩是指利用钻孔机械钻出桩孔，并在孔中浇筑混凝土（或先在孔中吊放钢筋笼）成桩。根据钻孔机械的钻头是否在土壤的含水层中施工，又分为干作业成孔灌注桩和泥浆护壁成孔灌注桩。

1. 干作业成孔灌注桩施工

干作业成孔灌注桩一般采用螺旋钻机钻孔（图1-17），利用螺旋钻头切削土体，切下的土随钻头旋转并沿螺旋叶片上升而排出孔外。在软塑土层中，当含水率较大时，可用叶片螺距较大的钻杆，这样可以提高工效；在可塑或硬塑的土层中，或含水率较小的砂土中，则应采用叶片螺距较小的钻杆，以便能均匀平稳地钻进土中。一节钻杆钻完后，可接上第二节钻杆，直到钻至要求的深度。这种桩适用于地下水位以上的干土层中桩基础的成孔施工，宜用于匀质黏土层，也能穿透砂层，但砂卵石层卵石较多时易塌孔，成孔较困难。

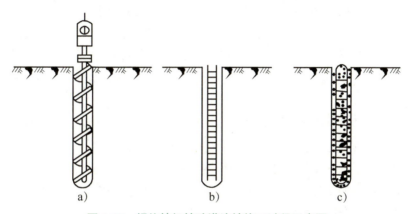

图1-17 螺旋钻机钻孔灌注桩施工过程示意图
a）钻机钻孔 b）放入钢筋笼 c）浇筑混凝土

螺旋钻机（图1-18）开始钻孔时，应先慢后快，并应保持钻杆垂直、位置正确，防止因钻杆晃动扩大孔径及增加孔底虚土。在钻孔过程中，要随时清理孔口积土。施工中，如发现钻孔偏斜，应提起钻头上下反复扫钻数次，以便削去硬土。如纠偏无效，应在孔中回填黏土至偏孔处以上0.5m，再重新钻进。如成孔时发生塌孔，宜钻至塌孔处以下1~2m处，用低强度等级的混凝土或3∶7灰土填至塌孔处以上1m左右，待混凝土初凝后再继续下钻至设计深度。如出现钻杆跳动、机架晃动、钻不进去或钻头发出响声，说明钻机有异常情况，应立即停钻，研究处理。当遇到地下水、塌孔、缩孔等异常情况时，应会同有关单位研究处理。当螺旋钻机钻至设计标高时，在原位空转清土，

图1-18 螺旋钻机

停钻后提出钻杆弃土，钻出的土应及时清除，不可堆在孔口。提钻后应检查成孔质量，测量孔的垂直度及虚土厚度。虚土厚度等于测量深度与钻孔深的差值，一般不应超过100mm。清孔时，若有少量浮土泥浆不易清除，可投入25~60mm厚的卵石或碎石插捣，以挤密土体；也可用夯锤夯击孔底虚土或在孔底灌入水泥浆，以减少桩的沉降并提高其承载力。钢筋笼绑好后，

整体一次性吊入孔内。如过长也可分段吊入，各段焊接后再徐徐沉入孔内。钢筋笼吊放完毕，应及时灌注混凝土，从成孔至混凝土浇筑的时间间隔不得超过24h。混凝土应连续浇筑，分层捣实；当混凝土浇筑到桩顶时，应适当超过桩顶标高，以保证在凿除浮浆层后，桩顶标高和质量能符合设计要求。

2. 泥浆护壁成孔灌注桩施工

泥浆护壁成孔灌注桩是利用泥浆护壁，钻孔时通过循环泥浆将钻头切削下的土渣排出孔外而成孔，而后吊放钢筋笼，水下灌注混凝土成桩。成孔方式有回转钻成孔、潜水钻成孔、冲击钻成孔、冲抓锥成孔、钻斗钻成孔等。泥浆护壁成孔灌注桩适用于地下水位以下的黏性土、粉土、砂土、填土、碎（砾）石土及风化岩层，以及地质情况复杂，夹层多、风化不均、软硬变化较大的岩层。下面介绍应用范围较广的回转钻成孔灌注桩的施工。

回转钻成孔灌注桩的施工程序为：钻孔→制备泥浆→排渣→清孔→吊放钢筋笼→浇筑混凝土。

（1）钻孔　回转钻机钻孔是由动力装置带动钻机的回转装置转动，并带动带有钻头的钻杆转动，由钻头切削土壤。在钻孔时，应在桩位处埋设护筒（图1-19）。

护筒的作用：固定桩孔位置，成孔时引导钻头方向；防止地面水流入，保护孔口，防止孔口土层坍塌；提高孔内的水头高度，增加对孔壁的静水压力以稳定孔壁；护筒顶面可作为测量钻孔深度、钢筋笼下放深度、混凝土面位置及导管埋深的基准面。

护筒内径应比钻头直径大100mm。采用反循环回转钻成孔时，护筒顶端应高出地下水位2m以上，并且护筒顶端应高出地面0.3m。采用正循环回转钻成孔时，护筒顶端的泥浆溢出口底边，当地层不易塌孔时，宜高出地下水位1~1.5m；当地层容易塌孔时，应高出地下水位1.5~2m。

护筒通常是反复回收使用的，因而要具有一定的强度和刚度，不易损坏变形，便于运输、安装、埋设和起拔、拆卸。常用的护筒多采用钢板卷制焊接而成，有时也使用混凝土护筒（图1-20）。

护筒的埋设方法有：

图1-19　护筒埋设

图1-20　混凝土护筒

1）挖坑埋设。当地下水位在地面以下超过 1m 时，可挖坑埋设护筒（图 1-21）；在砂类土中挖坑埋设护筒时，先在桩位处挖出比护筒外径大 0.8~1m 的圆坑，然后在坑底填筑 500mm 左右厚的黏土，分层夯实，以便护筒底口坐实；在黏性土中挖埋护筒时，坑的直径与上述相同，坑底要挖平；在松散砂层中埋设护筒时，由于挖坑不易成型，可采用双层护筒，即在外层护筒内挖砂或射水使外层筒下沉到要求的深度，再在外层护筒内安设正式护筒。

安放护筒时，通过定位的控制桩放样，把钻孔中心位置标于坑底，再把护筒吊入坑内，并使护筒中心与钻孔中心位置重合，同时用水平尺或线垂校准护筒的垂直度。此后，在护筒周围对称、均匀地回填最佳含水率黏土，要分层夯实，达到最佳密实度，以保证护筒垂直度并防止泥浆流失和掉落。如果护筒底部的土层不是黏性土，应挖深或换土，在坑底回填并夯实 300~500mm 厚度的黏土后，再安放护筒，以免护筒底口处发生渗漏导致塌方，夯填时要防止护筒偏斜。

2）填筑法埋设。当地下水位较高，挖埋比较困难时，宜采用填筑法埋设护筒，如图 1-22 所示。

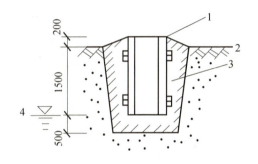

图 1-21　挖坑埋设护筒
1—护筒　2—地面　3—夯填黏土　4—地下水位

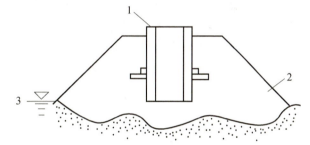

图 1-22　填筑法埋设护筒
1—护筒　2—土台　3—地下水位

采用填筑法施工时，先填筑工作土台，然后挖坑埋设护筒，填筑土台的高度应使护筒顶端比施工工位（或地下水位）高 1.5~2m，土台的边坡以 1∶1.5~1∶2 为宜。护筒顶面平面尺寸，应满足钻孔机具布置的需要，并便于施工操作。

护筒埋设完毕后，护筒的竖向中心线应与桩的中心线重合，除设计另有规定外，平面允许误差为 50mm，竖向中心线倾斜率不大于 1%。

（2）制备泥浆　护壁泥浆一般由水、黏土（或膨润土）和添加剂按一定比例配制而成，可通过机械在泥浆池、钻孔中搅拌均匀。在黏土中钻孔时，可利用钻削下来的土与注入的清水混合成适合护壁的泥浆，称为自造泥浆；在砂土中钻孔时，应注入由高黏性土（膨润土）和水拌和成的泥浆，称为制备泥浆。泥浆池（图 1-23）的容量不宜小于桩体积的 3 倍，泥浆的配制应根据钻孔的工程地质情况、孔位、钻机

图 1-23　泥浆池

性能、循环方式等确定。

泥浆具有保护孔壁、防止塌孔、排出土渣、冷却与润滑钻头、减少钻进阻力等作用。钻进中，护壁泥浆与钻孔的土屑混合，边钻边排出携带土屑的泥浆；当钻孔达到规定深度后，可运用泥浆循环进行孔底清渣。

泥浆护壁效果的好坏直接影响成孔质量，在钻孔中，应经常测定泥浆比重，并定期测定其浓度、含水率和胶体率等指标。为保证泥浆达到一定的性能，还可加入加重剂、分散剂、增黏剂及堵漏剂等掺合剂。

（3）排渣　钻孔时，在桩外设置沉淀池，通过泥浆循环携带土渣流入沉淀池而起到排渣作用。根据泥浆循环方式的不同，泥浆护壁成孔灌注桩分为正循环和反循环两种工艺。

1）正循环工艺如图1-24所示，泥浆或高压水由空心钻杆内部注入，并从钻杆底部喷出，携带钻下的土渣沿孔壁向上流动，由孔口将土渣带出流入沉淀池，经沉淀的泥浆再注入钻杆，由此进行正循环。正循环工艺具有设备简单、操作方便、施工费用较低等优点；但泥浆上升速度慢，大粒径土渣易沉底，一般用于孔浅、孔径不大的桩。

2）反循环工艺如图1-25所示，泥浆由钻杆与孔壁间的环状间隙流入钻孔，然后由砂石泵或真空泵在钻杆内形成真空，使泥浆携带土渣由钻杆内腔吸出至地面而流入沉淀池，经沉淀的泥浆再流入钻孔，由此进行反循环，泥浆带渣流动的方向与正循环工艺相反。反循环工艺的泥浆上升速度较快，排放土渣的能力较大，可用于孔深、孔径均较大的桩。

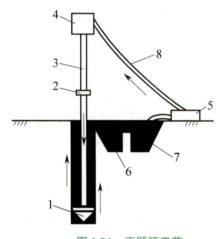

图1-24　正循环工艺

1—钻头　2—回转装置　3—空心钻杆
4—旋转接头　5—泥浆泵　6—沉淀池
7—泥浆池　8—送浆管

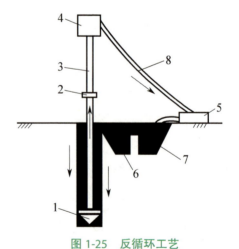

图1-25　反循环工艺

1—钻头　2—回转装置　3—空心钻杆
4—旋转接头　5—砂石泵
6—泥浆池　7—沉淀池　8—送浆管

（4）清孔　当钻孔达到设计要求深度后，应进行成孔质量的检查和清孔，清除孔底沉渣、淤泥，以减少桩基础的沉降量，保证成桩的承载力。清孔可采用泥浆循环法或抽渣筒排渣法。当孔壁土质较好不易塌孔时，也可用空气吸泥机清孔。

清孔后泥浆的比重，当在黏土中成孔时，应控制在1.1左右；当土质较差时，应控制在

1.15~1.25。在清孔过程中必须随时补充足够的泥浆,以保持浆面的稳定,一般应高于地下水位 1m 以上。清孔满足要求后,应立即安放钢筋笼,浇筑混凝土,以防塌孔事故的发生。

(5) 吊放钢筋笼　钢筋笼主筋净距必须大于 3 倍的集料粒径,钢筋保护层厚度不应小于 35mm(水下混凝土不得小于 50mm),可在主筋外侧安设钢筋定位器,以确保保护层厚度。为了防止钢筋笼变形,可在钢筋笼上每隔 2m 设置一道加劲箍,并在钢筋笼内每隔 3~4m 安装一个可拆卸的十字形临时加劲架。钢筋笼长度较大时可分段制作,两段之间用焊接连接。吊放钢筋笼(图 1-26)时应保持垂直缓慢放入,防止碰撞孔壁。若发生塌孔或安放钢筋笼时间太长,应进行二次清孔后再浇筑混凝土。

(6) 浇筑混凝土　浇筑混凝土前,应进行孔位、孔径、垂直度、孔深、沉渣厚度等检验,合格后应立即灌注混凝土。泥浆护壁成孔灌注桩常采用导管法水下浇筑混凝土。导管法是将密封连接的钢管作为水下混凝土的灌注通道,同时隔离泥浆,使其不与混凝土接触。在浇筑过程中,导管需始终埋在灌入的混凝土拌合物内,导管内的混凝土在一定的落差压力作用下,压挤下部管口的混凝土在已浇筑的混凝土层内部流动、扩散,以完成混凝土的浇筑工作,形成连续密实的混凝土桩身。导管埋入已浇筑混凝土内越深,混凝土向四周均匀扩散的效果越好,混凝土越密实,表层也越平坦。但埋入过深,混凝土在导管内流动不畅,易造成堵管事故。

导管的允许最大埋深与混凝土拌合物的流动性、混凝土的初凝时间、混凝土面在钻孔内的上升速度、导管直径等因素有关,混凝土流动性越好、混凝土初凝时间越长、单位时间灌注量越大、导管直径越大,允许的导管最大埋深就越大。

浇筑完成的混凝土桩(图 1-27)应超过桩顶设计标高 0.8m 以上,以保证在凿除表面浮浆层后,桩顶标高和桩顶的混凝土质量能满足设计要求。

泥浆护壁成孔灌注桩还可采用潜水钻机钻孔。潜水钻机是一种旋转式钻孔机械,其动力、变速机构和钻头连在一起,并加以密封,因而可以下放至孔中地下水位以下切削土壤成孔。

图 1-26　吊放钢筋笼

图 1-27　浇筑完成的混凝土桩

任务 1.3　桩基础检测和验收

桩基础是工程结构中常采用的基础形式之一,属于地下隐蔽工程,施工技术比较复杂,施工时稍有不慎极易出现断桩等质量缺陷，影响桩身的完整和桩的承载能力，从而直接影响上部结构的安全。因此，其质量检测和验收成为桩基础工程质量控制的重要手段。

1. 预制桩质量要求及验收

1）预制桩施工结束后，由于施工偏差、打桩时挤土对桩的影响等，应对桩位进行验收。

2）钢筋混凝土预制桩在现场预制时，应对原材料、钢筋笼、混凝土强度进行验收。采用工厂生产的成品桩时，要有产品合格证书，桩进场后应进行外观及尺寸检查。

3）施工中应对桩体垂直度、沉桩情况、桩顶完整状况、接桩质量等进行检查，对焊接法接桩，重要工程应做10%的焊缝探伤检查。

4）施工结束后，应按《建筑基桩检测技术规范》（JGJ 106—2014）的要求，对桩的承载力及桩体质量进行检验。

5）预制桩的静载试验根数应不少于总桩数的1%，且不少于3根；当总桩数少于50根时，试验桩数应不少于2根；当施工区域地质条件单一，又有足够的实际经验时，可根据实际情况由设计人员酌情确定。

6）预制桩的桩体质量检验数量不应少于总桩数的10%，且不得少于10根。每个柱承台下不得少于1根。

7）对长桩或总锤击数超过500击的锤击桩，应符合桩体强度及28d龄期两项条件才能锤击。

2. 灌注桩质量要求及验收

1）灌注桩应对原材料、钢筋笼、混凝土强度进行验收。

2）灌注桩的沉渣厚度：当以摩擦力为主时，不得大于150mm；当以端承力为主时，不得大于50mm；套管成孔的灌注桩不得有沉渣。

3）灌注桩桩顶标高至少要比设计标高高出0.8m。

4）在灌注桩施工中，应对成孔、清孔、放置钢筋笼、灌注混凝土等进行全过程检查。

5）灌注桩每灌注$50m^3$应制备一组试块，小于$50m^3$的桩应每根桩制备一组试块。

6）施工结束后，应按《建筑基桩检测技术规范》（JGJ 106—2014）的要求，对桩的承载力及桩体质量进行检验。

7）对于地基基础设计等级为甲级或地质条件复杂，成桩质量可靠性低的灌注桩，应采用静载试验的方法进行检验。检验桩数不应少于总数的1%，且不应少于3根；当总桩数不少于50根时，检验桩数不应少于2根。

8）对于地基基础设计等级为甲级或地质条件复杂，成桩质量可靠性低的灌注桩，桩身质量检验抽检数量不应少于总数的30%，且不应少于20根；其他桩基础工程的抽检数量不应少于总数的20%，且不应少于10根；对地下水位以上且终孔后经过核验的灌注桩，检验数量不应少于总桩数的10%，且不得少于10根，每个柱承台下不得少于1根。

3. 桩基础检测

（1）静载试验法　静载试验（或称破坏试验）法是模拟实际荷载情况，对被检测的桩逐渐施加桩顶荷载，同时记录每级荷载下桩顶的位移，得出相应的荷载-位移曲线，直至规范设定的某种极限状态为止，从而确定单桩的极限承载力，以综合评定其允许承载力，作为设计依据（试验桩）。静载试验法是目前公认的检测桩基础竖向抗压承载力最直接、最可靠的试验方法，它是我国法定的确定单桩承载力的方法，也是一种标准试验方法，可以作为其他检测方法的比较依据。

静载试验法有多种，通常采用的是单桩竖向抗压静载试验、单桩竖向抗拔静载试验和单桩水平静载试验。单桩竖向抗压静载试验按反力装置的不同有锚桩反力法（图 1-28）、压重平台反力法（图 1-29）、地锚法等。

图 1-28　锚桩反力法

图 1-29　压重平台反力法

预制桩在桩身强度达到设计要求的前提下，从成桩到开始检测的休止时间，对于砂类土，不应少于 10d；对于粉土和黏性土，不应少于 15d；对于淤泥或淤泥质土，不应少于 25d，待桩身与土体的结合基本趋于稳定，才能进行试验。灌注桩应在桩身混凝土强度达到设计等级的前提下，从成桩到开始检测的休止时间，对砂类土不少于 10d，对一般黏性土不少于 20d，对淤泥或淤泥质土不少于 30d，才能进行试验。

（2）动测法　动测法是相对于静载试验法而言的，又称动态无损检测法。检测时会对被检测桩头施加一个撞击力，使桩产生弹性振动，通过记录和分析弹性波动的波形，判定桩身混凝土施工质量是否合格。

1）桩身质量检测。在桩基础动态无损检测中，国内外广泛使用的方法是应力波反射法，又称低应变检测法（图 1-30）。低应变检测法是用小锤敲击桩顶，通过黏接在桩顶的传感器接纳来自桩中的应力波信号，采用应力波理论来计算桩-土体系的动态响应，分析实测速度信号、频率信号，从而对桩身的结构完整性进行检验。

2）承载力检验。单桩承载力的动测法种类较多，国内有代表性的方法有：动力参数法、锤击贯入法、水电效应法、共振法、机械阻抗法、波动方程法等。

采用动测法判定桩身水平整合型缝隙、预制桩接头缺陷时，能够在查明这些"缺陷"是否影响竖向抗压承载力的基础上，合理地判定缺陷程度，并且所用仪器轻便灵活，检测快速（单桩检测时间仅为静载试验法的 1/50），不破坏桩基础，数据较准确，费用较低，可进行普查。

其不足之处是需要做大量的测试数据,需静载试验法进行充实完善,所测得的极限承载力有时与静载试验法的结果离散性较大等。

图 1-30　低应变检测法

（3）钻芯法　在桩身沿长度方向钻取混凝土芯样及桩端岩土芯样,通过对芯样的观察和测试来评价成桩质量的检测方法称为钻孔取芯法,简称钻芯法（图 1-31）。钻芯法是检测灌注桩成桩质量的一种有效方法,可以用于:判定桩身混凝土的完整性;测定灌注桩的桩长;测定桩底沉渣厚度;检查混凝土沿桩长度方向上的质量分布情况;判定桩端持力层的岩土性状和厚度是否符合要求;通过室内试验确定桩身混凝土的强度。这种方法较直观,但时间较长、费用较大（但要比静载试验法节省）。钻芯技术对检测判断的影响很大,尤其是当桩身比较长时,成孔的垂直度和钻芯孔的垂直度很难控制,钻芯也容易偏离桩身,因此通常要求受检桩的桩径不小于 800mm,长径比不宜大于 30,钻芯后的孔洞应回灌水泥砂浆填塞。

图 1-31　钻芯法

拓展阅读

世界 10 大摩天大楼

根据世界高层建筑与都市人居学会（CTBUH）在 2024 年 9 月公布的全球高楼排行榜,世界上最高的建筑,是于2010年建造完成的哈利法塔,位于迪拜,总高度达828m,集办公、住宅和酒店等用途于一体;中国最高的建筑是于2015年完工的上海中心大厦(图1-32),总高度632m,排名世界第三。

序号	建筑名	城市	建造完成时间	高度/m	用途
1	哈利法塔	迪拜	2010年	828	办公、住宅、酒店
2	默迪卡118大楼	吉隆坡	2023年	678.9	酒店、酒店式公寓、办公室
3	上海中心大厦	上海	2016年	632	酒店、办公室
4	麦加皇家钟塔饭店	麦加	2012年	601	服务式公寓、酒店、零售
5	平安国际金融中心	深圳	2016年	599.1	办公室
6	乐天世界塔	首尔	2017年	555	酒店、住宅、办公、零售
7	世界贸易中心一号楼	纽约	2014年	541.3	办公室
8	广州周大福金融中心	广州	2016年	530	酒店、住宅、办公
9	天津周大福金融中心	天津	2019年	530	酒店、酒店式公寓、办公室
10	中信大厦	北京	2018年	528	办公室

上海中心大厦,位于上海市陆家嘴金融贸易区银城中路501号,是一座巨型高层地标式摩天大楼,项目于2008年11月29日开工建设,2014年底土建工程竣工,2017年1月投入试运营。该大厦地上127层,地下5层,建筑高度632m;裙楼共7层,其中地上5层,地下2层,建筑高度38m;总建筑面积约为57.8万m^2,其中地上约41万m^2,地下约16.8万m^2,基地面积30368m^2。

图1-32 上海中心大厦

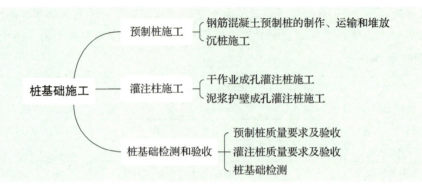

思考题

1. 简述钢筋混凝土预制桩制作、起吊、运输、堆放等环节的主要要求。
2. 端承桩和摩擦桩的质量控制分别以什么为主?
3. 简述静力压桩法的施工程序。
4. 钢筋混凝土预制桩的接长方法有哪些?
5. 简述泥浆护壁成孔灌注桩中护筒的作用。
6. 简述泥浆护壁成孔灌注桩中泥浆的作用。
7. 正循环回转钻成孔和反循环回转钻成孔,泥浆循环过程有何区别?各有何优(缺)点?
8. 桩基础检测的方法有哪些?

能力训练题

1.《民用建筑设计统一标准》(GB 50352—2019)规定,建筑高度大于(　　)m的住宅建筑和建筑高度大于(　　)m的非单层公共建筑,且高度不大于100m的为高层民用建筑。

　　A.10，28　　　　　　B.27，24　　　　　　C.24，27　　　　　　D.28，20

2. 泥浆在泥浆护壁成孔灌注桩施工中所起的主要作用是(　　)。

　　A.导向　　　　　　B.定位　　　　　　C.保护孔　　　　　　D.护壁

3.(　　)在承载能力极限状态下,桩顶竖向荷载由桩侧摩擦力和桩端阻力共同承担,但桩侧摩擦力分担荷载较多。

　　A.摩擦桩　　　　　　B.端承桩　　　　　　C.端承摩擦桩　　　　　　D.受压桩

4. 预制桩应在混凝土达到(　　)的设计强度后方可进行起吊,如提前起吊,必须经过验算。

　　A.70%　　　　　　B.80%　　　　　　C.90%　　　　　　D.100%

5. 判定或鉴别桩端持力层岩土性状的检测方法是(　　)。

　　A.钻芯法　　　　　　B.低应变法　　　　　　C.高应变法　　　　　　D.声波透射法

6. 钻孔灌注桩属于（　　）。
   A. 挤土桩 B. 部分挤土桩
   C. 非挤土桩 D. 预制桩

7. 泥浆护壁成孔灌注桩在浇筑混凝土时，桩顶标高至少要比设计标高高出（　　）m。
   A. 0.5 B. 0.8
   C. 1 D. 1.5

8. 在同一条件下，进行静载试验的桩数不宜少于总桩数的（　　）。
   A. 1% B. 2%
   C. 3% D. 4%

9. 钻孔灌注桩施工中，混凝土的灌注应该在（　　）。
   A. 孔壁稳定性差时进行 B. 钻孔完成后立即进行
   C. 钢筋笼安装完成后进行 D. 泥浆护壁完成后进行

10. 干作业成孔灌注桩采用的钻孔机具是（　　）。
    A. 螺旋钻 B. 潜水钻
    C. 回转钻 D. 冲击钻

11. 根据桩的（　　）进行分类，可分为预制桩和灌注桩两类。
    A. 承载性质 B. 使用功能
    C. 使用材料 D. 施工方法

12. 关于打桩质量控制，下列说法错误的是（　　）。
    A. 桩尖所在土层较硬时，以贯入度控制为主
    B. 桩尖所在土层较软时，以贯入度控制为主
    C. 桩尖所在土层较硬时，以桩尖设计标高控制为辅
    D. 桩尖所在土层较软时，以桩尖设计标高控制为主

13. 现场采用叠浇法制作桩时，叠浇层数不宜超过（　　）层。
    A. 1 B. 2
    C. 3 D. 4

14. 预制桩在起吊和搬运时，吊点位置应符合（　　）的原则。
    A. 拉力最小 B. 弯矩最小
    C. 剪力最小 D. 轴力最小

15. 预制桩接头数量不宜超过（　　）个。
    A. 2 B. 3
    C. 4 D. 5

16. 可采用（　　）进行桩身完整性检测。
    A. 低应变法 B. 高应变法
    C. 静载试验法 D. 超声波法

项目 2

深基坑支护

素养目标：

通过对深基坑支护技术发展的了解，深刻体会科技发展对施工新技术、新工艺的重要影响，并要不断养成自主学习、探索知识的习惯。

知识目标：

1. 了解支护结构的安全等级。
2. 熟悉深基坑支护的选型依据。
3. 掌握常见深基坑支护的施工工艺流程和施工要点。
4. 熟悉支护结构内支撑的施工要求。

能力目标：

1. 能根据建筑物的基础特点与实际地质条件选择相应的基坑支护方法。
2. 能参与编制深基坑支护的专项施工方案。
3. 能够组织深基坑支护的施工。
4. 能进行深基坑支护施工的质量验收和安全检查。
5. 能够组织深基坑支护结构内支撑的施工。

无论是中浅层还是深层的地下空间开发利用工程，都要开挖基坑，而基坑周围通常存在交通要道、既有建筑或管线等各种建（构）筑物，这就涉及基坑支护的问题。

地下工程成败的关键主要在于基坑支护的成功与否，基坑支护如果方法选择合理、施工措施简单有效、成本低、工期短、支护效果好，则将大大节约整体工程施工的工期及成本；反之则延误工期，增加工程建设成本。所以，探究基坑支护新工艺、新方法及其实用性，是当代基坑工程发展的需求，具有重要的现实和长远意义。

任务 2.1 支护结构的选型

基坑土方开挖的施工工艺一般有两种：放坡开挖（无支护开挖）和在支护体系保护下的开

挖（有支护开挖）。前者既简单又经济，在空旷地区或周围环境允许时，在能保证边坡稳定的条件下应优先选用。但是，在城市中心地带、建筑物稠密地区，往往不具备放坡开挖的条件，所以只能采用有支护开挖。

深基坑工程是指开挖深度超过5m（含5m），或深度虽未超过5m，但地质条件和周围环境及地下管线特别复杂的工程。基坑支护是指为保护地下主体结构施工和基坑周边环境的安全，对基坑采取的临时性支挡、加固、保护与地下水控制的措施。

深基坑支护工程是一种特殊的工程构筑物，它具有复杂性、可变性和临时性的特点。因此，深基坑支护的选型是工程施工的技术难点，无论采用何种支护结构，对支护结构的强度、支护受力及构造都必须进行设计和详细计算，一定要做到结构可靠、经济合理、确保安全。

2.1.1 深基坑支护结构的安全等级

基坑支护在设计时，应综合考虑基坑周边环境和地质条件的复杂程度、基坑深度等因素，按表2-1采用支护结构的安全等级。

对同一基坑的不同部位，可采用不同的安全等级。在选用基坑支护结构安全等级时应掌握的原则是：基坑周边存在受影响的重要的既有住宅、既有公共建筑、既有道路或既有地下管线等，或因场地的地质条件复杂、缺少同类地质条件下相近基坑深度的经验，支护结构破坏、基坑失稳或过大变形对人的生命、经济、社会或环境影响很大时，安全等级应定为一级；当支护结构破坏、基坑过大变形不会危及人的生命，经济损失轻微，对社会或环境的影响不大时，安全等级可定为三级。对大多数基坑，安全等级应该定为二级。

表2-1 支护结构的安全等级

安全等级	破坏后果
一级	支护结构失效、土体过大变形对基坑周边环境或主体结构施工安全的影响很严重
二级	支护结构失效、土体过大变形对基坑周边环境或主体结构施工安全的影响严重
三级	支护结构失效、土体过大变形对基坑周边环境或主体结构施工安全的影响不严重

2.1.2 支护结构的选型

1. 基坑支护的目的与要求

1）确保基坑坑壁稳定，施工安全。
2）确保邻近建筑物、构筑物和地下管线的安全。
3）有利于挖土及地下空间的施工。
4）支护结构施工方便、安全且经济合理。

2. 基坑支护的选型

基坑支护结构的选型，应根据场地地质条件、基坑深度及功能、施工条件、环境因素以及地区工程经验等综合考虑下列因素：

1）基坑深度。
2）土的性状及地下水条件。
3）基坑周边环境对基坑变形的承受能力及支护结构失效的后果。
4）主体地下结构的基础形式及其施工方法、基坑平面尺寸及形状。
5）支护结构施工工艺的可行性。
6）施工场地条件及施工季节。
7）经济指标、环保性能和施工工期。

基坑支护结构由挡土结构、锚撑结构组成。当支护结构不能起到止水作用时，可同时设置止水帷幕或采取坑内外降水措施。基坑支护结构可以分为支挡式支护结构和重力式支护结构两大类（图2-1）。

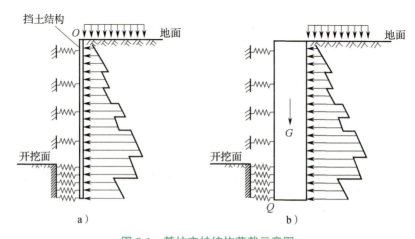

图 2-1 基坑支护结构荷载示意图
a）支挡式支护结构 b）重力式支护结构

（1）支挡式支护结构 支挡式支护结构常采用钢板桩（图2-2）、钢筋混凝土板桩、柱列式灌注桩（图2-3）、地下连续墙（图2-4）等形式。它是将支护桩、墙插入坑底土中一定深度（一般插入至较坚硬土层），上部呈悬壁状或设置支撑体系，形成梁式受力构件并进行支护，此类支护结构适用性强，易于控制支护结构的变形，尤其适用于开挖深度较大的深基坑，并能适应各种复杂的地质条件，设计计算理论较为成熟，各地区的工程经验也较多，应用广泛。

图 2-2 钢板桩

图 2-3 柱列式灌注桩

（2）重力式支护结构　重力式支护结构常采用水泥土搅拌桩挡墙（图2-5）、土钉墙（图2-6）、高压旋喷桩挡墙（图2-7）等形式。此类支护结构截面尺寸较大，墙身可设计成格构式，或阶梯形等多种形式，依靠实体墙身的重力起挡土作用，主要适用于小型基坑工程。当土质条件较差时，基坑开挖深度不宜过大。

图 2-4　地下连续墙

图 2-5　水泥土搅拌桩挡墙

图 2-6　土钉墙

图 2-7　高压旋喷桩挡墙

支护结构也可以采用几种支护结构相结合的形式，如排桩-复合土钉墙，或上部放坡，接着采用复合土钉墙，下部采用排桩加内支撑等复合形式，也称为组合式支护结构。

基坑支护形式的合理选择，是基坑支护设计的首要工作，应根据地质条件、基坑平面及开挖深度、周边环境的要求及不同支护形式的特点、造价等综合确定。当地质条件较好，周边环境要求较宽松时，可以采用重力式支护，如土钉墙等；当周边环境要求高时，应采用支挡式支护，以控制水平位移，如排桩或地下连续墙等。

任务 2.2　排桩支护施工

排桩支护是将常规的桩体按一定间距或以连续咬合的形式排列形成的一种地下挡土结构，主要以钢板桩、灌注桩、钢筋混凝土板桩等作为主要受力构件，既可以是桩与桩连接起来，也可以在灌注桩之间加一根素混凝土"树根桩"把钻孔灌注桩连接起来，或将挡土板置于钢板桩及钢筋混凝土板桩之间形成围护结构。为保证结构的稳定和具有一定的刚度，可设置内支撑或锚杆。排桩支护结构可分为如下几种：

1）柱列式排桩支护：当边坡土质较好、地下水位较低，可利用土拱作用，以稀疏灌注桩或挖孔桩支挡土体。

2）连续排桩支护：在软土中不能形成土拱作用时，排桩应该连续密排。密排的钻孔桩可以互相搭接，或在桩身强度尚未形成时，在相邻桩之间加一根素混凝土"树根桩"把钻孔桩连接起来。

3）组合式排桩支护：在地下水位较高的软土地区，可采用灌注桩排桩与水泥土桩防渗墙组合的形式。

2.2.1 钢板桩支护施工

钢板桩支护是用打桩机（或液压千斤顶）将带锁口或钳口的钢板打（压）入地下，互相连接形成围护结构。

1. 钢板桩的断面形式

钢板桩常用的断面形式有直线形、U 形和 Z 形等。

（1）直线形钢板桩　直线形钢板桩（图 2-8）防水和承受轴向力的性能较好，容易打入土中；但侧向抗弯刚度较低，仅用于地基土质良好、基坑深度不大的工程中。

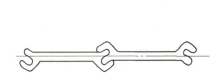

图 2-8　直线形钢板桩

（2）U 形钢板桩　U 形钢板桩（图 2-9）的侧向刚度较大，防水和抗弯性能较好，在施工中应用较广，一般用于码头岸壁、护岸及深度较大的基坑护壁工程。

图 2-9　U 形钢板桩

（3）Z 形钢板桩　Z 形钢板桩（图 2-10）断面不对称，如单根打入，会绕垂直中心轴旋转，实际施工中一般将其成对地拼连在一起打入。它一般用于码头岸壁、护岸及支护结构中；但其制作工艺复杂，工程中应用较少。

项目 2 深基坑支护

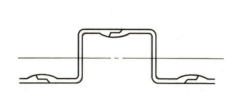

图 2-10 Z 形钢板桩

钢板桩之间通过锁口互相连接，形成一道连续的挡墙。由于锁口的连接，钢板桩整体十分牢固，同时具有一定的挡水能力。钢板桩的优点是材料质量可靠，截面面积小，在软土地区打设方便，施工速度快且简便，在基础施工完毕后还可拔出重复使用，一般费用较低。其缺点是一般的钢板桩刚度不够大，用于较深的基坑时需设置多道支撑或拉锚系统，工作量大；在透水性较好的土层中不能完全挡水；在砂砾层及密实砂中施工困难；拔除时易引起地基土和地表土变形，危及周围环境。因此，钢板桩支护一般多用于周围环境要求不高、深 5~8m 的软土地区基坑。

2. 钢板桩的检验

用于基坑支护的钢板桩，工程中主要是进行外观表面缺陷、长度、宽度、厚度、高度、端头矩形比、平直度和锁口形状等检验，对桩身上影响打设的焊接件应割除；对已有的割孔及断面缺损部位则应补强；有严重锈蚀时，应量测断面实际厚度，并按实际厚度计算板桩的强度。

钢板桩在运输和堆放时尽量不使其弯曲变形，避免碰撞，尤其不能将连接锁口碰坏。堆放的场地要平整坚实，堆放时最下层钢板桩应垫木块。

3. 导向架安装

在打桩前，应在地面设置坚固的导向架（图 2-11）。安装导向架的目的是为了保证沉桩平面轴线位置正确及桩的垂直度、控制桩的打入精度、防止板桩的屈曲变形和提高桩的贯入能力。导向架通常由导梁和围檩桩等组成，其形式在平面上有单面和双面之分，在高度上有单层

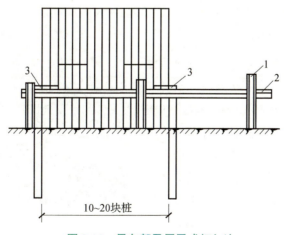

图 2-11 导向架及屏风式打入法

1—围檩桩 2—导梁 3—钢板桩

和双层之分,一般常用的是单层双面导向架。围檩桩不能随着钢板桩的打设而下沉或变形。导向架的位置不能与钢板桩相碰,导向架的高度要适宜,要有利于控制钢板桩的施工高度和提高工效。

4. 钢板桩的打设

钢板桩施工要正确选择打桩方法、打桩机械和流水段划分,以便使打设后的板桩墙有足够的刚度和良好的防水作用;板桩墙表面应平直,以满足基础施工的要求,对封闭式板桩墙还要求封闭合拢。钢板桩的打设方式有单独打入法和屏风式打入法两种。

1) 单独打入法施工(图2-12)。此法是从板桩墙的一角开始,逐块(或两块为一组)插打,每块钢板桩自起打到结束,中途不停顿。因此,桩机行走路线短,施工简便,打设速度快。由于单块打入,易向一边倾斜,累计误差不易纠正,墙面平直度难以控制。所以,一般只适用于基坑开挖深度不大,钢板桩长度不大(小于10m)、工程要求不高时。

图2-12 单独打入法施工

2) 屏风式打入法施工(图2-11),又称分段复打法,这种方法是将10~20根钢板桩成排插入导向架内,呈屏风状,然后再分批施打。施打时先将导向架两端的钢板桩打至设计标高或一定深度,成为定位板桩,然后从中间开始按顺序分别以1/3和1/2板桩高度呈阶梯状打入。此法可以防止板桩发生过大的倾斜和扭转,防止误差积累,有利于实现封闭合拢,且分段打设不会影响邻近板桩施工。由于插桩时自立高度较大,应配合相应的稳桩措施以保证施工安全。

3) 不管是采用单独打入法还是屏风式打入法沉桩,钢板桩的沉桩深度应分次打入,如第一次由20m高度打至15m,第二次打至10m,第三次打至导梁标高,待导梁拆除后才最后打至设计标高。对最先打设的第一块、第二块板桩,应确保其打入位置及方向的精度,因为它们可以起样板导向作用,所以应每打入1m就测量一次垂直度及走向,打至预定深度后立即用钢筋或钢板与导梁焊接进行临时固定。

5. 钢板桩的拔除

地下工程施工结束后,钢板桩一般要拔除(图2-13),以便重复使用。拔除钢板桩时要研究拔除顺序、拔除时间以及桩孔处理方法。拔桩会扰动土层,尤其在软土层中可能会使基坑内已施工的结构或管道发生沉陷,并影响邻近既有建筑物、道路和地下管线的正常使用,对此必须采取有效措施。对拔桩造成的土层中的空隙要及时填实,可在振拔时回灌水或边振边拔并填砂,但有时效果较差。因此,在控制地层位移有较高要求时,应考虑在拔桩的同时进行跟踪注浆。

图2-13 钢板桩的拔除

2.2.2 型钢桩横挡板支护施工

型钢桩横挡板支护（图2-14）是沿挡土位置预先打入钢轨、工字钢或H型钢桩，间距为1.0~1.5m，然后边挖方，边将3~6cm厚的挡土板塞入型钢桩之间用于挡土，再在挡土板与型钢桩之间打入楔子，使挡土板与土体紧密接触。土质好时，在桩间可以不加挡土板，桩的间距根据土质和挖深等条件确定。该支护具有施工成本低，沉桩容易，施工噪声低、振动小等特点，是常见的一种简单、经济的支护方式。其适用于在土质较好，地下水位较低，深度不是很大的黏性土、砂土基坑中使用。这种支护因基坑底部标高以下的被动土压力较小，不能在易产生管涌的软弱地基中应用。当地下水位较高时，要与降低地下水位措施配合使用。

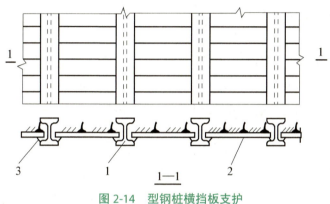

图 2-14　型钢桩横挡板支护

1—型钢桩　2—横向挡土板　3—木楔

2.2.3 灌注桩排桩支护施工

灌注桩排桩支护是排桩支护中应用最多的一种形式，在我国得到广泛的应用。它具有成本低，施工方便，刚度较大，施工无噪声、无振动、无挤土、无需大型机械等优点。当工程桩也为灌注桩时，还可以同步施工；但其永久保留在地基土中，可能对以后的地下工程施工造成障碍。该方式适用于软黏土质和砂土地区，但是在砂砾层和卵石中施工困难，应该慎用；桩与桩之间主要通过桩顶冠梁和导梁连成整体，因而相对整体性较差。

灌注桩排桩支护按结构形式不同，分为悬臂式排桩支护、锚拉式排桩支护、支撑式排桩支护。由于不具备挡水功能，在地下水位较高的地区应用灌注桩排桩支护时需采取挡水措施，如在桩间、桩背采用高压注浆，设置深层搅拌桩或旋喷桩等，或在桩后专门构筑挡水帷幕。

任务 2.3　水泥土墙施工

2.3.1 水泥土墙的工艺原理及特点

水泥土墙是以水泥材料为固化剂，采用特殊机械（如深层搅拌机或高压旋喷机）将其与原状土强制拌和,形成具有一定强度、整体性和水稳定性的水泥土桩(柔性桩),再由这些水泥土桩相互搭接形成具有一定强度的格网状、壁状等形式的加固体。水泥土墙由于材料强度较低,主要靠墙体自重平衡墙后土压力,属于重力式支护结构。

水泥土墙的特点是施工时振动小,无侧向挤压,对周围影响小;水泥土加固体渗透系数比较小,墙体有良好的隔水性能,并能最大限度利用原状土,节省材料和成本,当基坑开挖深度不大时,其经济效益显著。由于水泥土墙采用自立式,一般坑内无支撑,便于机械化快速挖土。

因为水泥土墙的墙体材料强度比较低,所以其位移量往往比较大,并且墙体材料强度受施工因素影响,墙体质量离散性比较大;同时,由于水泥土墙厚度较大,只有在红线位置和周围环境允许时才能采用。

2.3.2 水泥土墙的适用范围

1)基坑侧壁安全等级为二级、三级。
2)水泥土桩施工范围内地基土承载力不宜大于150kPa。
3)基坑深度不宜大于6m。

2.3.3 水泥土墙的施工

水泥土墙主要由水泥土桩组成,水泥土桩的施工方法有:深层搅拌水泥土桩施工、高压旋喷桩施工。

1. 深层搅拌水泥土桩施工

深层搅拌水泥土桩施工又分为湿法(水泥浆搅拌)和干法(水泥干粉喷射搅拌)两种形式,均是用机械将水泥与土搅拌成水泥土桩。干法施工采用水泥粉料,由空气输送,从搅拌叶片旋转产生的空隙部位喷出,并随着搅拌叶片的旋转,均匀分布在整个作业面内,进而和原位地基土搅拌并混合在一起形成水泥土桩。虽然水泥土桩强度较高,但其喷粉量不易控制,搅拌难以均匀,桩身强度离散较大,出现事故的概率较高,目前已很少应用。

湿法施工时注浆量较易控制,成桩质量较为稳定,桩体均匀性好,所以在工程实践中应用较多。下面重点讲述湿法施工。

(1)施工机具

1)深层搅拌机(图2-15)。它是深层搅拌水泥土桩施工的主要机械,主要有中心管喷浆和叶片喷浆两类。前者的水泥浆是从两根搅拌轴之间的另一根管道中输出,不影响搅拌均匀度,可适用于多种固化剂;后者是使水泥浆从叶片上的若干个小孔中

图2-15 深层搅拌机

喷出，使水泥浆与土体的混合更均匀，适用于大直径叶片和连续搅拌，但因喷浆孔易被堵塞，只能使用纯水泥浆而不能采用其他固化剂。

2）配套机械。主要包括灰浆搅拌机、集料斗、灰浆泵等。

（2）工艺流程　成桩工艺可采用"一次喷浆、二次搅拌"或"二次喷浆、三次搅拌"，主要依据水泥掺量及土质情况确定。一般水泥掺量较小，土质较松时，可用前者；反之可用后者。深层搅拌水泥土桩湿法施工通用工艺流程如图2-16所示。

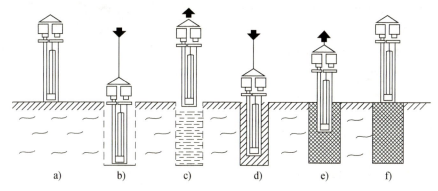

图 2-16　深层搅拌水泥土桩湿法施工通用工艺流程

a）就位　b）预搅下沉　c）提升、喷浆、搅拌　d）重复下沉搅拌　e）重复提升搅拌　f）成桩结束

1）就位。深层搅拌机开行达到指定桩位、对中。当地面起伏不平时，应注意调整机架的垂直度。

2）预搅下沉。深层搅拌机运转正常后，起动搅拌机电动机，放松起重机钢丝绳，使搅拌机沿导向架切土搅拌下沉。

3）制备水泥浆。深层搅拌机预搅下沉到一定深度后，开始拌制水泥浆，待压浆时倾入集料斗中。

4）提升、喷浆、搅拌。深层搅拌机下沉到达设计深度后，开启灰浆泵将水泥浆压入地基土中，此后边喷浆、边旋转、边提升深层搅拌机，直至设计桩顶标高。此时，应注意喷浆速度与提升速度相协调，以确保水泥浆沿桩长均匀分布，并使提升至桩顶后集料斗中的水泥浆正好排空。搅拌提升速度一般应控制在0.5m/min。

5）重复下沉、提升搅拌。为使土和水泥浆搅拌均匀，可再次将搅拌机边旋转边沉入土中，至设计深度后再提升出地面。

6）清洗、移位。当一个施工段成桩完成后，应立即进行清洗。清洗时向集料斗中注入适量清水，开启灰浆泵，将全部管道中的残存水泥浆冲洗干净，并将附于搅拌头上的土清洗干净。移位后进行下一根桩的施工。

2. 高压旋喷桩施工

高压旋喷桩施工（图2-17）所用的材料也是水泥浆，只是施工机械和施工工艺不同。它是钻孔后将钻杆从地基土深处逐渐上提，同时利用插入钻杆端部的旋转喷嘴，以高压将水泥浆从注浆管喷射出来，喷嘴在喷射浆液时一边缓慢旋转，一边徐徐提升，高压水泥浆不断切削土体并与之混合形成圆柱状固结体（即旋喷桩），固结体相互搭接形成排桩，以达到加固地基或止水防渗的目的。该工艺施工简便，施工时只需在土层中钻一个 50~300mm 的小孔，便可在土中喷射成直径 0.4~2m 的加固水泥土桩，因而能在狭窄的施工区域或靠近既有基础施工。但此法水泥用量大，施工费用要高于深层搅拌水泥土桩施工，当场地受限制，深层搅拌水泥土桩施工无法进行时才选用此法。高压旋喷桩施工时要控制好喷嘴的旋喷速度、提升速度、喷射压力和喷浆量。

图 2-17　高压旋喷桩施工

任务 2.4　SMW 工法挡墙施工

SMW 工法挡墙（图 2-18）是在水泥土内插入芯材，使挡墙同时具有受力和抗渗两种能力。施工中采用多轴搅拌钻机在原地层中切碎土体，同时从钻机前端低压注入水泥类悬浊液，与切碎的土体充分搅拌混合，形成止水性能较好的水泥土柱列式挡墙，并按挡墙功能在墙体中插入芯材。

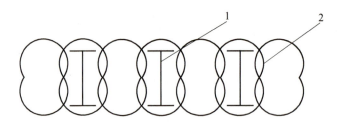

图 2-18　SMW 工法挡墙示意图
1—插在水泥土柱列式挡墙中的 H 型钢　2—水泥土柱列式挡墙

芯材可以是 H 型钢、U 型钢、钢管、PC 桩等，实际工程中常采用 H 型钢（图 2-19）。

图 2-19　以 H 型钢为加强材料的 SMW 工法挡墙实景图

2.4.1　SMW 工法挡墙的特点

由于 SMW 工法挡墙是由水泥土柱列式挡墙和芯材构成的复合支护结构，具有止水、承担侧压力、承担拉锚或逆做法施工中垂直荷载的功能。因此，与其他形式的支护结构相比，SMW 工法挡墙有以下特点：

（1）安全方面

1）支护结构刚度大。SMW 工法挡墙可根据不同的使用要求，选择不同的成墙厚度，墙厚一般在 550~1300mm 之间。同时，根据需要可选择内插强度和刚度较高的芯材，使得挡墙具有较高的刚度，使工程具有可靠的安全性。

2）防渗性能好。施工用钻杆具有螺旋推进翼与搅拌翼相间的设置，故随着钻进和搅拌反复进行，可使水泥系强化剂与土得到充分搅拌，同时重复搭接的排列可使墙体全长无接缝，与传统的地下连续墙和钻孔灌注桩等支护结构相比具有更好的防渗性能，这样能够保证基坑有更好的安全性。

3）对周围地层和环境影响小。SMW 工法挡墙是直接把水泥类悬浊液就地与切碎的土体混合，不像地下连续墙、灌注桩等支护结构需要开槽或钻孔，存在槽（孔）壁坍塌现象，所以施工时对邻近土体的扰动较小，对邻近地面、道路、建筑物、地下设施的危害也较小。

（2）成本方面　在地下连续墙和钻孔灌注桩等支护结构中，使用了大量的钢筋，而且不能回收重复利用，造成了钢铁资源极大的消耗。SMW 工法挡墙的型钢可以回收再利用，使其投资成本与地下连续墙及钻孔灌注桩支护结构相比有大幅度的减少。

（3）实用性方面

1）适用土层范围广。SMW 工法挡墙不仅适用于软弱地层（黏性土层、粉土层），也适用于砂地层、砂砾地层以及直径在 100mm 以上的卵石地层，甚至风化岩层等。

2）施工占地少。SMW 工法挡墙距离既有建筑物仅需几十厘米即可施工，能够充分利用土地，提高土地利用率，尤其适用于城市的深基坑工程。

3）施工工期短。SMW 工法挡墙可就地施工，一次成墙。同地下连续墙施工相比，其工艺简单、成桩速度快，工期可大幅缩短。

（4）环保方面

1）噪声小，无振动。施工中采用就地切削土体且与水泥类悬浊液充分搅拌混合的方法，无须开槽或钻孔，施工噪声小，无振动。

2）环保节能，无泥浆污染。施工时，水泥类悬浊液与土体充分搅拌无废泥浆产生，无需回收处理泥浆。少量废水、泥浆可以存放至事先设置的坑槽中，限制其溢流污染；最终处理后可用于铺设场地道路，达到降低造价、消除建筑垃圾的目的，废土外运量也远比其他工法少。

2.4.2 SMW 工法挡墙施工

SMW 工法挡墙施工工艺流程如图 2-20 所示。

1. 测量放线

因该工法要求连续施工,故在施工前应对支护施工区域的地下障碍物进行探测、清理,以保证施工顺利进行,减少施工缝的数量。施工前,先根据设计图纸和业主提供的坐标基准点,精确计算出支护中心线角点坐标,利用测量仪器精确放出支护中心线,并做好护桩。

2. 开挖沟槽

1)根据放出的支护中心线开挖工作沟槽,沟槽宽度根据支护结构厚度确定,深度为 0.6~1m。开挖沟槽余土应及时处理,以保证正常施工,并达到文明施工要求。

2)遇有地下障碍时,利用空气压缩机将地下障碍破除干净,如破除后产生过大的空洞,需回填压实,重新开挖沟槽,以确保施工顺利进行。

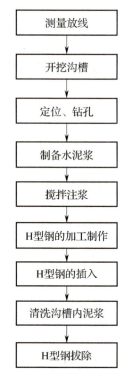

图 2-20 SMW 工法挡墙施工工艺流程图

3. 定位、钻孔

1)在开挖的工作沟槽两侧铺设导向定位型钢或定位辅助线,按设计要求在导向定位型钢或定位辅助线上做出钻孔位置和 H 型钢的插入位置。根据确定的位置控制钻机桩架的移动就位。

2)开钻前应用水平尺将平台调平,并调直机架,确保机架垂直度符合设计要求。在成孔、提升过程中,经常检查平台水平度和机架垂直度,确保成桩垂直度符合设计要求。

3)为控制钻管下钻(图 2-21)深度达标,利用钻管和桩架相对错位原理,在钻管上划出钻孔深度的标尺线,严格控制下钻、提升的速度和深度。

图 2-21 钻管下钻

项目2　深基坑支护

4）下钻、提升的速度应与注浆泵的泵量相适应，下钻速度不得大于 100cm/min，提升速度不得大于 180cm/min，并至少复拌一次以上。

4. 制备水泥浆

1）由于不同水泥、不同土质、不同配合比的水泥土的力学指标差异较大，因而水泥和外掺剂的掺量必须以现场土做试验，再确定其合理的配合比。

2）水泥掺量应符合设计规定，以确保水泥土强度，降低土体置换率，减轻施工对环境的扰动影响。

3）水泥土在确保强度的同时，要使 H 型钢尽量靠自重插入或略加外力能顺利插入；同时水泥浆液应有一定的稠度，以防止 H 型钢到位后发生偏斜、平面转向。

4）H 型钢表面涂抹的减摩剂应有很好的握裹力，确保水泥土和型钢发挥复合效应，起到共同止水挡土的效果，并创造良好的型钢上拔回收条件。

5）型钢起拔后水泥土应能自立、不坍塌，以便充填空隙。

5. 搅拌注浆

根据所标设计深度，钻机在钻孔和提升全过程中，应保持钻杆匀速转动，匀速下钻，匀速提升，同时根据下钻和提升两种不同的速度，注入不同掺量的搅拌均匀的水泥浆液，使水泥土桩在初凝前达到充分搅拌，水泥与土能充分拌和，以确保成桩质量。

6. H 型钢的加工制作

1）H 型钢采用钢板在现场制作成型，当现场制作条件困难时，可在加工厂制作。

2）H 型钢制作必须贴角满焊，以保证力的传递。

3）H 型钢制作必须平整，不得发生弯曲、平面扭曲变形，以保证其顺利插拔。

4）H 型钢若需要接桩，应进行等强度代换，并且接头应 50% 错开。

5）回收变形的 H 型钢必须经调整校正后方可再次投入使用。

7. H 型钢的插入

1）H 型钢插入前，在 H 型钢表面涂上一层减摩剂。减摩剂在早期应与水泥土有较好的黏接握裹力，以提高复合作用；后期黏接握裹力降低或起拔时因剪切作用而失去，使起拔阻力降低，以利于 H 型钢的拔出。

2）H 型钢在插入前必须将 H 型钢的定位设备准确地固定在导轨上，并校正设备的水平度。

3）在水泥土初凝硬化之前，采用大型吊装机械将焊接完成并定好长度的 H 型钢吊起，插入指定位置，依靠 H 型钢的自重下插到设计规定深度。

4）插入 H 型钢时，必须采用全站仪双向调整 H 型钢的垂直度。

5）H 型钢插入后先换钩，再将 H 型钢固定在沟槽两侧先行铺设的定位型钢上，直至孔内的水泥土凝固。

6）若 H 型钢在某施工区域确实无法依靠自重下插到位，可采用振动锤辅助到位。

8. 清洗沟槽内泥浆

由于水泥浆液的定量注入和 H 型钢的插入，将有一部分水泥土被置换出沟槽内，可采用挖机将沟槽内的水泥土清理出沟槽,保持沟槽边沿整洁,确保下道工序的施工。将被清理出的水泥土堆放在规定位置,可在之后的基坑开挖作业时一起运出场地,不会产生泥浆污染。

9. H 型钢拔除

1)H 型钢在地下结构施工结束,并在支护结构工况允许的情况下,采用专用机械从水泥土桩体中拔除。

2)H 型钢起拔时要垂直用力,不允许倾斜起拔或侧向撞击 H 型钢。

3)H 型钢拔除后,应立即采取黄沙回填密实或压密注浆等措施。

任务 2.5　土钉墙施工

土钉墙(图 2-22、图 2-23)是一种利用土钉加固后的原位土体来维护基坑边坡土体稳定的支护形式。

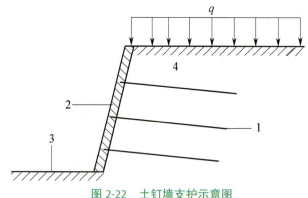

图 2-22　土钉墙支护示意图

1—土钉　2—钢筋网喷射混凝土面层
3—基坑底面　4—加固后的原位土体

图 2-23　施工现场土钉墙支护实景图

2.5.1　土钉墙的工作原理及特点

1. 土钉墙的工作原理

土钉墙是将拉筋插入土体内部,全长度与土体黏结,在坡面上挂钢筋网并喷射混凝土,使土体、土钉群与混凝土面结合为一体,增强了土体的破坏延性,提高了边坡整体稳定和承受坡顶荷载的能力。

2. 土钉墙的特点

1)能合理利用土体的自稳能力,将土体作为支护结构不可分割的部分。

2)密封性好,完全将土坡表面覆盖,没有裸露土方,阻止或限制了地下水从边坡表面渗出,防止了水土流失及雨水、地下水对边坡的冲刷侵蚀。

3)土钉数量众多,靠群体作用,即便个别土钉有质量问题或失效,对整体影响不大。当某条土钉失效时,其周边土钉中,上排及同排的土钉分担了较大的荷载。

4）施工所需场地较小，土钉支护还可以紧贴既有建筑物施工，可节省桩体或墙体所占的位置。

土钉墙支护还具有施工速度快、用料省、造价低等特点，与排桩、水泥土墙支护相比，工期可缩短一半以上，成本可节省 2/3。

3. 土钉墙的适用条件

土钉墙支护工艺适用于基坑侧壁安全等级为二级、三级的非软土场地，地下水位以上或经人工降低地下水位后的人工填土、黏性土且深度不大于 12m 的基坑支护或边坡加固，当土钉墙与有限放坡、预应力锚杆联合使用时，深度可适度增加。

2.5.2 土钉墙的构造及土钉的类型

1. 土钉墙的构造

土钉墙是设置在坡体中的加筋杆件与其周围土体牢固黏结形成的复合体，与面层一起共同构成重力式支护结构，一般由土钉、钢筋网喷射混凝土面层和加固后的原位土体三部分组成。

2. 土钉的类型

按施工方法不同，土钉可分为钻孔注浆型土钉、打入型土钉和射入型土钉三类。

1）钻孔注浆型土钉是常见的土钉类型，施工时先在土中钻孔（图 2-24），置入钢筋，然后沿全长注浆。为使钢筋处于孔的中心位置，周围有足够的浆体保护层，需沿钢筋全长每隔 2~3m 设定位支架。土钉外露端宜做螺纹并通过螺母、钢垫板与钢筋网喷射混凝土面层相连。在注浆体硬结后用扳手拧紧螺母，使土钉内部产生土钉设计拉力 10% 左右的预应力。

图 2-24 钻孔

2）打入型土钉是指在土体中直接打入角钢、钢管或钢筋等，不再注浆。由于打入型土钉与土体间的摩擦阻力强度低，钉长又受限制，所以布置较密，可用人力或振动冲击钻、液压锤等机具打入土钉。打入型土钉的优点是不需要预先钻孔，施工快速；但不宜用于砾石土和密实胶结土，也不宜用于服务年限大于两年的永久支护工程。

3）射入型土钉是指采用压缩空气的射钉机依选定的角度将直径 25~38mm、长 3~6m 的光面钢杆（或空心钢管）射入土中。土钉头通常配有螺纹，以附设面板。这种形式的土钉施工快速、经济,适用于多种土层。

2.5.3 土钉墙施工

土钉墙的施工流程为:施工准备→基坑开挖→成孔→安设土钉钢筋(钢管)→注浆→铺设钢筋网→喷射混凝土面层→排水设施的施工。

根据不同土体的特点和支护构造方法,上述顺序可以变化。支护的内排水以及坡顶和基底的排水系统应按整个支护从上到下的施工过程穿插设置。

1. 施工准备

土钉墙施工之前,先确定基坑开挖线、轴线定位点、水准基点、变形观测点等,并妥善保护;编制好基坑支护施工组织设计,周密安排支护施工与基坑土方开挖、出土等工作的关系,使支护施工与土方开挖密切配合;准备土钉等有关材料和施工机具。

2. 基坑开挖

1)土钉墙支护应按施工方案规定的分层开挖深度,按作业顺序施工,在完成上层作业面的土钉与喷射混凝土以前,不得进行下一层土的开挖。

2)当用机械进行土方作业时,严禁边壁出现超挖或造成边壁土体松动。当基坑边线较长时,可分段开挖,开挖长度宜为10~20m。在机械开挖后应辅以人工修整坡面,坡面平整度的允许偏差为±20mm,在坡面喷射混凝土之前,坡面虚土应予以清除。

3)为防止基坑边坡的裸露土体发生坍塌,对于易坍塌的土体可因地制宜地采取相应措施:

①对修整后的边坡,立即喷涂薄层砂浆或混凝土,凝结后再进行钻孔。

②在作业面上先构筑钢筋网喷射混凝土面层,然后进行钻孔和设置土钉。

③在水平方向上分小段间隔开挖。

④先将作业深度上的边壁做成斜坡,待钻孔并设置土钉后再清坡。

⑤在开挖前,沿开挖面垂直击入钢管或钢筋,或注浆加固土体,或预先施工一层水泥土墙。

3. 成孔

要根据不同的土质情况,采用不同的成孔作业方法进行施工。对于一般土层,当孔深<15m时,可选用洛阳铲或螺旋钻施工;当孔深>15m时,宜选用专用钻机和地质钻机施工。对饱和土易塌孔的地层,宜采用跟管钻进工艺。成孔过程中应由专人做成孔记录,按土钉编号逐一记载取出土体的特征、成孔质量、事故处理等,并将取出的土体及时与设计参考的土体加以对比,有偏差时应及时反馈设计单位,由设计单位修改土钉的设计参数,出具设计变更通知。

4. 安设土钉钢筋

插入土钉钢筋前要进行清孔检查,若孔中出现局部渗水、塌孔或掉落松土应立即处理。为保证钢筋设置居中,在钢筋上每隔2~3m设一个定位支架,支架材料为金属或塑料件,其构造应不妨碍注浆时浆液的自由流动,定位支架做法如图2-25、图2-26所示。定位支架安放时,应避免土钉钢筋扭压、弯曲。

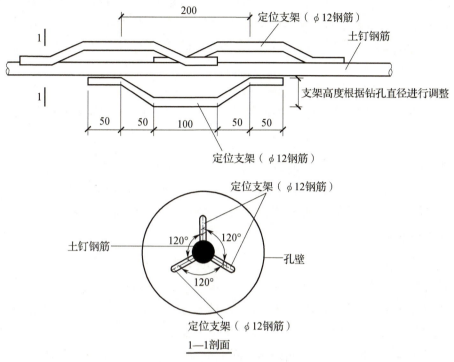

图 2-25　定位支架做法示意图

5. 注浆

注浆前要验收土钉钢筋安设质量是否达到设计要求。成孔后应及时将土钉钢筋置入孔中,可采用重力、低压(0.4~0.6MPa)或高压(1~2MPa)方法按配合比将水泥浆或砂浆注入孔内。压力注浆时应在钻孔口设置止浆塞和排气孔(如为分段注浆,止浆塞置于钻孔内规定的中间位置),注满后保持压力3~5 min。

对于下倾的斜孔,采用重力或低压注浆时,应选择底部注浆方式。注浆导管底端应先插入孔底,在注浆的同时将导管以匀速缓慢地撤出,注意要保证注浆管端头始终在注浆液内,以保证孔中的气体能全部逸出。

图 2-26　定位支架现场图

注浆材料宜用水泥浆或水泥砂浆,水泥浆的水胶比宜为0.5;水泥砂浆的配合比宜为1:1~1:2(重量比),水胶比宜为0.38~0.45。为增加浆液的和易性和水泥浆的早期强度,可在浆液中掺入适量的减水剂和早强剂;为防止注入的水泥浆凝固收缩,可在浆液中掺入适量膨胀剂。

注浆时要采取必要的排气措施。对于水平钻孔，需进行孔口压力注浆或分段压力注浆，此时必须配排气管，并与土钉钢筋绑牢，在注浆前与土钉钢筋同时送入孔中。

注浆应连续进行，孔内浆液要饱满。随着浆液慢慢渗入土层中，孔口会出现缺浆现象，应及时补浆。向孔内注入浆体的充盈系数必须大于1。每次向孔内注浆时，宜预先计算所需的浆体体积，并根据注浆泵的泵送能力计算出实际向孔内注入的浆体体积，以确保注浆的充填程度。

水泥浆、水泥砂浆应拌和均匀，随拌随用，一次拌和的水泥浆、水泥砂浆应在初凝前用完。每次注浆完毕，应用清水通过注浆枪冲洗管路，以便下次注浆时能够顺利施工。

6. 铺设钢筋网

钢筋网应在喷射一层混凝土后铺设，钢筋网要牢固地固定在边壁上（图 2-27），并应符合规定的保护层厚度要求，钢筋网片可用插入土中的钢筋固定，在混凝土喷射下不应出现松动。采用双层钢筋网时，第二层钢筋网应在第一层钢筋网被混凝土覆盖后铺设。

7. 喷射混凝土面层

喷射混凝土（图 2-28）的射距宜在 0.8~1.5m 范围内，并从底部逐渐向上部喷射。射流方向一般应垂直指向喷射面；在喷射钢筋部位时，应先喷填钢筋后方，然后再喷填钢筋前方，防止在钢筋背面出现空隙。为保证喷射混凝土面层的厚度，可用插入土内用以固定钢筋网片的钢筋作为标志加以控制。当面层厚度超过 120mm 时，应分两次喷射。当继续进行下步喷射混凝土作业时，应仔细清除施工缝接合面上的浮浆层和松散碎屑，并喷水使之潮湿。

图 2-27　铺设钢筋网

图 2-28　喷射混凝土

8. 排水设施的施工

排水是土钉支护结构最为敏感的问题，不但要在施工前做好降水排水工作，还要充分考虑土钉支护结构工作期间地表水及地下水的处理，设置排水构造措施。

基坑四周地表应加以修整，并构筑明沟排水，严防地表水向下渗流。可将喷射混凝土面层延伸到基坑周围地表，构成喷射混凝土护顶，并在土钉墙平面范围内的地表做防水地面

（图 2-29），可防止地表水渗入土钉加固范围的土体中。

基坑边壁有透水层或渗水土层时，混凝土面层上要设置排水管（图 2-30、图 2-31），即按间距 1.5~2m 均布插设长 0.4~0.6m、直径不小于 40mm 的水平排水管，外管口略向下倾斜，管壁上半部分可钻透水孔，管中填满粗砂或圆砾作为滤水材料，以防止土颗粒流失。也可在喷射混凝土面层施工前，预先沿土坡壁面每隔一定距离设置一条竖向排水带，即将带状滤水材料夹在土壁与面层之间形成定向导流带，使土坡中渗出的水有组织地导流到坑底后集中排除。为了排除积聚在基坑内的渗水和雨水，应在坑底设置排水沟和集水井。

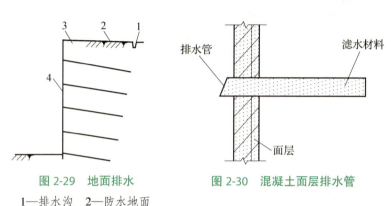

图 2-29　地面排水

1—排水沟　2—防水地面
3—喷射混凝土护顶
4—喷射混凝土面层

图 2-30　混凝土面层排水管

图 2-31　坑壁设置排水管现场图

任务 2.6　土层锚杆施工

土层锚杆简称土锚（图 2-32、图 2-33），是在深基础土壁未开挖的土层内钻孔，达到一定深度后，在孔内放入钢筋、钢管、钢丝束、钢绞线等材料，灌入水泥浆或化学浆液，使其与土层结合成为抗拉（拔）能力很强的锚杆。

图 2-32　土层锚杆现场图

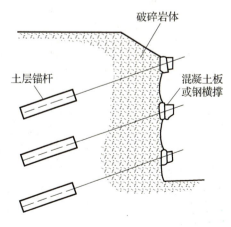

图 2-33　土层锚杆支护

2.6.1 土层锚杆的构造及抗拔原理

1. 土层锚杆的构造

土层锚杆由锚固体、拉杆及锚头三个基本部分组成,如图 2-34 所示。

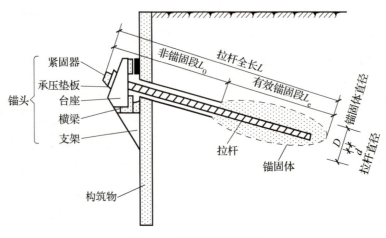

图 2-34 土层锚杆的构造

(1) 锚固体 锚固体是锚杆尾部的锚固部分,通过锚固体与土体之间的相互作用,将力传至土体。

根据土体类型、工程特性与使用要求,锚固体结构可设计为圆柱形、端部扩大头形或连续球体形三类。锚固于砂质土、硬黏土层,并要求较高承载力的锚杆,宜采用端部扩大头形锚固体;锚固于淤泥、淤泥质土层并要求较高承载力的锚杆,宜采用连续球体形锚固体。

(2) 拉杆 拉杆将来自锚头的拉力传递给锚固体,是锚杆的中心受拉部分,从锚杆头部到锚固体尾端的全长即是拉杆的长度。拉杆的全长 L,实际上包括有效锚固段 L_e 和非锚固段 L_0 两部分(图 2-35)。

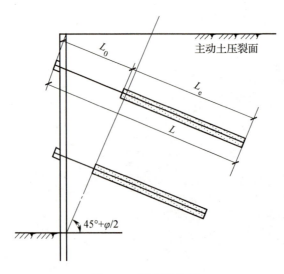

图 2-35 拉杆的长度

有效锚固段长度即锚固体长度,主要根据每根锚杆需承受多大的抗拔力来决定。非锚固段长度又称自由长度,按构造物与稳定地层之间的距离来决定。

(3)锚头 锚头的作用是将拉杆与支护结构连接起来,使墙体所受荷载可靠地传到拉杆上去。

2. 土层锚杆的抗拔原理

土层锚杆作为一种受拉杆件之所以能锚固在土层中,主要是由于锚杆在土层中具有一定的抗拔力。当土层锚杆的非锚固段处于不稳定土层中时,其作用是将锚头所承受的荷载传递到有效锚固段,有效锚固段的锚杆受力,先是通过拉杆与周边水泥砂浆的握裹力将力传到砂浆中,然后通过砂浆传到周围土体。传递过程中随着荷载的增加,拉杆与水泥砂浆的握裹力逐渐发展到锚杆的下端,待有效锚固段内发挥最大握裹力时,就发生与土体的相对位移,随即产生土与锚杆的摩擦阻力,直至达到极限摩擦阻力。

2.6.2 土层锚杆的优点与应用

1. 土层锚杆的优点

1)进行锚杆施工的作业空间不大,适用于各种地形和场地。

2)由锚杆代替内支撑,无坑内立柱与支撑,地下结构施工方便,省去了拆撑、换撑等工序;与内支撑相比,挖土施工空间大,改善了施工条件,同时还降低了造价。

3)锚杆的设计拉力可通过抗拔试验确定,因此可保证足够的安全度。

4)可对锚杆施加预应力以控制支护结构的侧向位移,基坑变形容易控制。

2. 土层锚杆的应用

土层锚杆通过锚杆将结构物与地层紧紧连锁在一起,依赖锚杆与周围地层的抗剪强度传递结构物的拉力,使地层自身得到加固,达到保持结构物和岩体稳定的目的。土层锚杆还可与钢板桩、钻孔灌注桩、地下连续墙等支护墙体联合使用,广泛应用于深基坑支护、边坡加固、滑坡整治、水池抗浮、挡墙锚固和结构抗倾覆等工程中。

2.6.3 土层锚杆施工

土层锚杆施工包括钻孔、锚杆杆体的制作、安放锚杆、压力灌浆、张拉和锚固等工序。

1. 钻孔

土层锚杆的钻孔工艺,直接影响土层锚杆的承载能力、施工效率和整个支护工程的成本。钻孔时注意尽量不要扰动土体,尽量减少土的液化,要减少既有应力场的变化,尽量不释放土层的自重应力。

(1)钻孔机械选择 土层锚杆钻孔用的钻孔机械,按工作原理分类,有旋转式钻孔机、冲击式钻孔机和旋转冲击式钻孔机三类,主要根据土质、钻孔深度和地下水情况进行选择。

(2)钻孔方法选择 钻孔方法的选择主要取决于土质和钻孔机械。常用的土层锚杆钻孔方法有：

1）螺旋钻干作业法（图 2-36a）。用螺旋钻机进行钻孔，被钻削下来的土屑会对孔壁产生压力和摩擦阻力，从而使土屑顺螺旋钻杆排出孔外。

① 使用范围。当土层锚杆处于地下水位以上，呈非浸水状态时，宜选用不护壁的螺旋钻孔干作业法来成孔，该法对黏土、粉质黏土、密实性和稳定性较好的砂土等土层适用。

② 施工过程。用该法成孔有两种施工方法：一种方法是钻孔与插入拉杆合为一道工序施工，即钻孔时将拉杆插入空心的螺旋钻杆内，随着钻孔的深入，拉杆与螺旋钻杆一同到达设计规定的深度，然后边灌浆边退出钻杆，而拉杆锚固在钻孔内；另一种方法是钻孔与安放拉杆分为两道工序施工，即钻孔后，在螺旋钻杆退出孔洞后再插入拉杆。后一种方法设备简单，简便易行，采用较多。

用此法钻孔时，钻机连续成孔，后面紧接着安放拉杆和灌浆作业。该方法的优点是设备简单，易操作；缺点是当孔洞较长时，孔洞易向上弯曲，导致土层锚杆张拉时摩擦损失过大，影响之后锚固力的正常传递，其原因是钻孔时钻削下来的土屑沉积在钻杆下方，造成钻头上抬。

a)　　　　　　　　　　b)　　　　　　　　　　c)

图 2-36　钻孔方法

a）螺旋钻孔干作业法　b）压水钻进成孔法　c）潜钻成孔法

2）压水钻进成孔法（图 2-36b）：

① 使用范围。在软、硬土层中都适用，但必须具备良好的现场排水系统。

② 施工过程。该法将钻孔过程中的钻进、出渣、固壁及清孔等工序一次完成，孔内不留残土，并可防止塌孔。钻进时冲洗液（压力水）从钻杆中心流向孔底，在一定的水头压力（0.15~0.3MPa）下，水流携带钻削下来的土屑从钻杆与孔壁之间的孔隙处排出孔外。钻进时要不断供水冲洗（包括接长钻杆和暂时停机时），而且要始终保持孔口的水位。待钻到规定深度（一般钻孔深度要大于土层锚杆长度 0.5~1m）后，继续用压力水冲洗残留在钻孔中的土屑，直至水流不显浑浊为止。

钻进中如遇到流砂层，应适当加快钻进速度，降低冲孔水压，保持孔内水头压力。对于杂填土地层（包括建筑垃圾等），应该设置护壁套管钻进。

3）潜钻成孔法（图 2-36c）：

① 使用范围。宜在孔隙率大且含水率较低的土层中施工。

② 施工过程。此法是利用风动冲击式潜孔冲击器成孔，这种工具也可用于施工地下电缆，

它由压缩空气驱动,内部装有配气阀、气缸和活塞等机构。它利用活塞往复运动进行定向冲击,使潜孔冲击器挤压土层向前钻进。由于它始终潜入孔底工作,冲击能量在传递过程中损失较小,具有成孔效率高、噪声低等特点。为了使潜孔冲击器钻进到预定深度后能退出孔外,还需配备一台钻机,将钻杆连接在潜孔冲击器尾部,待达到预定深度后,由钻杆沿钻机导向架后退,将潜孔冲击器带出钻孔,钻机导向架还能控制成孔器成孔的角度。该法成孔速度快,孔壁光滑而坚实,由于不出土,孔壁无坍落和堵塞现象。

(3)钻孔要求

1)孔壁要求平直,以便安放拉杆和灌注水泥浆。

2)孔壁不得坍陷和松动,否则影响拉杆安放和土层锚杆的承载能力。

3)钻孔时不得使用膨润土循环泥浆护壁,以免在孔壁上形成泥皮,降低锚固体与土壁间的摩擦阻力。

2. 锚杆杆体的制作

土层锚杆用的拉杆,常用的有钢管(钻杆用作拉杆)、钢筋、钢丝束和钢绞线,主要根据土层锚杆的承载能力和现有材料的情况来选择。

(1)钢筋拉杆

1)特点。钢筋拉杆防腐性能好,易安装,当锚杆承载力不要求很大时,应首先考虑选用钢筋作为拉杆。

2)钢筋拉杆的制作。钢筋拉杆由单根或多根粗钢筋组合而成,其长度应为土层锚杆设计长度加上张拉长度,当采用多根钢筋时需将其绑扎或焊接连成一体。

3)定位器(图2-37)的制作。土层锚杆的长度一般在10m以上,有的达30m甚至更长。为了将拉杆安置在钻孔的中心,防止非锚固段产生过大的挠度,以及拉杆插入钻孔时不搅动土壁,常在拉杆表面设置定位器(或撑筋环)。钢筋拉杆的定位

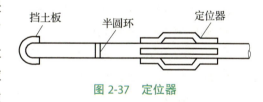

图2-37 定位器

器用细钢筋制作,沿拉杆轴以2~2.5m间距设置,与拉杆轴心呈120°布置并与拉杆焊牢,定位器外径宜小于钻孔直径10mm。

4)防腐及隔离处理。对于有非锚固段的土层锚杆,因非锚固段拉杆无水泥砂浆保护,需对该段进行防腐及隔离处理,以防止拉杆锈蚀。施工时,先对拉杆进行除锈,再涂环氧防腐底漆;待其干燥后,再涂环氧树脂复合材料(或聚氨酯预聚体等);待其固化后,再缠绕两层聚乙烯塑料薄膜。

(2)钢丝束拉杆 钢丝束拉杆可以制成通长结构,它的柔性较好,往钻孔内沉放较方便,沉放时应将钢丝束拉杆与灌浆管绑扎在一起同时送入孔内,否则单独放置灌浆管比较困难。

1)制作过程:

①将钢丝校直并切割成要求的长度。

②借助带孔的金属分线板将钢丝按层次布置好,并每隔0.5~1m接合在一起。

制作过程中,最重要的步骤是钢丝就位,因为放置的钢丝若在全长上不是相互平行的,不

仅不能利用钢丝的断面，还会降低钢丝的强度。

2）定位器。钢丝束拉杆的有效锚固段也要用到定位器，该定位器一般为撑筋环，如图 2-38 所示。钢丝束拉杆的钢丝分为内外两层，外层钢丝绑扎在撑筋环上，撑筋环的间距为 0.5~1m，这样有效锚固段内的钢丝束拉杆就形成了一连串的菱形，使钢丝束拉杆与锚固体砂浆的接触面积增大，增强了黏结力；内层钢丝则从撑筋环的中间穿过。

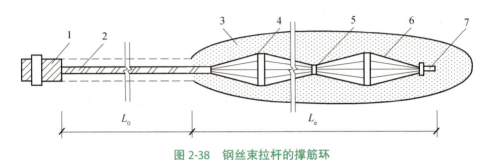

图 2-38 钢丝束拉杆的撑筋环
1—锚头 2—非锚固段拉杆 3—锚固体砂浆 4—撑筋环
5—钢丝束结 6—钢丝束拉杆外层钢丝 7—护套

安放钢丝束拉杆时也应使其位于钻孔中心，否则会因其偏斜使钢丝束拉杆端部插入孔壁而引起孔壁破坏或坍孔，甚至使灌浆孔堵塞。为此，可将拉杆端部用 20~25cm 长的护套套住。

3）防腐处理。钢丝束拉杆的非锚固段经理顺扎紧后，再进行防腐处理，例如用玻璃纤维布缠绕两层后再用胶粘带缠绕外表；也可用特制护管将非锚固段套住，对护管与孔壁之间的空隙则应进行灌浆处理。

（3）钢绞线拉杆 钢绞线拉杆的柔性很好，向钻孔中沉放较容易，因此现在应用较多，常用于承载能力较大的土层锚杆。

有效锚固段的钢绞线要仔细清除其表面的油脂，以保证与锚固体砂浆有良好的黏结，非锚固段的钢绞线要套以聚丙烯防护套等进行防腐处理。

3. 安放锚杆

在一般情况下，锚杆杆体与灌浆管同时插入钻孔底部；对于土层锚杆，要求钻孔完后立即插入杆体。插入时将锚杆有定位器的一面朝向下方；若钻孔时使用套管，则在插入杆体并灌浆完成后再将套管拔出。若是用风钻钻出的小口径锚杆孔，则要求灌浆后再插入杆体。

锚杆插入时要求顺直，杆体长度不够设计长度时要求焊接接长，焊接可采用对焊或帮条焊。

4. 压力灌浆

压力灌浆是土层锚杆施工中的一道重要工序。施工时，应将有关数据记录下来，以备将来查用。

（1）灌浆的作用

1）形成锚固段，将锚杆锚固在土层中。

2）防止拉杆腐蚀。

3）充填土层中的孔隙和裂缝。

（2）灌浆方法　灌浆方法有一次灌浆法和二次灌浆法两种。二次灌浆法可以显著提高土层锚杆的承载能力。

1）一次灌浆法只用一根灌浆管，利用泥浆泵进行灌浆，灌浆管端距孔底 10~20cm，待浆液流出孔口时，将水泥袋纸等捣塞入孔口，并用湿黏土封堵孔口，严密捣实，再以 2~4MPa 的压力进行补灌，要稳压数分钟灌浆才结束。

2）二次灌浆法要用两根灌浆管，第一次灌浆用灌浆管的管端距离锚杆末端 500mm 左右（图 2-39），管底出口处用黑胶布等封住，以防沉放时土进入管口。第二次灌浆用灌浆管的管端距离锚杆末端 1000mm 左右，管底出口处也用黑胶布封住，且从距管端 500mm 处开始向上每隔 2m 左右钻孔制成花管，花管的孔眼为 ϕ8mm，花管的段数依据有效锚固段的长度确定。

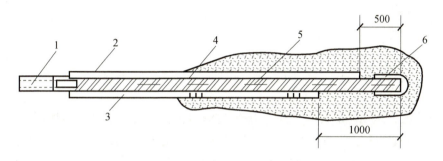

图 2-39　二次灌浆法灌浆管的布置

1—锚头　2—第一次灌浆用灌浆管　3—第二次灌浆用灌浆管
4—钢筋拉杆　5—定位器　6—护套

第一次灌浆是灌注水泥砂浆，其压力为 0.3~0.5MPa。水泥砂浆在压力作用下冲出封口的胶布流向钻孔。因为钻孔后用清水洗孔，孔内可能残留有部分水和泥浆，但由于灌入的水泥砂浆相对密度较大，能够将残留在孔内的泥浆等置换出来。第一次灌浆量根据孔径和有效锚固段的长度确定，第一次灌浆后把灌浆管拔出，可以重复使用。待第一次灌注的浆液初凝后，进行第二次灌浆，压力控制在 2MPa 左右，要稳压 2min，浆液冲破第一次灌浆的浆体，向锚固体与土的接触面之间扩散，使锚固体直径扩大（图 2-40），增加径向压应力。由于第一次灌入的水泥砂浆已初凝，在钻孔内形成"塞子"，借助这个"塞子"的堵浆作用，就可以提高第二次灌浆的压力。由于挤压作用，使锚固体周围的土受到压缩，孔隙比减小，含水率减少，提高了土的内摩擦角。因此，二次灌浆法可以显著提高土层锚杆的承载能力。

5. 张拉和锚固

土层锚杆灌浆后，待锚固体强度达到设计强度的 80% 以上时，便可对土层锚杆进行张拉（图 2-41）和锚固。张拉前先在支护结构上安装导向架，张拉用设备与预应力结构张拉相同。

钢筋拉杆为变形钢筋时，其端部加焊螺母端杆，用螺母锚固；钢筋拉杆为光圆钢筋时，可直接在其端部攻螺纹，用螺母锚固；如用预应力混凝土用螺纹钢筋，可直接用螺母锚固。

如果采用钢丝束拉杆，锚具多为镦头锚，也用单作用千斤顶张拉。

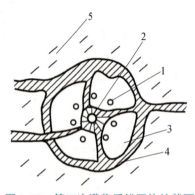

图 2-40 第二次灌浆后锚固体的截面
1—钢丝束　2—灌浆管　3—第一次灌浆的浆体
4—第二次灌浆的浆体　5—土体

图 2-41 锚杆张拉

任务 2.7　地下连续墙施工

地下连续墙施工是在基坑开挖之前，用特殊的挖槽设备，在泥浆护壁的情况下开挖深槽，然后下钢筋笼，浇筑混凝土形成的地下混凝土墙。施工时通过特制的挖槽机械，在泥浆（又称触变泥浆、安定液、稳定液等）护壁的情况下每次开挖一定长度（一个单元槽段一般6~8m长）的沟槽，待开挖至设计深度并清除沉淀下来的泥渣后，把地面上加工好的钢筋骨架（一般称为钢筋笼）用起重机械吊放入充满泥浆的沟槽内，用导管向沟槽内浇筑混凝土。混凝土由沟槽底部开始逐渐向上浇筑，并将泥浆置换出来，待混凝土浇至设计标高后，一个单元槽段即施工完毕。各个单元槽段之间由特制的接头连接，便形成了连续的地下钢筋混凝土墙。

2.7.1　地下连续墙的适用范围及分类

1. 地下连续墙的适用范围

地下连续墙在我国各地高层建筑基础施工中得到了广泛的应用，主要适用于地下水位高的软土地区，也适用于基坑深度大且与邻近的建（构）筑物、道路和地下管线相距很近的情况。如呈封闭状，则工程开挖土方后，地下连续墙既可挡土又可止水，有利于地下工程和深基坑的施工。若将用作支护挡墙的地下连续墙又作为建筑物地下室或地下构筑物的结构外墙，即"两墙合一"，则经济效益更加显著。

2. 地下连续墙的分类

地下连续墙按墙的用途可分为：防渗墙、临时挡土墙、永久挡土（承重）墙、作为基础用的地下连续墙；按开挖情况可分为：开挖式地下连续墙、不开挖式地下连续墙（地下防渗墙）；按成墙方式可分为：①桩排式地下连续墙。实际就是钻孔灌注桩并排连接形成的地下连续墙，其设计与施工可归类于钻孔灌注桩。②壁板式地下连续墙。采用专用设备，利用泥浆护壁在地下开挖深槽，在水下浇筑混凝土，形成地下连续墙，如图2-42所示。③桩壁组合式地下连续墙。即将上述桩排式和壁板式地下连续墙组合起来使用的地下连续墙。

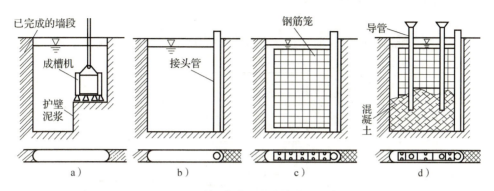

图 2-42　壁板式地下连续墙施工示意图
a）开挖槽段　b）放入接头管　c）下钢筋笼　d）下导管及浇筑混凝土

我国建筑工程中应用较多的是现浇钢筋混凝土壁板式地下连续墙，多为临时挡土墙，也有用作主体结构的一部分同时又兼作临时挡土墙的地下连续墙。在水利工程中有用作防渗墙的地下连续墙。

2.7.2　地下连续墙的特点

1. 地下连续墙的优点

地下连续墙之所以能够得到如此广泛的应用，是因为它具有以下优点：

1）工效高、工期短、质量可靠、经济效益高。

2）施工时振动小、噪声低，非常适于在城市施工。

3）占地少，可以充分利用建筑红线以内有限的地面和空间，充分发挥投资效益。

4）防渗性能好，由于墙体接头形式和施工方法的改进，使地下连续墙几乎不透水。

5）可用于逆作法施工。地下连续墙刚度大，易于设置预埋件，可用于逆作法施工。

6）可以紧贴既有建筑物建造地下连续墙。

7）墙体刚度大，用于基坑开挖时，可承受很大的土压力，极少发生地基沉降或塌方事故。

8）适用于多种地基条件。地下连续墙对地基的适用范围很广，从软弱的冲积地层到中硬的地层、密实的砂砾层，以及各种软岩和硬岩等，都可以建造地下连续墙。

9）可用作刚性基础。地下连续墙已不再单纯地作为防渗防水、深基坑支护的墙体，而是越来越多地用地下连续墙代替桩基础、沉井或沉箱基础，承受更大的荷载。

2. 地下连续墙的缺点

1）在一些特殊的地质条件下（如很软的淤泥质土，含漂石的冲积层和超硬岩层等），施工难度很大。

2）如果施工方法不当或施工地质条件特殊，可能出现相邻墙段不能对齐和漏水的问题。

3）地下连续墙如果用作临时的挡土结构，相对于传统施工方法的造价要高。

4）在城市施工时，废泥浆的处理比较麻烦。

2.7.3 地下连续墙施工

下面以现浇钢筋混凝土壁板式地下连续墙为例，来介绍其施工工艺流程（图2-43）。

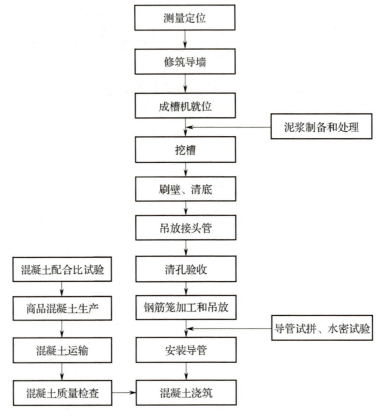

图2-43 现浇钢筋混凝土地下连续墙的施工工艺流程

1. 修筑导墙

（1）导墙的作用 在施工期间，导墙经常承受钢筋笼、浇筑混凝土用的导管、钻机等产生的静、动荷载的作用，是地下连续墙施工中必不可少的临时结构。

1）作为挡土墙。在挖掘地下连续墙的沟槽时，接近地表的土极不稳定，容易塌陷，此时的泥浆也不能起到护壁的作用，因此在单元槽段挖完之前，导墙就起着挡土墙的作用。

2）作为测量的基准。导墙规定了沟槽的位置，表明单元槽段的划分，同时也作为测量挖槽标高、垂直度和精度的基准。

3）作为重物的支撑。导墙既是挖槽机械轨道的支撑，又是钢筋笼、接头管等搁置的支点，有时还承受其他施工设备的荷载。

4）存储泥浆。导墙可存储泥浆，稳定槽内泥浆液面。泥浆液面应始终保持在导墙面以下20cm，并高于地下水位1m，以稳定槽壁。

此外，导墙还可防止泥浆漏失；防止雨水等地面水流入槽内；地下连续墙距离既有建筑物很近时，导墙施工还起一定的补强作用；在路面下施工时，可起到支撑横撑的水平导梁作用。

导墙一般为现浇钢筋混凝土结构，也有钢制结构或预制钢筋混凝土装配式结构（可多次重复使用）。

（2）导墙施工　现浇钢筋混凝土导墙施工工艺：平整场地→测量定位→挖槽及处理弃土→绑扎钢筋→支模板→浇筑混凝土→拆模并设置横撑→导墙外侧回填土（如无外侧模板，可不进行此项工作）。

导墙的内墙面应平行于地下连续墙轴线，导墙内的净宽一般比地下连续墙设计墙厚大40~60mm。导墙顶面应至少高出地面约100mm，以防止地面水流入槽内污染泥浆。导墙的深度一般为1~2m，具体深度与表层土质有关，如遇有未固结的杂填土层时，导墙深度必须穿过此土层，特别是松散的、透水性强的杂填土必须挖穿，使导墙坐落在稳定性较好的老土层上。另外，导墙基底和土面密贴，可以防止槽内泥浆渗入导墙后面。

现浇钢筋混凝土导墙拆模后，应沿纵向每隔1m左右加设上下两道支撑，将两片导墙支撑起来，在导墙的混凝土达到设计强度之前，禁止任何重型机械和运输设备在旁边行驶，以防导墙受压变形。

2. 泥浆制备和处理

地下连续墙的深槽是在泥浆护壁下进行挖掘的。通过泥浆对槽壁施加压力，可以防止槽壁倒塌和剥落，并防止地下水渗入；泥浆还具有一定的黏度，它能将挖槽机挖下来的土渣悬浮起来，既便于土渣随同泥浆一同排出槽外，又可避免土渣沉积在工作面上影响挖槽机的挖槽效率；挖槽过程中，泥浆既可降低钻具的温度，又可起润滑作用而减轻钻具的磨损，有利于延长钻具的使用寿命和提高深槽挖掘的效率。

（1）泥浆的制备（图2-44）　护壁泥浆除通常使用的膨润土泥浆外，还有聚合物泥浆、CMC（即羧甲基纤维素，可以降低失水量、调整黏度、增加触变性等）泥浆和盐水泥浆。地下连续墙用护壁泥浆（以膨润土泥浆为例）的制备，有下列几种方法：

1）制备泥浆。挖槽前利用专用设备制备好泥浆，挖槽时输入沟槽。

2）自成泥浆。用挖槽机挖槽时，向沟槽内输入清水，清水与钻削下来的泥土拌和，边挖槽边形成泥浆。

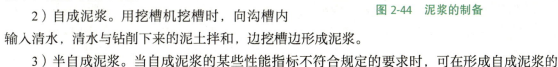

图2-44　泥浆的制备

3）半自成泥浆。当自成泥浆的某些性能指标不符合规定的要求时，可在形成自成泥浆的过程中加入一些掺合料，制成半自成泥浆。

控制泥浆性能的指标有密度、黏度、失水量和泥皮性质。

（2）泥浆的处理　在地下连续墙施工过程中，泥浆要与地下水、砂、土、混凝土接触，膨润土、掺合料等成分会有所消耗，而且也会混入一些土渣和电解质离子等，使泥浆受到污染而质量恶化。被污染后性质恶化了的泥浆，经处理后仍可重复使用；如污染严重难以处理或处理不经济的，则舍弃。

泥浆处理分土渣分离处理（物理再生处理）和污染泥浆化学处理（化学再生处理）两种形式。

3. 挖槽

挖槽是地下连续墙施工中的关键工序，挖槽用时约占地下连续墙工期的一半，因此提高挖槽的效率是缩短工期的关键。同时，槽壁形状基本上决定了墙体外形，所以挖槽的精度又是保证地下连续墙质量的关键之一。

在地下连续墙施工中常用的挖槽机械，按其工作机理主要分为挖斗式（图 2-45a）、回转式（图 2-45b）和冲击式（图 2-45c）三大类，而每一类又分为多种。

a) b) c)

图 2-45 挖槽机械

a）挖斗式 b）回转式 c）冲击式

挖掘时，应严格控制槽壁的垂直度和倾斜度。钻机钻进速度应与吸渣、供应泥浆的能力相适应。钻进过程中，应使护壁泥浆不低于规定的高度；对有压力水及渗透水的地层，应加强对泥浆的调整和控制，防止压力水及渗透水大量进入槽内稀释泥浆，危及槽壁安全。

成槽后应及时吊放钢筋笼、浇筑混凝土，以免搁置时间过长，造成泥浆沉淀而失去护壁作用。还要注意施工期间地面荷载不要过大，防止附近的车辆和机械对地层产生振动等。

当挖槽出现坍塌迹象时，如槽内泥浆大量漏失，泥浆液面出现显著下降，泥浆内有大量泡沫上冒或出现异常的扰动，导墙及附近地面出现沉降，排土量超过设计断面的土方量，多头钻或抓斗升降困难等，此时应首先将挖槽机提升至地面，然后迅速采取措施，避免坍塌进一步扩大。常用的措施是立即进行补浆；严重的塌方，应用优质黏土（掺入 20% 水泥）回填至坍塌处以上 1~2m，待沉积密实后再钻进。

4. 刷壁、清底

当开挖槽段到达设计深度和宽度后，为提高接头处的抗渗及抗剪性能，先用挖槽机上特制的钢齿（图 2-46）"由上到下"刮除接头内部的异物，再用刷壁器（图 2-47）沿已浇混凝土墙端部上下反复刷动进行清理，称为刷壁作业，刷壁作业结束后进行清底。

项目 2 深基坑支护

图 2-46 安装于挖槽机抓斗上的钢齿　　图 2-47 安装于挖槽机抓斗上的刷壁器

挖槽过程中残留在槽内的土渣以及吊放钢筋笼时从槽壁上刮落的泥皮都堆积在槽底；挖槽结束后，悬浮在泥浆中的土颗粒也将下沉到槽底。在浇筑地下连续墙前，必须清除槽底的沉淀物，这项工作称为清底作业。清底的方法，一般有沉淀法和置换法两种。沉淀法是在土渣基本沉淀到槽底之后再进行清底；置换法是在挖槽结束之后立即对槽底进行清理，然后在土渣还没有沉淀之前就用新泥浆把槽内的泥浆置换出来，使槽内泥浆的相对密度在 1.15 以下。我国多用置换法进行清底。采用不同的清底方法，所花的时间亦不同，置换法是在挖槽之后立即进行。对于以泥浆反循环法进行挖槽的施工，可在挖槽后紧接着进行清底工作。沉淀法一般在插入钢筋笼之前进行清底，如插入钢筋笼的时间较长，亦可在浇筑混凝土之前进行清底。但不论哪种方法，都有从槽底清除沉淀土渣的工作。清除沉淀土渣的方法常用的有：

1）砂、石吸力泵排泥。

2）压缩空气升液排泥。

3）带搅动翼的潜水泥浆泵排泥。

4）利用混凝土导管压浆排泥。

5. 吊放接头管

地下连续墙施工根据划分好的墙段逐段进行，通过各单元槽段之间接头的连接形成连续墙体，因此接头处理是连续墙施工的关键，其施工质量直接关系到墙体的受力性能与抗渗能力。接头的设置既要满足功能要求，又要施工简单。安放槽段接头时，应紧贴槽段垂直缓慢地沉放至槽底。遇到阻碍时应先清除，然后再入槽。混凝土浇筑过程中应采取防止混凝土产生绕流的措施。

目前，我国地下连续墙施工中的接头形式主要有接头管、接头箱、H 型钢、隔板、十字钢板、预制接头桩等，各种接头形式均有其相应的优（缺）点。

1）接头管（又称锁口管）接头。施工时，待一个单元槽段土方挖好后，于槽段端部用起重机放入接头管，然后吊放钢筋笼并浇筑混凝土，待浇筑的混凝土强度达到 0.05~0.2MPa 时（出现时间一般在混凝土浇筑后 3~5h，具体时间受施工时的环境温度影响），用起重机提拔或用顶升架顶拔接头管。接头管直径一般比墙厚小 50mm，可根据需要分段接长。接头管拔出后，单元槽段的端部形成半圆形，继续施工即形成两相邻单元槽段的接头，它可以增强整体性和防水能力。接头管接头的施工程序如图 2-48 所示。

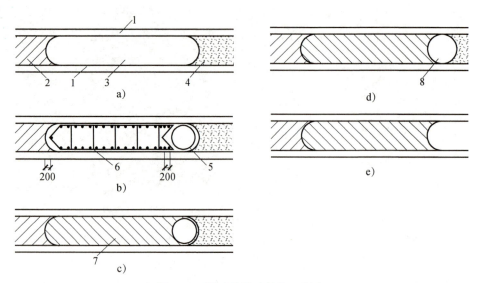

图 2-48 接头管接头的施工程序

a）开挖槽段 b）吊放接头管和钢筋笼 c）浇筑混凝土 d）拔出接头管 e）形成接头
1—导墙 2—已浇筑混凝土的单元槽段 3—开挖的槽段 4—未开挖的槽段
5—接头管 6—钢筋笼 7—正浇筑混凝土的单元槽段 8—接头管拔出后的孔洞

2）接头箱接头。接头箱接头可以使地下连续墙形成整体接头，接头的刚度较好，接头箱接头的施工方法与接头管接头相似。一个单元槽段挖土结束后，吊放接头箱，再吊放钢筋笼。接头箱在浇筑混凝土的一面是开口的，所以钢筋笼端部的水平钢筋可插入接头箱内。浇筑混凝土时，接头箱的开口面被焊在钢筋笼端部的钢板封住，因而浇筑的混凝土不能进入接头箱。混凝土初凝后，吊出接头管，待后一个单元槽段再浇筑混凝土时，由于两相邻单元槽段的水平钢筋交错搭接，从而形成整体接头。接头箱接头的施工程序如图 2-49 所示。

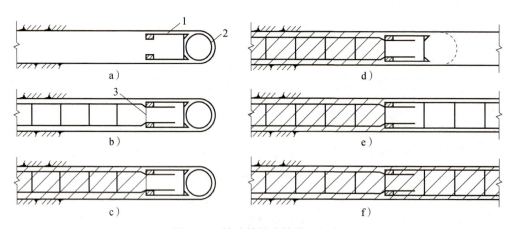

图 2-49 接头箱接头的施工程序

a）插入接头箱 b）吊放钢筋笼 c）浇筑混凝土 d）吊出接头管
e）吊放后一槽段的钢筋笼 f）浇筑后一槽段的混凝土，形成整体接头
1—接头箱 2—接头管 3—焊在钢筋笼上的钢板

3) H型钢接头。H型钢接头属于一次性的刚性接头,自防水效果较好,施工较为简易,目前工程上使用较多。H型钢与槽段钢筋笼焊接成整体吊放,其后侧空腔内采用不同的处理方式,例如"锁口管+黏土"方式、"泡沫板+沙包"方式、"接头钢塞+沙包"方式、"散装碎石+止浆薄钢板"方式等。不管采用哪种方式,都既要采取措施防止混凝土从型钢侧面缝隙绕流(图2-50),又要方便后续槽段的施工。

图2-50 接头两侧焊钢板防止混凝土绕流现场图

6. 钢筋笼加工和吊放

(1)钢筋笼加工 钢筋笼根据地下连续墙墙体配筋图和单元槽段的划分来加工。钢筋笼加工过程中,预埋件、测量元件位置要准确,并要预先确定浇筑混凝土用导管的位置,由于导管插入位置要上下贯通,因而周围需增设箍筋和连接筋进行加固。横向钢筋有时会阻碍导管插入,所以应把横向钢筋放在外侧,纵向钢筋放在内侧。

由于钢筋笼尺寸大、刚度小,在其起吊时易变形,加工钢筋笼时,要根据钢筋笼的重量、尺寸以及起吊方式和吊点位置,在钢筋笼内布置一定数量的纵向桁架,如图2-51所示。在单元槽段钢筋笼的前后两面,从上到下要对称地设置定位垫块。垫块可用厚度3mm左右的钢板(图2-52)制作,并焊在钢筋笼上,纵向间距为5m。要求每个钢筋笼至少有4个垫块,垫块的作用是保证钢筋笼在吊运中具有足够的刚度,防止下钢筋笼时摩擦孔壁,并在下钢筋笼过程中起定位作用,垫块和墙面之间应留有2~3cm的空隙。

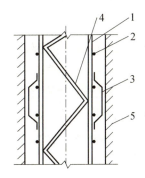

图2-51 钢筋笼内布置纵向桁架

1—主筋 2—箍筋 3—定位垫块
4—架立钢筋(纵向桁架) 5—槽壁

图2-52 钢筋笼定位垫块现场图

单元槽段的钢筋笼应装配成一个整体。必须分段时，宜采用焊接或机械连接，接头位置宜选在受力较小处，并相互错开。

（2）墙体与结构物的钢筋连接　当墙体需要与结构物连接时，可通过预埋件来实现。常用的连接方式有下列几种：

1）预埋连接钢筋法。它是在浇筑墙体混凝土之前，将加设的连接钢筋弯折后预埋在地下连续墙内，待内部土体开挖后露出墙体时，凿开预埋的连接钢筋处的墙面，将露出的预埋连接钢筋弯成设计形状，与后浇结构的受力钢筋连接（图2-53）。

2）预埋连接钢板法。这是一种钢筋间接连接的接头方式，在浇筑地下连续墙的混凝土之前，将预埋的连接钢板放入并与钢筋笼固定。浇筑混凝土后凿开墙面使预埋的连接钢板外露，用焊接方式将后浇结构中的受力钢筋与预埋的连接钢板焊接（图2-54）。施工时要注意保证预埋连接钢板后面的混凝土饱满。

3）预埋剪力连接件法。剪力连接件的形式有多种，但以不妨碍浇筑混凝土、承压面大且形状简单为佳。剪力连接件先预埋在地下连续墙内，然后弯折出来与后浇结构连接（图2-55）。

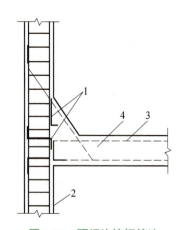 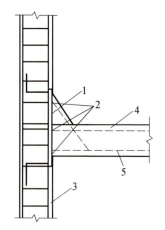 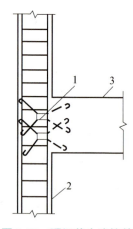

图2-53　预埋连接钢筋法
1—预埋的连接钢筋　2—地下连续墙
3—后浇结构中的受力钢筋
4—后浇结构

图2-54　预埋连接钢板法
1—预埋的连接钢板　2—焊接处
3—地下连续墙　4—后浇结构
5—后浇结构中的受力钢筋

图2-55　预埋剪力连接件法
1—预埋的剪力连接件
2—地下连续墙　3—后浇结构

（3）钢筋笼的吊放与接长　钢筋笼的起吊、运输和吊放应制订周密的施工方案，主要解决好两个问题：一是在吊放过程中不能使钢筋笼产生不可恢复的永久变形；二是插入过程中不要造成槽壁坍塌。为了防止钢筋笼起吊时产生变形，往往采取在钢筋笼内放桁架的方法。起吊时，采用二索吊架和四索吊架在钢筋笼头部和中间两处同时平缓起吊（图2-56），起吊之前应检查起重机和钢丝绳。起吊时，钢筋笼下端不得在地面上拖引或碰撞其他物体，待钢筋笼吊至槽段上方且保持水平状态时，将副索卸去，只用主索将钢筋笼吊入槽内规定深度。为防止钢筋笼吊起后在空中摆动，应在钢筋笼下端系上绳索以人力操纵控制。

插入钢筋笼时，吊点中心必须对准槽段中心，缓慢垂直落入槽内，此时必须注意不要因起重臂摆动而使钢筋笼产生横向摆动，造成槽壁坍塌。钢筋笼插入槽内后，应检查其顶端高度是否符合设计要求，然后用横担或在主筋上设弯钩将其搁置在导墙上。

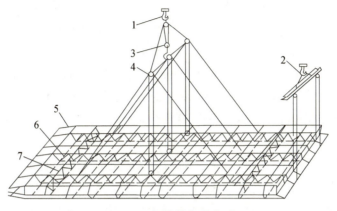

图 2-56　钢筋笼起吊方法

1、2—吊钩　3、4—滑轮　5—端部向里弯曲　6—纵向桁架　7—横向架立桁架

如果吊入钢筋笼不顺利，则应重新吊起检查槽孔和钢筋笼，而不能硬插钢筋笼。钢筋笼接长时，先将下段放入槽孔内，保持垂直状态悬挂在槽壁上部的导墙上，再将上节垂直对正下段后焊接，要求二人同时对称施焊，以免焊接变形，使钢筋笼产生纵向弯曲。

7. 混凝土浇筑

单元槽清底后，下设钢筋笼和接头管完毕，应及时进行单元槽段混凝土浇筑。地下连续墙的混凝土是在护壁泥浆下用导管进行灌注的，应按水下混凝土施工方法进行制备和灌注，如图 2-57 所示。

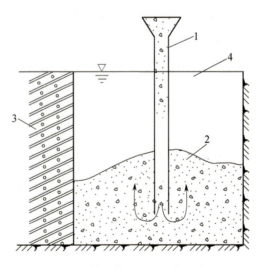

图 2-57　槽段内混凝土浇筑示意图

1—导管　2—正在浇筑的混凝土　3—已浇筑混凝土的槽段　4—泥浆

由于导管内混凝土和槽内泥浆的压力不同，导管下口处存在压力差，因而混凝土可以从导

管内流出。在用导管灌注混凝土前，为防止泥浆混入混凝土，可在导管内吊放一个管塞，依靠灌入混凝土的压力将管内泥浆挤出。

在整个浇筑过程中，混凝土导管应埋入混凝土内2~4m，最小埋深不得小于1.5m，使从导管下口流出的混凝土将刚浇筑的表层混凝土向上推动，从而避免刚出导管的混凝土与泥浆直接接触，否则混凝土流出时会把混凝土上升面附近的泥浆卷入混凝土内。但导管的最大插入深度也不宜超过9m，插入太深，将会影响混凝土在导管内的流动，有时还会使钢筋笼上浮。

灌注首批混凝土前，下料斗内的混凝土量要保证能使导管内的泥浆完全排出，并使冲出后的混凝土足以封住并高出管口，以防止泥浆卷入混凝土内。因此，灌注首批混凝土前下料斗内初存的混凝土量要经过计算确定。

导管的提升速度应与混凝土的上升速度相适应，避免提升过快造成混凝土脱空现象，或提升过慢造成埋管拔不出的事故。为防止钢筋笼上浮，在初浇时，要放慢速度，待混凝土顶面穿过钢筋笼底部后方可加快浇筑速度。在混凝土浇筑过程中，不能使混凝土溢出料斗流入导沟，否则会使泥浆质量恶化。浇筑混凝土后被置换出来的泥浆要进行处理，防止泥浆溢出地面。

任务2.8 支护结构内支撑施工

对于排桩支护、板墙式支护结构，当基坑深度较大时，为使支护结构受力合理并将受力后的变形控制在一定范围内，需沿支护结构的竖向增设支撑点以减小跨度。如在坑内对支护结构加设支撑，称为内支撑；如在坑外对支护结构加设支撑，则称为拉锚。

内支撑系统可承受支护结构传递的土压力、水压力，能有效地控制支护结构的变形，降低其内力和变形，使支护体系造价经济、受力合理。但是，内支撑的设置会给基坑内挖土和地下室结构的支模和浇筑带来一些不便，需通过换撑加以解决。采用坑外拉锚时，虽然坑内施工无任何阻挡，但软土地区拉锚的变形较难控制，且拉锚有一定的长度，在建筑物密集地区若超出红线，尚需专门申请。一般情况下，在土质好的地区，宜优先发展拉锚；在软土地区，宜优先采用内支撑。

2.8.1 内支撑选型

支护结构的内支撑体系包括腰梁或冠梁（围檩）、支撑、立柱。围檩固定在支护结构上，将支护结构承受的侧压力传给支撑（纵、横两个方向）。支撑是受压构件，长度超过一定限度时（一般指超过15m）稳定性不好，中间需要加设立柱，立柱下端应固定在工程桩上。如下端没有工程桩，则需另外专门设置支撑桩（灌注桩）。内支撑设置如图2-58所示。

1. 内支撑选型原则

1）宜采用受力明确、连接可靠、施工方便的结构形式。
2）宜采用对称平衡、整体性强的结构形式。
3）应与主体地下结构的结构形式、施工顺序相协调，应便于主体结构施工。

4）应利于基坑土方开挖和运输。

5）需要时，应考虑将内支撑结构作为施工平台。

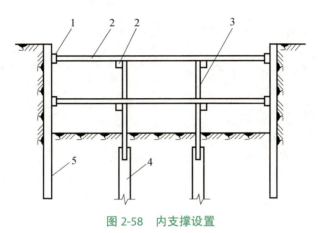

图 2-58　内支撑设置

1—围檩　2—纵、横向水平支撑　3—立柱　4—工程桩或专设桩　5—支护结构

2. 支撑材料的选择

支护结构的内支撑按支撑材料分类有钢支撑、钢筋混凝土支撑、钢－钢筋混凝土组合支撑等形式。

1）钢支撑（图 2-59）是将钢构件用螺栓连接或焊接的方式进行组合形成的支撑结构形式。其具有自重轻；安装、拆卸方便；施工速度快；可周转使用；可施加预应力并根据需要加以调整，以限制支护结构变形的发展；安装后能立即发挥支撑作用，减小支护结构因时间效应增加的变形等优点。其缺点是施工工艺要求较高、构造及安装相对较复杂、节点质量不易保证、整体刚度相对较弱、支撑的间距相对较小等。钢支撑不适合用于形状复杂、不规则的基坑；常用于对撑、角撑等平面形状简单的基坑。

图 2-59　钢支撑

2）钢筋混凝土支撑（图 2-60）是随着挖土的加深，根据设计规定的位置在现场支模浇筑的支撑形式。钢筋混凝土支撑构件形状多样，可采用直线、曲线等形式，具有刚度大、整体性好、可方便地通过变化构件截面和配筋来适应其内力的变化、不会因节点松动而引起基坑位移、施工质量容易得到保证等优点；但也存在着现场制作和养护时间较长、拆除工程量大、支撑材料不能重复利用等不足。

3）在一定条件下，基坑可采用钢－钢筋混凝土组合支撑（图 2-61）的形式。组合的方式一般有两种：一种是分层组合方式，如第一道支撑采用钢筋混凝土支撑，第二道及以下各道支撑采用钢支撑；另一种是在同一层支撑平面内，钢支撑和钢筋混凝土支撑混合设置。钢－钢筋混凝土组合支撑利用了钢材、钢筋混凝土各自的优点，但宽大的基坑不太适用。

图 2-60　钢筋混凝土支撑　　　　　　　图 2-61　钢－钢筋混凝土组合支撑

对于支撑材料，在施工中应根据当地的地质、周围环境及施工、技术和材料设备等条件，因地制宜地选择。

3. 支撑体系的竖向布置

支护结构的支撑体系在竖向的布置应根据基坑挖土方式、开挖深度、地质条件、地下结构各层楼盖和底板位置等条件，结合选用的支护结构构件和支撑体系综合确定，支撑的道数（层数）与基坑深度有关，为使支护结构不产生过大的弯矩和变形，基坑深度越大，支撑层数越多。

设置的各层支撑的标高要避开地下结构楼盖位置，以便于支模浇筑地下结构时换撑。一般情况下，支撑多数布置在楼盖之下和底板之上，其净距最好不小于600mm。支撑竖向间距还与挖土方式有关，如人工挖土，支撑竖向间距不宜小于3m，如挖土机下坑挖土，竖向间距最好不小于4m。

4. 支撑体系的平面布置

支撑体系在平面上的布置要综合考虑基坑平面的形状、尺寸、开挖深度，基坑周围环境保护要求和邻近地下工程的施工情况，主体工程地下结构的布置，土方开挖和主体工程地下结构的施工顺序和施工方法等因素。支撑布置不应妨碍主体工程地下结构的施工，为此，应预先详细了解地下结构的设计图纸。对于面积较大的基坑，其施工速度在很大程度上取决于土方的开挖速度，故支撑布置应尽可能便于土方开挖。相邻支撑之间的水平距离，在结构合理的前提下，应尽可能扩大其间距，以便挖土机运作。

支撑体系在平面上的布置（图 2-62），有对撑、角撑、环梁加边框架、边桁架式、竖向斜撑等多种形式。有时，在同一基坑中混合使用多种形式，如角撑加对撑等。要根据基坑的平面形状和尺寸设置最适合的支撑。一般情况下，平面形状接近方形且尺寸不大的基坑，宜采用角撑，基坑中间较大的空间可方便挖土；平面形状接近方形但尺寸较大的基坑，可采用环梁加边框架、边桁架式支撑，其受力性能较好，也能提供较大的空间，便于挖土；长方形的基坑宜采用对撑或对撑加角撑的形式，安全可靠且便于控制变形。

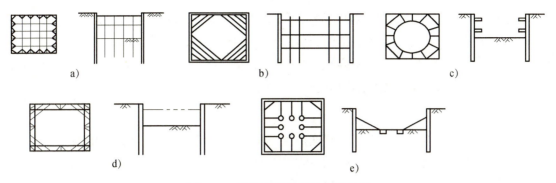

图 2-62 常用支撑体系的布置形式

a) 对撑 b) 角撑 c) 环梁加边框架 d) 边桁架式 e) 竖向斜撑

5. 支撑立柱

立柱力求布置在纵、横向支撑的交点处或边桁架式支撑的节点位置上，并力求避开主体工程梁、柱及结构墙的位置。立柱的间距尽量拉大，但必须保证水平支撑的稳定且足以承受水平支撑传来的竖向荷载。立柱下端应支撑在较好的土层中，可借用工程桩，必要时应另外打桩。立柱的材料、截面通常选用 H 型钢、钢管和角钢，构成格构柱，以便于穿越底板、楼板施工和以后的防水处理。

2.8.2 内支撑施工

内支撑施工应遵循下列基本原则：

1）支撑结构的安装与拆除顺序，应同基坑支护结构的计算工况一致。

2）支撑的安装必须按"先撑后挖"的原则施工。支撑的拆除，除最上一道支撑拆除后经设计计算允许处于悬臂状态外，均应按"先换撑后拆除"的顺序施工。

3）基坑竖向土方施工应分层开挖。土方在平面上分区开挖时，支撑应跟随开挖进度分区安装，并使一个区段内的支撑形成整体。

4）立柱穿过主体结构底板，以及支撑结构穿越主体结构地下室外墙的部位，应采用止水构造措施。

1. 钢支撑施工

钢支撑安装工艺流程：在基坑四周的支护结构上弹出围檩轴线位置与标高基准线→在支护结构上设置围檩托架或吊杆→安装围檩→在基坑立柱上焊支撑托架→安装短向（横向）水平支撑→安装长向（纵向）水平支撑→对支撑预加压力→在纵、横支撑交叉处及支撑与立柱相交处，用夹具或电焊固定→在基坑周边围檩与支护结构之间的空隙处，用混凝土填充。

钢支撑常用形式主要有钢管支撑和 H 型钢支撑两种。钢支撑一般做成标准节段，在安装时根据支撑长度再辅以非标准节段。非标准节段通常在工地上切割加工，节段之间多通过高强度螺栓连接，也有采用焊接方式连接的。螺栓连接施工方便，尤其是坑内的拼装作业，但整体性不如焊接好。

围檩的作用之一是将支护结构承受的土压力、水压力等外荷载传递到支撑上,为受弯、受剪构件;其另一个作用是加强支护结构的整体性。钢支撑一般采用钢围檩,钢围檩多用 H 型钢或双拼工字钢、双拼槽钢等,钢围檩可通过设置于支护结构上的钢牛腿或锚固于支护结构内的吊筋加以固定。钢支撑与钢围檩可用电焊等连接。

2. 钢筋混凝土支撑施工

钢筋混凝土支撑与围檩应在同一平面内整体浇筑,支撑与支撑、支撑与围檩相交处宜采用加腋结构,使其形成刚性节点。位于支护结构顶部的围檩常利用桩顶冠梁,并和支护结构整浇;支护结构其他位置的围檩亦可通过吊筋或预埋钢板固定。

钢筋混凝土支撑施工宜用开槽浇筑的方法,底模板可用素混凝土,也可利用槽底作土模。

3. 立柱施工

当基坑平面尺寸较大,支撑长度较长时,需设立柱来支撑水平支撑,以防止支撑弯曲。立柱的设置可缩短支撑的计算长度,防止支撑失稳破坏。

立柱通常用钢立柱,长细比一般小于 25,由于基坑开挖结束浇筑底板时立柱不能拆除,因此立柱最好做成格构式,以利于底板钢筋通过。钢立柱不能支撑于地基上,而需支撑在立柱桩上,目前多用混凝土灌注桩作为立柱支撑桩。灌注桩混凝土浇至基坑面为止,钢立柱插在灌注桩内,插入长度一般不小于 4 倍立柱边长。在可能的情况下应尽可能利用工程桩作为立柱的支撑桩。立柱通常设于支撑的交叉部位,施工时立柱桩应准确定位,以防偏离支撑的交叉部位。

2.8.3 换撑

支撑在拆除前一般应先进行换撑,换撑应尽可能利用地下主体结构,这样既方便施工,又可降低造价。换撑处可设在地下室底板位置、地下室中间楼板及顶板位置。

2.8.4 支撑的拆除

支撑拆除应在替换支撑的结构构件达到换撑要求的承载力后进行。当主体结构底板和楼板分块浇筑或设置后浇带时,应在分块部位或后浇带处设置可靠的传力构件。支撑拆除一般可遵循下列原则:

1)分区分段设置的支撑,宜分区分段拆除。

2)整体支撑尤其是最上一道支撑,宜从中央向两边分段逐步拆除,这对减小悬臂段位移较为有利。

3)先分离支撑与围檩,再拆除支撑,最后拆除围檩。

1. 钢支撑的拆除

钢支撑的拆除通常采用起重机并辅以人工进行,施工时先释放钢支撑的预应力,再拆除。在拆除钢支撑时,应逐级释放轴力,应避免因瞬间预加轴力释放过大导致的结构局部变形、开裂。钢支撑是周转性材料,要进行吊运回收。

2. 钢筋混凝土支撑的拆除

钢筋混凝土支撑的拆除可采用人工拆除、机械拆除（图 2-63）、爆破拆除等方式。支撑拆除时应设置安全可靠的防护措施，并应对永久结构采取保护措施。

图 2-63　钢筋混凝土支撑的机械拆除

拓展阅读

77.3m！国内深基坑记录诞生

2020 年 5 月 21 日，中铁五局滇中引水龙泉倒虹吸接收井基坑（图 2-64）开挖顺利完成。该工程引领国内深井基坑施工水平迈向了新高度，达到了国内未曾有过的开挖深度，是国内超深基坑开挖施工领域的里程碑。该工程基坑为半径 8.5m 的圆形结构，开挖深度为 77.3m，围护结构采用 1.5m 厚的地下连续墙帷幕止水，墙顶设锁口圈梁，地下连续墙成槽深度达 96.6m。该工程为滇中引水工程昆明段输水工程的一部分，施工地段位于昆明主城区，周边施工环境复杂。该工程坑内施工区域场地狭小，机械设备操作空间有限，交叉作业多，地质条件差，土方吊运困难，且由于基坑为同期国内最深基坑，国内尚无相关施工经验可以借鉴，施工难度很大。项目团队结合基坑特点和工期要求，通过技术攻关和科研创新，为降低深基坑作业的时间和成本，采用了"整体逆作，局部顺作"的施工工法，大幅降低了施工时间和成本，综合效益显著。

图 2-64　滇中引水龙泉倒虹吸接收井基坑

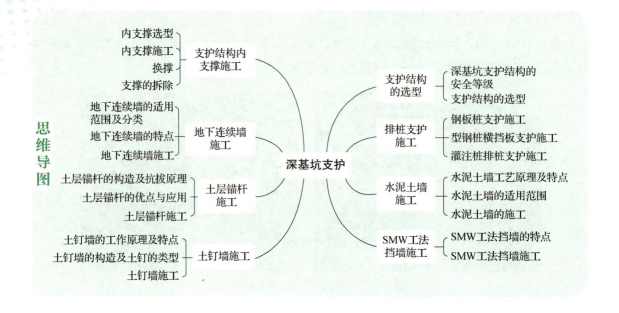

1. 何为深基坑?

2. 简述基坑支护结构的安全等级是如何划分的。

3. 基坑工程的设计依据有哪些?

4. 基坑支护结构选型时,应综合考虑哪些因素?

5. 钢板桩的打设方法有哪些?各有什么优点?

6. 简述水泥土墙的工艺原理及特点。

7. 简述水泥土墙的适用范围。

8. SMW 工法挡墙有哪些特点?

9. 简述 SMW 工法挡墙施工工艺流程。

10. 简述土钉墙的工作原理和适用条件。

11. 简述土钉墙的施工流程。

12. 简述土层锚杆施工的基本工序。

13. 简述土层锚杆施工中二次灌浆法的技术要点。

14. 地下连续墙有哪些优点?

15. 地下连续墙导墙的作用是什么?简述其施工工序。

16. 地下连续墙施工时,其单元墙段的接头形式有哪些?

17. 分析地下连续墙施工过程中泥浆的作用。

18. 支护结构内支撑的选型原则是什么?

能力训练题

1. 深基坑支护结构失效、土体过大变形对基坑周边环境或主体结构施工安全的影响严重，基坑安全等级是（   ）。
   A. 一级　　　　　　　　　　　　　　　B. 二级
   C. 三级　　　　　　　　　　　　　　　D. 四级

2. 不属于泥浆在地下连续墙成槽中作用的是（   ）。
   A. 护壁作用　　　　　　　　　　　　　B. 携渣作用
   C. 切割土体　　　　　　　　　　　　　D. 冷却和润滑

3. 下列不适用于土钉墙的是（   ）。
   A. 基坑安全等级为二级、三级　　　　　B. 基坑周围不具备放坡条件
   C. 毗邻重要建筑或地下管线　　　　　　D. 地下水位较低或坑外有降水条件

4. 下列结构中，止水效果最好的是（   ）。
   A. 槽钢钢板桩　　　　　　　　　　　　B. 锁口钢板桩
   C. 钻孔灌注桩　　　　　　　　　　　　D. 地下连续墙

5. 在进行钢板桩施工时，一般常用的导架形式是（   ）。
   A. 单层单面导架　　　　　　　　　　　B. 单层双面导架
   C. 双层单面导架　　　　　　　　　　　D. 双层双面导架

6. 水泥土挡墙深基坑支护方式不宜用于（   ）。
   A. 基坑侧壁安全等级为一级　　　　　　B. 施工范围内地基承载力小于150kPa
   C. 基坑深度小于6m　　　　　　　　　　D. 基坑周围工作面较宽

7. 土钉墙支护结构适用于（   ）。
   A. 含水丰富的细砂　　　　　　　　　　B. 淤泥质土
   C. 饱和软弱土层　　　　　　　　　　　D. 降水后的人工填土

8. 土层锚杆施工中，压力灌浆的作用是（   ）。
   A. 形成锚固段、防止钢拉杆腐蚀、充填孔隙和裂缝、防止塌孔
   B. 形成锚固段、防止钢拉杆腐蚀、充填孔隙和裂缝
   C. 形成锚固段、防止钢拉杆腐蚀、防止塌孔
   D. 防止钢拉杆腐蚀、充填孔隙和裂缝、防止塌孔

9. 下列选项中不属于土层锚杆施工中灌浆的作用的是（   ）。
   A. 形成锚固段，将锚杆锚固在土层中　　B. 保护钢拉杆
   C. 填充土层中的孔隙和裂缝　　　　　　D. 增加土层锚杆的重量

10. 土层锚杆灌浆后，待锚固体强度达到设计强度的（   ）以上，便可以对锚杆进行张拉和锚固。
    A. 60%　　　　B. 70%　　　　C. 75%　　　　D. 80%

11. 下列不属于深基坑工程的是（　　）。
    A. 开挖深度超过 5m（含 5m）的基坑（槽）的土方开挖、支护、降水工程
    B. 开挖深度虽未超过 5m，但地质条件、周围环境和地下管线复杂的土方开挖、支护、降水工程
    C. 开挖深度虽未超过 5m，影响毗邻建（构）筑物安全的基坑（槽）的土方开挖、支护、降水工程
    D. 开挖深度超过 4m 的基坑（槽）的土方开挖、支护、降水工程

12. 在地下连续墙施工流程中，槽段开挖前还需完成的工作是（　　）。
    A. 一次清槽与验收   B. 导墙施工
    C. 二次清槽与验收   D. 下放导管

13. SMW 工法挡墙，混合搅拌完成之后的工序是（　　）。
    A. 搅拌机就位   B. 施工导沟
    C. 插入型钢   D. 回收型钢

14. 用于淤泥质土基坑时，水泥土墙支护结构适用于深度不大于（　　）的基坑。
    A.6m   B.7m
    C.10m   D.12m

15. 下列基坑支护结构中，主要结构材料可以回收反复使用的是（　　）。
    A. 地下连续墙   B. 灌注桩
    C. 重力式水泥土墙   D.SMW 工法挡墙

项目 3

深基坑降水与土方开挖

素养目标：

1. 结合深基坑降水与土方开挖中的一些施工事故，培养学生的观察与思考能力，提高发现问题、提出问题并能及时解决问题的能力，提升综合运用所学专业知识进行安全施工、确保工程质量的意识。

2. 结合施工过程中的安全监测，利用人工智能管理方法助力我国新型智慧城市建设。

知识目标：

1. 熟悉流砂的防治措施。
2. 掌握人工降低地下水的施工方法。
3. 熟悉深基坑土方开挖的特点和注意事项。
4. 熟悉深基坑监测的要求。
5. 掌握深基坑验槽的内容和方法。

能力目标：

1. 能结合建筑物的基础特点与实际地质条件选择相应的人工降低地下水位的方法。
2. 能编制深基坑降水的专项施工方案。
3. 能进行土方开挖方案的编制。
4. 能够组织基坑土方开挖的施工。
5. 能够进行基坑监测。
6. 能够参与深基坑验收。

任务 3.1　流砂的防治

基坑挖土至地下水位以下，当土质为细砂土或粉砂土时，往往会出现"流砂"现象，即粒径很小、无塑性的土壤在动水压力的推动下失去稳定，随地下水一起涌入坑内。一旦出现流砂，土体将完全丧失承载力，施工条件迅速恶化，基坑难以挖到设计深度。严重时会引起基坑边坡塌方，邻近建筑因地基被掏空而出现开裂、下沉、倾斜，甚至倒塌。

3.1.1 流砂的成因

产生流砂的原因有外因和内因。外因取决于外部水位条件,内因取决于土的性质。

1. 产生流砂的外因

如图 3-1 所示,地下水由左端高水位 h_1,经过长度为 L、截面面积为 F 的土体,流向低水位 h_2 时,作用在土体左端 a-a 截面处的静水压力为 $\gamma_w h_1 F$,其方向与水流方向一致(γ_w 为水的重度);作用在土体右端 b-b 截面处的静水压力为 $\gamma_w h_2 F$,其方向与水流方向相反。水渗流时受到土颗粒的总阻力为 TLF(T 为单位土体阻力)。由静力平衡条件有

$$\gamma_w h_1 F - \gamma_w h_2 F - TLF = 0 \tag{3-1}$$

得

$$T = \frac{h_1 - h_2}{L} \gamma_w \tag{3-2}$$

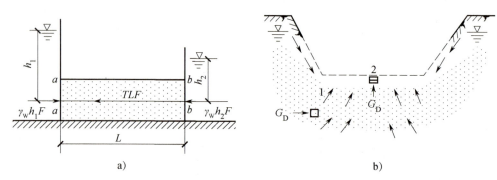

图 3-1 动水压力原理图
a)水在土中渗流时的力学分析 b)动水压力对地基土的作用
1、2—土粒

水在土中渗流时,对单位土体的土颗粒产生的压力称为动水压力,用 G_D 表示,它与单位土体内渗流水受到土颗粒的阻力 T 属于作用力与反作用力的关系,所以两者大小相等、方向相反,即

$$G_D = -T = -i\gamma_w \tag{3-3}$$

由式(3-3)可知,动水压力 G_D(与单位土体阻力 T 大小相等、方向相反)与水力坡度 $i = \frac{h_1 - h_2}{L}$(水头差与渗透路程之比)成正比,即水位差越大,动水压力越大;而渗透路程越长,动水压力越小。

由于动水压力与水流方向一致,所以当水在土中渗流的方向改变时,动水压力对土就会产生不同的影响。如水流从上向下,则动水压力与重力方向相同,就会增大土粒间的压力;如水流从下向上,则动水压力与重力方向相反,就会减小土粒间的压力,也就是土粒除了受水的浮力外,还要受到动水压力向上举的作用。如果动水压力等于或大于土的有效重度 γ',即

$$G_D \geq \gamma' \tag{3-4}$$

土粒可能失去自重,在动水压力作用下处于悬浮状态,随着渗流的水一起流动,即出现流砂

现象。

2. 产生流砂的内因

由土的三相比例指标换算公式可知，土在水中的有效重度与孔隙比的关系为

$$\gamma' = \gamma_{sat} - \gamma_W = \frac{d_s - 1}{1 + e} \gamma_W \quad (3-5)$$

式中　γ_{sat}——土的饱和重度；

　　　d_s——土的相对密度；

　　　e——土的孔隙比。

所以，土粒越细，有效重度越小，孔隙比越大，在孔隙水动水压力作用下就越容易产生流砂。

根据经验，流砂一般容易发生在细砂、粉砂等砂性土壤中。土的孔隙比大、黏粒含量少（质量分数小于10%）、渗透系数小、排水性能差、含水率大是产生流砂的内因；坑中抽水形成水位差，高液面坑外水出现向低液面坑内流动的趋势，产生动水压力，则是产生流砂的外因。所以，为避免施工过程出现流砂，施工前应了解工程场地的地质、水文情况，以便预先采取防治措施。

3.1.2　流砂的防治

由于产生流砂的主要因素是动水压力的大小和方向，因此在基坑开挖中，防治流砂应从"治水"着手。防治流砂的基本原则是减少或平衡动水压力，设法使动水压力方向向下，截断地下水流。具体防治措施有：

1. 枯水期施工法

选择枯水期施工，因为此时地下水位较低，基坑内外水位差小，动水压力小，就不易产生流砂。

2. 止水帷幕法

将连续的止水支护结构（如连续板桩、深层搅拌桩、密排灌注桩等）打入基坑底面以下一定深度，形成封闭的止水帷幕，使地下水只能从支护结构下端向基坑渗流，增加了地下水从坑外流入基坑内的渗流路径，减小了水力坡度，从而减小了动水压力，可防止流砂产生。

3. 水下挖土法

采用不排水的水下挖土施工，使坑内外水压力相平衡，消除动水压力，使基坑无发生流砂的条件。

4. 人工降低地下水位法

即采用井点降水法（如轻型井点、管井井点、喷射井点等），使地下水位降低至基坑底面以下，地下水的渗流向下，则动水压力的方向也向下，从而使水不能渗流入基坑内，可有效地防止流砂的发生。因此，此法应用广泛且较可靠。

5. 抢挖并抛大石块法

在施工过程中如遇局部的或轻微的流砂，可组织人力分段抢挖，使挖土速度超过流砂产生的速度；挖至设计标高后，立即铺设芦席并抛大石块，增加土的压重，以平衡动水压力，将流砂压住。

任务 3.2　深基坑降水

开挖深度超过 3m（含 3m）的基坑（槽）的土方开挖、支护、降水工程；开挖深度虽未超过 3m，但地质条件、周围环境和地下管线复杂，或影响毗邻建（构）筑物安全的基坑（槽）的土方开挖、支护、降水工程，均属于危险性较大的分部分项工程。开挖深度超过 5m（含 5m）的基坑（槽）的土方开挖、支护、降水工程属于超过一定规模的危险性较大的分部分项工程。对于危险性较大的分部分项工程，应单独编制专项施工方案。对超过一定规模的危险性较大的分部分项工程，还应组织专家对单独编制的专项施工方案进行论证。

3.2.1　地面水排除

为保证施工场地干燥，以利于定位放线和基坑开挖，应将场地内低洼地区的积水排除，同时应注意雨水的排除。地面水的排除一般采用排水沟、截水沟或修筑土堤等措施，将水直接排至场外，或流入低洼处再用水泵抽走。

临时性排水设施应尽量与永久性排水设施结合考虑，利用自然地形设置排水沟。主排水沟最好设置在施工区域的边缘或道路的两旁，其横断面和纵向坡度应根据当地气象资料，按照施工期内的最大流量确定。一般排水沟的横断面尺寸不小于 0.5m×0.5m；纵向坡度根据地形确定，一般不应小于 0.2%。出水口处应设置在远离建筑物或构筑物的低洼地点，并应保证排水畅通。

在山区进行基础施工时，应在较高一面的山坡上开挖截水沟，且距基坑边坡边缘不应小于 5m。在低洼地区施工时，除开挖排水沟外，必要时应修筑挡水土坝，以阻挡雨水的流入。

3.2.2　基坑排水

开挖底面低于地下水位的基坑时，地下水会不断渗入坑内。雨期施工时，地面水也会流入坑内。如果流入坑内的水不及时排走，不但会造成施工条件恶化，而且基坑土被水泡软后，会造成边坡塌方和坑底土的承载能力下降，甚至造成竣工后的建筑物产生不均匀沉降。因此，在基坑开挖前和开挖时，做好排水工作，保持土体干燥是十分重要的。

在基坑工程施工中，对地下水的治理一般可从两个方面进行：一是降低地下水位，二是堵截地下水。降低地下水位的常用方法可分为集水明排和井点降水两类。地下水回灌不作为独立的地下水控制方法，但可作为一种补充措施与其他方法一同使用。在软土地区基坑开挖深度超过 3m 时，就要采用井点降水。开挖深度较浅时，也可边开挖边用排水沟和集水井进行集水明排。当因降水而危及基坑及周边环境安全时，宜采用回灌或截水方法。总之，地下水控制方法有多种，其适用条件见表 3-1，应根据土层情况、降水深度、周围环境、支护结构种类等综合考虑后优选控制地下水技术方案。

表 3-1 地下水控制方法适用条件

方法名称		土类	渗透系数/(m/d)	降水深度/m	水文地质特征
集水明排		填土、粉土、黏性土、砂土	7~20	<5	上层滞水或水量不大的潜水
井点降水	轻型井点		0.1~20	单级<6 多级<20	
	喷射井点		0.1~20	<20	
	管井	粉土、砂土、碎石土、可溶岩、破碎带	1~200	>5	含水丰富的潜水、承压水、裂隙水
回灌		填土、粉土、砂土、碎石土	0.1~200	不限	—
截水		黏性土、粉土、砂土、碎石土、岩溶土	不限	不限	—

1. 集水明排

集水明排（图 3-2）是指当基坑（槽）挖至接近地下水位时，在坑底两侧或四周设置具有一定坡度的排水明沟，在基坑四角或底边每隔 30~40m 设置一个集水井，使水由排水沟流入集水井内，然后用水泵抽出坑外。抽出的水应予引开，以防倒流。当基坑开挖深度不深，基坑涌水量不大时，集水明排是应用最广泛，也是最简单、经济的方法。

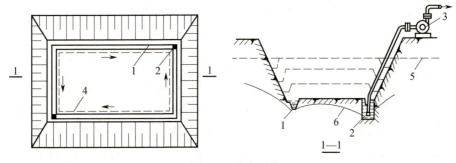

图 3-2 集水明排

1—排水明沟 2—集水井 3—离心泵
4—设备基础或建筑物基础边线 5—原地下水位线 6—降低后地下水位线

排水明沟宜布置在拟建建筑基础边 0.4m 以外，沟边缘离开边坡坡脚应不小于 0.3m。排水明沟的底面应比挖土面低 0.3~0.4m。

集水井的直径或宽度一般为 0.6~0.8m。集水井深度随着挖土的加深而加深，要经常低于挖土面 0.7~1m。当基坑挖至设计标高后，井底铺设碎石滤水层，以免抽水时间较长，将泥砂抽出，并防止井底的土被搅动。集水井中的水用水泵抽出，常用的水泵有潜水泵、离心泵和泥浆泵。

集水明排排水，视水量多少可连续或间断抽水，直至基础施工完毕、回填土为止。

当基坑开挖的土层由多种土组成，中部夹有透水性的砂类土，基坑侧壁出现分层渗水时，可在基坑边坡上按不同高程分层设置明沟和集水井构成集水明排系统，分层阻截和排除上部土层中的地下水，避免上层地下水冲刷基坑下部边坡造成塌方（图3-3）。

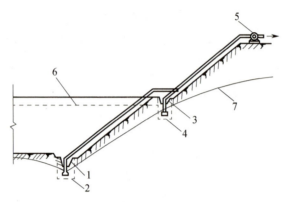

图 3-3　分层集水明排系统

1—底层排水沟　2—底层集水井　3—二层排水沟
4—二层集水井　5—水泵　6—原地下水位线　7—降低后地下水位线

在集水明排作业过程中，地下水会沿边坡面或坡脚或坑底渗出，使坑底软化或泥泞；当基坑开挖深度较大、坑内外水头差较大时，如果土的组成较细，在地下水动水压力的作用下仍然可能出现流砂、管涌、坑底隆起和边坡失稳。因此，集水明排这种地下水控制方法虽然设备简单、施工方便，但在深基坑工程中单独使用时，降水深度不宜大于5m；与其他方法结合使用时，其主要功能是收集基坑中和坑壁局部渗出的地下水和地面水。

2. 井点降水

在地下水位以下的含水丰富的土层中开挖大面积基坑时，采用一般的集水明排方法，常会遇到大量地下涌水，难以排干；当遇粉、细砂层时，还可能出现严重的翻浆、冒泥、流砂等现象，不仅使基坑无法挖深，还会造成大量的水土流失，使边坡失稳或附近地面出现塌陷，严重时还会影响邻近建筑物的安全。当遇到上述情况时，一般应采用井点降水的方法施工。

井点降水就是在基坑开挖前，预先在基坑周围埋设一定数量的滤管，利用抽水设备不断抽出地下水，使地下水位降低到坑底以下，直至基础工程施工完毕，使坑底的土始终保持干燥状态，从根本上提高边坡的稳定性，防止流砂发生；同时，土内水分排除后，边坡可改陡，以减少挖土量。井点降水的作用：

1）通过降低地下水位，消除基坑坡面及坑底的渗水，改善施工作业条件。

2）增加边坡稳定性，防止坡面和基底的土体流失，以避免出现流砂现象。

3）降低承压水位，防止坑底隆起与破坏。

4）改善基坑的砂土特性，加速土的固结。

井点降水适用于渗透系数为0.1~5m/d的土及土层中含有大量细砂和粉砂的土，或集水明排易引起流砂、塌方的基坑降水工程。井点降水具有机具设备简单、使用灵活、装拆方便、降水费用较低等优点；但井点降水常会造成坑外地下水位下降，基坑周围土体固结下沉，并且井点降水设备一次性投资较高，运转费用较大，施工中应合理布置和适当安排工期，以减少作业时间，降低排水费用。

井点降水的方法有：轻型井点、喷射井点、管井井点、深井井点等，可根据土的渗透系数、降低水位的深度、工程特点及设备条件等选用。

（1）轻型井点

1）轻型井点降水原理。轻型井点（也称真空井点）的降水原理是在基坑开挖前，预先在基坑四周埋设一定数量的滤管（井），在基坑开挖前和开挖过程中，利用真空原理，不断抽取地下水，使井点周围地下水位降低，形成降水漏斗，从而使原有地下水位降低到坑底以下并使降落曲线保持稳定。

轻型井点具有机具简单、使用灵活、装拆方便、降水效果好、可防止流砂现象发生、提高边坡稳定、费用较低等优点；但需配置一套井点设备，适用于渗透系数为 0.1~20m/d 的土及土层中含有大量细砂、粉砂的土，以及集水明排易引起流砂、塌方等情况。

2）轻型井点的设备（图3-4）。轻型井点由管路系统和抽水设备两部分组成。

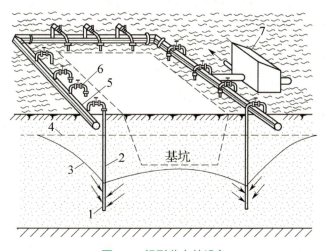

图 3-4 轻型井点的设备

1—滤管　2—井点管　3—降低后地下水位线　4—原有地下水位线　5—总管　6—弯联管　7—水泵房

① 管路系统包括：滤管、井点管、弯联管及集水总管。滤管为进水设备，长度一般为 1~1.5m，直径常与井点管相同。管壁上钻有直径为 10~18mm、呈梅花形状的滤孔，管壁外包两层滤网，内层为细滤网，外层为粗滤网。为避免滤孔淤塞，在管壁与滤网之间用钢丝绕成螺旋状进行分隔，滤网外面再围一层粗钢丝保护层，滤管下端放一个锥形的铸铁头。井点管为直径 38~55mm 的钢管（或镀锌钢管），长度为 5~7m，井点管上端用弯联管与总管相连，弯联管宜用透明塑料管或橡胶软管。

集水总管一般用直径为 75~100mm 的钢管分节连接，每节长为 4m，每间隔 0.8~1.6m 设一个连接井点管的接头。

② 抽水设备。常用的抽水设备有真空泵轻型井点设备和射流泵轻型井点设备两种类型。

真空泵轻型井点设备由真空泵（图3-5）、离心泵、水气分离器等组成。这种设备真空度高（67~80kPa），带动井点数多（60~70根），降水深度较大（5.5~6m）；但设备复杂，维修管理困难，耗电多，适用于较大规模的工程降水。

射流泵轻型井点设备由离心泵、射流器（射流泵）、水箱等组成，工作时由离心泵供给工作水，经射流泵后产生真空，引射地下水流。此设备构造简单、易于加工制造、降水深度较大、成本低、操作维修方便、耗能少，应用广泛。

图3-5 真空泵

3）轻型井点的设计与计算。进行轻型井点设计时，应根据基坑工程的性质、水文地质资料、降水深度要求等，选择轻型井点的平面布置和高程布置，确定合理的施工方案。

一般要求掌握的水文地质资料有：地下水含水层厚度、承压或非承压水及地下水变化情况、土质、土的渗透系数、不透水层的位置等。要求了解的基坑工程性质主要有：基坑（槽）的形状、大小及深度。此外，尚应了解抽水设备条件，如井管长度、水泵的抽吸能力等。

轻型井点的计算包括基坑涌水量计算、井点管数量和间距确定、抽水设备选择等。

在轻型井点的设计中要注意：井距不能太小，否则彼此干扰大，出水量会显著减少；在渗透系数小的土中，井距不应完全按计算取值，还要考虑抽水时间，否则井距较大时，水位降落时间会很长，因此在这类土中，井距反而宜小一些。

4）轻型井点的布置：

① 平面布置。当基坑或沟槽宽度小于6m，且降水深度不超过5m时，可用单排线状井点（图3-6a），布置在地下水流的上游一侧，两端延伸长度以不小于槽宽为宜；当宽度大于6m或土质不良时，则用双排线状井点（图3-6b）。面积较大的基坑宜用环状井点（图3-6c），有时也可布置成U形（图3-6d），以利于挖掘机和运土车辆出入基坑。

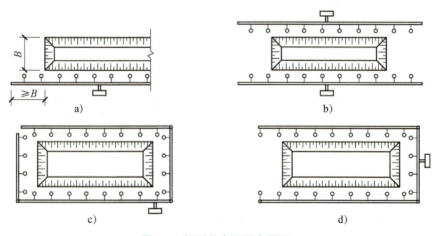

图3-6 轻型井点平面布置图

a）单排线状布置　b）双排线状布置　c）环状布置　d）U形布置

井点管一般距离基坑壁 0.7~1m，以防局部漏气。井点管间距一般为 0.8m、1.2m、1.6m，由计算或试验确定。井点管在靠近河流处或总管四角部位应适当加密。

②高程布置。轻型井点的降水深度，在考虑抽水设备的水头损失以后，一般不超过 6m，井点管埋设深度 H 按下式计算：

$$H \geqslant H_1 + h + iL + l \tag{3-6}$$

式中　H_1——井点管埋设面至基坑底面的距离（m）；

　　　h——基坑底面至降水曲线最高点的安全距离（m），一般为 0.5~1m，人工开挖取下限，机械开挖取上限；

　　　i——水力坡度，与土层渗透系数、地下水流量等因素有关，根据扬水试验和工程实测确定；对环状或双排线状布置井点可取 1/15~1/10；对单排线状布置井点可取 1/4；

　　　L——井点管至基坑中心的水平距离（m），单排线状布置井点为井点管至基坑另一边的距离（m）；

　　　l——井点露出地面高度，一般取 0.2~0.3m。

井点管埋设深度 H 计算出后，为安全考虑，一般再增加 1/2 的滤管长度。无论在什么情况下，滤管必须埋在透水层内。为了充分利用抽吸能力，总管的布置应接近地下水位线，这就要预先挖槽；水泵轴心标高宜与总管平行或略低于总管，总管应具有 0.25%~0.5% 的坡度（坡向泵房）；各段总管与滤管最好分别设在同一水平面，不宜高低悬殊。

一套抽水设备的总管长度一般不大于 100~120m。当总管过长时，可采用多套抽水设备。井点系统可以分段，各段长度应大致相等。宜在拐角处分段，以减少弯头数量，提高抽吸能力。分段处宜设阀门，以免管内水流紊乱，影响降水效果。

真空泵由于水头损失，一般地下水降低深度只有 5.5~6m。当一级轻型井点不能满足降水深度要求时，可采用集水明排与井点相结合的方法，将总管安装在原有地下水位线以下；或采用二级轻型井点（图 3-7），降水深度可达 7~10m，即先挖去第一级井点排干的土，再在坑内布置埋设第二级井点，以增加降水深度。抽水设备宜布置在地下水的上游，并设在总管的中部。

5）轻型井点的施工。施工前需满足下列作业条件：地质勘探资料已具备，根据地下水位深度、土的渗透系数和土质分布已确定降水方案；基础施工图纸齐全，以便根据基层标高确定降水深度；已编制施工组织设计，确定了基坑放坡系数、井点布置形式及数量、观测井点位置、泵房位置等，并已完成放线定位；现场场地平整工作已完成，并设置了排水沟；井点管及设备已购置，材料已备齐，并已加工和配套完成。

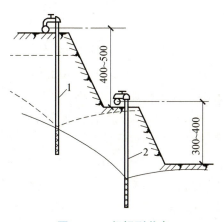

图 3-7　二级轻型井点

1—第一层井点管　2—第二层井点管

轻型井点的施工程序为：放线定位→冲孔→安装井点管→回填→安装弯联管和总管→安装

抽水设备→开动离心泵抽水→观测水位变化。

井点管的埋设是一项关键性工作，一般采用水冲法埋设，分为冲孔与埋管两个过程（图 3-8）。冲孔时先将高压水泵、冲孔管与起重设备吊起，并将冲孔管底部的冲嘴插在井点位置上，高压水经冲孔管底部的冲嘴，以急速的射流冲刷土壤，同时使冲孔管上下左右转动，边冲边下沉，从而逐渐在土中形成孔洞，孔径宜为 300~500mm，以保证井管四周有一定厚度的砂滤层。井深应超过井点设计深度 50cm，以防冲孔管拔出时，部分土颗粒沉于底部而触及滤管底部。冲孔完成后，用空气压缩机或水泵将井内泥浆抽出。

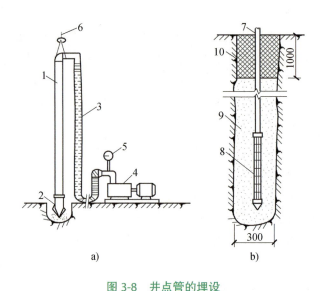

图 3-8 井点管的埋设
a）冲孔 b）埋管
1—冲孔管 2—冲嘴 3—橡胶管 4—高压水泵 5—压力表 6—起重机吊钩
7—井管点 8—滤管 9—填砂 10—黏土封口

井孔冲成后，立即拔出冲管，用机架将井点管吊起徐徐插入井孔中央，并在井点管与孔壁之间迅速填灌砂滤层，一般宜选用干净粗砂。填灌应均匀，并填至滤管顶面以上 1~1.5m 处，以保证水流畅通。井点填砂后，在地面下 0.5~1m 范围内须用黏土封口，以防漏气。

井点管埋设完毕，应接通总管与抽水设备进行试抽水，检查有无漏气、淤塞情况，出水是否正常。如有异常情况，应检修好后方可使用。

6）井点管的使用。使用轻型井点时，应保证连续不断抽水，并准备双电源，因为时抽时停，滤网易堵塞，也容易抽出土粒，使水混浊，并引起附近建筑物沉降开裂；同时，由于中途停抽，地下水回升，可能引起边坡塌方等事故。抽水过程中，应调节离心泵的出水阀以控制水量，使排水过程保持均匀，正常出水规律是"先大后小，先混后清"，如真空度不够，表明管道漏气，应及时修好。真空泵的真空度是判断井点系统工作情况的依据，必须经常检查并采取措施。在抽水过程中，还应检查有无堵塞的"死井"（工作正常的井管，用手探摸时，应有冬暖夏凉的感觉），当死井太多，严重影响降水效果时，应逐根用高压水反复冲洗，拔出重埋。

在降水过程中，应按时观测流量、真空度和孔内水位，并填写轻型井点降水记录。观测孔孔口标高应在抽水前测量一次,以后定期观测,以计算实际降深。

7)井点管的拆除。井点管的拆除必须在地下室或地下结构物竣工并将基坑回填后进行,拔出井点管通常借助于手拉葫芦、起重机等。拔管后所留的孔洞应用砂或土填塞,对有防渗要求的地基,地面以下2m范围内可用黏土填塞密实。另外,井点管的拔除应在基础及已施工部分的自重大于浮力的情况下进行,且底板混凝土要有一定的强度,防止因水的浮力引起地下结构浮动或破坏底板。

（2）喷射井点 当基坑开挖较深或降水深度大于6m时,必须使用多级轻型井点才能达到预期效果,这就要求基坑四周有足够的空间,需要增大基坑土方的开挖量,延长工期并增加设备数量,因此不够经济。此时,宜采用喷射井点（图3-9）,它在渗透系数为3~50m/d的砂土中应用最为有效,在渗透系数为0.1~2m/d的粉质砂土、粉砂、淤泥质土中的应用效果也比较显著,降水深度可达8~20m。

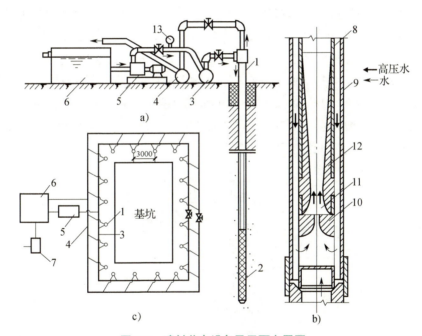

图3-9 喷射井点设备及平面布置图

a）喷射井点设备简图 b）喷射扬水器详图 c）喷射井点平面布置图
1—喷射井管 2—滤管 3—供水总管 4—排水总管 5—高压水泵 6—水池 7—排水泵
8—内管 9—外管 10—喷嘴 11—混合室 12—扩散管 13—压力表

1）工作原理。喷射井点有喷水井点和喷气井点之分,它们的工作流体不同,前者以压力水作为工作流体,后者以压缩空气作为工作流体,但工作原理相同。下面以喷水井点为例来进行说明,其主要工作部件是喷射井管内管底端的扬水装置——喷嘴的混合室（图3-9）。当喷射井点工作时,由地面高压水泵供应的高压工作水,经过喷射井管内外管之间的环形空间直达底端,在此处高压工作水由特制内管的两侧进水孔进入喷嘴喷出,在喷嘴处由于过水断面突然收缩变小,工作水流具有极高的流速（30~60m/s）,在喷口附近造成真空负压,因而将地下水经滤管吸入，吸入的地下水在混合室与工作水混合，然后进入扩散管，水流从动能逐渐转变为位能，即水流的流速相对变小，而水流压力相对增大，把地下水连同工作水一起提升出地面，经排水管道系统排至水池或水箱，由此再用排水泵排出。

2）布置与使用。喷射井点的管路布置、井管埋设方法及要求与轻型井点相同。喷射井管的间距一般为2~3m，冲孔直径为400~600mm，冲孔深度应比滤管深1m以上。使用时，为防止喷射器损坏，需先对喷射井管逐根冲洗，开泵时压力要小一些（小于0.3MPa），以后再逐渐升压，如发现井管周围有翻砂、冒水现象，应立即关闭井管进行检修。工作水应保持清洁，不得含泥砂和其他杂物，尤其在工作初期更应注意工作水的洁净程度，因为此时抽出的地下水可能较浑浊，如不经过很好的沉淀即用作工作水，会使喷嘴、混合室等部位快速磨损。如果扬水装置已磨损，在使用前应及时更换。为防止产生工作水反灌现象，在滤管下端最好增设逆止球阀。

3）施工工艺：测量定位→布置总管→安装喷射井管→接通总管→接通高压水泵→接通喷射井管、排水总管、水池→起动高压水泵→排除水池余水→测量地下水位→喷射井点拆除。

（3）管井井点　管井井点又称为大口径井点（图3-10），施工时沿开挖的基坑，每隔一定距离设置一个管井，每个管井单独用一台水泵（潜水泵、离心泵）进行抽水以降低地下水位。此法适用于渗透系数较大（20~200m/d）、地下水丰富的土层和砂层，以及用集水明排易造成土粒大量流失、引起边坡塌方，用轻型井点难以满足要求的情况。管井井点具有排水量大、降水深、排水效果好、可代替多组轻型井点等特点。

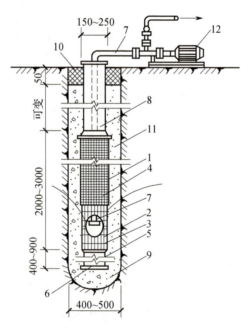

图3-10　管井井点构造

1—滤水井管　2—$\phi14$钢筋焊接骨架　3—6mm×30mm铁环@250mm　4—滤网
5—沉砂管　6—木塞　7—吸水管　8—直径200~250mm钢管
9—管井孔　10—夯填黏土　11—填充砂砾　12—水泵

1）井点构造与设备。

① 滤水井管。井管可用钢管、钢筋混凝土管或塑料管。钢管井管的管身采用直径 200~250mm 的钢管，钢筋混凝土井管的管身可采用内径为 400mm 的实壁管。井管的下部为滤管。

滤管（图 3-11）可采用钢筋焊接骨架（密排螺旋箍筋）外包细、粗两层滤网（如一层钢丝网和一层细纱滤网），长度为 2~3m。

② 吸水管。吸水管插入滤管内，一般采用直径 50~100mm 的钢管或橡胶管，吸水管下端应沉入井管抽吸时的最低水位以下。为了起动水泵和防止在水泵运转中突然停泵时发生水的倒灌，在吸水管底应装逆止阀。

图 3-11 滤管

③ 水泵。水泵可采用潜水泵或单级离心泵。每个井管安装一台，当水泵排水量大于单孔滤水井管涌水量时，可另加设集水总管将相邻的相应数量的吸水管联成一体，共用一台水泵。

2）管井的布置。管井的布置采取沿基坑外围四周呈环形布置或沿基坑两侧或单侧呈直线形布置，井中心距基坑边沿的距离依据所用钻机的钻孔方法确定，当用冲击钻时为 0.5~1.5m，当用钻孔法成孔时不小于 3m。

管井井点属于重力排水范畴，设置深度为 8~15m，管井的间距一般为 20~50m。管井井点的水位降低值，在井内可达 6~10m，两井中间为 3~5m。

（4）深井井点 当降水深度大，管井井点采用一般的离心泵和潜水泵不能满足降水要求时，可将水泵放入井管内，形成深井井点，依靠水泵的扬程把地下水提送到地面上。

深井井点降水是在深基坑的周围埋置深于基底的井管，通过设置在井管内的深井泵或潜水泵将地下水抽出，使地下水位低于坑底。该方法具有排水量大，降水深度大（>15m）；井距大，对平面布置的干扰较小；不受土层限制；井点施工、降水设备及操作工艺、设施设备维护均较简单，施工速度快；井点管可以整根拔出，能够重复使用等优点。但该法一次性投资大，成孔质量要求严格。深井井点降水适于渗透系数较大（10~250m/d）、土质为砂类土、地下水丰富、降水深度大、降水面积大、降水时间长的基坑降水。

1）井点系统设备由井管和水泵等组成。

① 井管。井管由滤水管、吸水管和沉砂管三部分组成。井管可用钢管、塑料管或钢筋混凝土管制成，管径一般为 300mm，内径宜大于水泵外径 50mm。

a．滤水管。在降水过程中，含水层中的水通过滤水管上的滤网后将土、砂过滤在管外，使清水流入管内。滤水管长度取决于含水层厚度、透水层的渗透速度和降水的快慢，一般为 3~9m。

当土质较好，管井井点设置深度在 15m 以内，也可采用外径 380~600mm、壁厚 50~60mm、长 1.2~1.5m 的无砂混凝土管作为滤水管。

b．吸水管。吸水管连接滤水管，起挡土、储水作用，采用与滤水管同直径的钢管制成。

c．沉砂管。在降水过程中，沉砂管起砂粒的沉淀作用，一般采用与滤水管同直径的钢管，下端用钢板封底。

② 水泵。常用长轴深井泵或潜水泵，每井一台，每台水泵带有吸水铸铁管或橡胶管，以及一个控制井内水位的自动控制装置；在井口安装 75mm 直径的阀门用于调节流量的大小，阀门用夹板固定。每个基坑井点群应有 2 台备用泵。

2）深井布置。深井井点一般沿工程基坑周围离边坡上缘 0.5~1.5m 呈环形布置；当基坑宽度较窄，也可在一侧呈直线形布置；当为面积不大的独立的深基坑时，也可采取点式布置。井点宜深入透水层 6~9m，通常还应比所需降水深度深 6~8m；间距一般相当于埋深，为 10~30m。

3）深井施工。深井井点的施工程序为：井点测量、定位→挖井口、安装护筒→钻机就位→钻孔→回填井底砂垫层→吊放井管→回填井管与孔壁间的砂砾过滤层→洗井→井管内下设水泵、安装抽水控制电路→试抽水→深井正常工作→降水完毕拔井管→封井。

3. 回灌和截水

在降水过程中，由于会随水流带出部分细微土粒，再加上降水后土体的含水率降低，土壤会产生固结，会引起周围地面的沉降。在建筑物密集地区进行降水施工，如因长时间降水引起过大的地面沉降，会带来较严重的后果，在软土地区曾发生过不少事故。

为防止或减少降水对周围环境的影响，避免产生过大的地面沉降，一般在降水区和既有建筑物之间的土层中设置一道抗渗屏障，通常采用回灌和截水做法。

（1）回灌 基坑开挖，为保证挖掘部位地基土稳定，常用井点降水等方法降低地下水位。在降水的同时，由于挖掘部位地下水位的降低，其周围地区的地下水位随之下降，使土层因失水而产生压密，这会引起邻近建（构）筑物、管线的不均匀沉降或开裂。为了防止这一情况的发生，通常采用回灌措施。回灌措施包括回灌井点、回灌砂井、回灌砂沟和水位观测井等。回灌砂井、回灌砂沟一般用于浅层潜水回灌，回灌井点一般用于承压水回灌。

1）回灌井点。回灌井点（图 3-12）就是在降水井点与要保护的既有建（构）筑物之间打一排井点，在降水井点降水的同时，向回灌井点中灌入一定数量的水，形成一道隔水帷幕，使降水井点降水的影响半径不超过回灌井点的范围，从而阻止回灌井点外侧的既有建（构）筑物的地下水发生流失，使其地下水位基本保持不变，土层压力仍处于原始平衡状态，从而有效地防止降水井点对周围建（构）筑物、地下管线等的影响。

回灌井点可采用一般轻型井点降水的设备和技术，仅增加回灌水箱、闸阀和水表等少量设备。回灌井点的工作方式与降水井点相反，将水

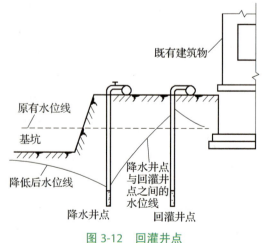

图 3-12 回灌井点

灌入回灌井点后，水从井点向周围土层渗透，在土层中形成一个和降水井点相反的倒转降落漏斗区域。回灌井点的设计主要考虑井点的配置及其影响范围的计算。回灌井点的井管滤管部分宜从地下水位以上 0.5m 处开始直至井管底部，其构造与降水井点基本相同。

采用回灌井点时，为使注水形成一个有效的补给水幕，避免注水直接回到降水井点处，造成两井相通，应使两者保持一定距离。回灌井点与降水井点的距离应根据降水、回灌水位曲线和场地条件确定，一般不宜小于 6m。回灌井点之间的间距应根据降水井点的间距和被保护建（构）筑物的平面位置确定。

回灌井点宜进入稳定降水曲线下 1m，且位于渗透性较好的土层中。回灌井点滤管的长度应大于降水井点滤管的长度。

回灌水量可通过观测孔中的水位变化进行控制和调节，回灌宜不超过原水位标高。回灌水箱的高度可根据灌入的水量决定，回灌水宜用清水。回灌水量要适当，过小无效，过大会从边坡或钢板桩缝隙流入基坑。

2）回灌砂井、回灌砂沟。在降水井点与被保护建（构）筑物之间设置回灌砂井作为回灌井，再沿回灌砂井布置一道回灌砂沟，将降水井点抽出的水适时、适量地排入回灌砂沟，再经回灌砂井回灌到地下，实践证明也能起到良好效果。

砂井的灌砂量应取井孔体积的 95%，填料宜采用泥含量不大于 3%、不均匀系数 3~5 的纯净中粗砂。

如果建筑物离基坑较远，且地基土层为均匀透水层，中间无隔水层，则可采用简单、经济的回灌砂沟方法；如果建筑物离基坑较近，且地基土层为弱透水层或者有隔水层，则必须采用回灌井点或回灌砂井、回灌砂沟方法。

另外，可通过减缓降水速度来减少对周围建筑物的影响。在砂质粉土中，降水影响范围可达 80m 以上，降水曲线较平缓，为此可将井点管加长，减缓降水速度，防止产生过大的沉降；也可在井点系统降水过程中调小水泵功率，减缓抽水速度；还可在邻近被保护的建（构）筑物一侧将井点管间距加大，需要时甚至可暂停抽水。

（2）截水 截水是利用截水帷幕切断基坑外的地下水流入基坑内部的通路。截水帷幕目前常用注浆、旋喷等方法，它们往往不只是为了挡水，还同时作为基坑的支护结构用来挡土，具体在选用施工方法、工艺和机具时，应根据水文地质条件及施工条件等因素综合确定。截水帷幕的厚度应满足基坑防渗要求，截水帷幕的渗透系数宜小于 1.0×10^{-6} cm/s。

当坑底以下存在连续分布、埋深较浅的隔水层时，应采用落底式帷幕。落底式帷幕的底部宜深入坑底一定深度或到达不透水层，由于护壁是止水的，这样基坑内外的地下水就不能相互渗流。落底式帷幕（图 3-13）的底部插入不透水层的深度可按式（3-7）计算：

$$t = 0.2h - 0.5b \tag{3-7}$$

式中 t——帷幕插入不透水层的深度；

h——作用水头；

b——帷幕宽度。

截水后，基坑内的水量或水压较大时，可在基坑内用井点降水，这样既有效地保护了周边环境，又使坑内一定深度内的土层疏干并排水固结，改善了施工作业条件，也有利于支护结构及基坑的稳定。

当地下含水层渗透性较强、厚度较大时，可采用悬挂式竖向截水与坑内井点降水相结合或采用悬挂式竖向截水与水平封底相结合的方案，水平封底可采用化学注浆法或旋喷注浆法施工（图3-14）。

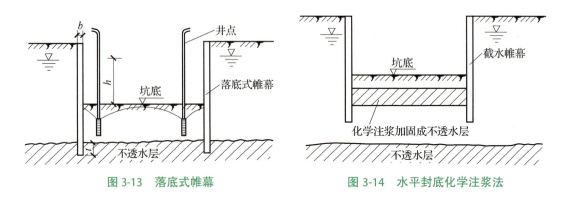

图3-13 落底式帷幕　　　　　图3-14 水平封底化学注浆法

任务3.3　深基坑土方开挖

3.3.1　土方开挖

深基坑土方开挖是基坑工程的重要组成部分，对于土方数量大的基坑，基坑工程工期的长短在很大程度上取决于土方开挖的速度。在基坑土方开挖过程中，支护结构的受力和变形是一个动态发展增加的过程，且土体开挖具有时空效应，有时还需穿插支撑（拉锚）施工，所以影响施工安全的因素较多，再加上一般情况下开挖场地狭小、工程量大，故深基坑土方开挖施工组织难度大。因此，在深基坑土方开挖前，应根据基坑支护结构设计、降（排）水要求、场地条件、周边环境、水文地质条件、气候条件及土方机械配置情况，编写土方开挖施工组织设计，用于指导施工。

深基坑土方开挖分为无支护结构的开挖和有支护结构的开挖。无支护结构的开挖多为放坡开挖（图3-15）。有支护结构的开挖多为垂直开挖，根据支撑方案，这种开挖方式又分为无内支撑支护开挖（图3-16）和有内支撑支护开挖（图3-17）两类；根据开挖顺序，还可分为中心岛（墩）式开挖和盆式开挖、坑边条状开挖及逆作开挖等。

图3-15　放坡开挖

图 3-16 无内支撑支护开挖　　　　图 3-17 有内支撑支护开挖

1. 放坡开挖

放坡开挖无支撑施工，较经济，施工主体工程作业空间宽裕、工期短，适合于基坑四周空旷有场地可供放坡，周围无邻近建筑、设施的基坑开挖；但软弱地基不宜挖深过大。

当边坡为一般砂土、黏性土、粉土等，基坑周围具有堆放土料和机具的条件，放坡开挖又不会对邻近建筑物产生不利影响时，可采用局部或全深度的基坑放坡开挖方法。当基坑不具备全深度或分级放坡开挖条件时，上段部分可自然放坡或对坡面进行保护处理，以防止渗水或风化碎石土的剥落。保护处理的方法有水泥抹面、铺塑料布或土工布、挂网喷水泥浆、喷射混凝土护面及浆砌片石等。下段部分的土体加固常用土钉墙、螺旋锚、喷锚，在坡脚处堆砌草袋或土工织物砂土袋，以及砌筑墙体等加固方法。

当基坑周围为密实的碎石土、黏性土、风化岩石或其他良好土质时，也可不放坡垂直开挖或接近垂直开挖。

在地下水位较高的软土地区，应在降水达到要求后再进行土方开挖，宜采用分层开挖法，分层挖土厚度不宜超过 2.5m。对深度大于 5m 的土质边坡，应分级放坡开挖，并设置分级过渡平台，各级过渡平台的宽度为 1~1.5m，必要时可选 0.6~1m 的尺寸。深度小于 5m 的土质边坡可不设过渡平台。岩石边坡过渡平台的宽度不应小于 0.6m，施工时应按上陡下缓的原则开挖，坡度不宜超过 1∶0.75。

土方边坡的大小与土质、基坑开挖深度、基坑开挖方法、基坑开挖后留置时间的长短、附近有无堆土及排水情况等有关，一般放坡开挖的坡度允许值见表 3-2。

表 3-2　一般放坡开挖的坡度允许值

土的类别	密实度或状态	坡度允许值（高宽比）	
		坡高在 5m 以内	坡高 5~10m
碎石土	密实	1∶0.35~1∶0.5	1∶0.5~1∶0.75
	中密	1∶0.5~1∶0.75	1∶0.75~1∶1
	稍密	1∶0.75~1∶1	1∶1~1∶1.25
粉质黏土	坚硬	1∶0.75	—
	硬塑	1∶1~1∶1.25	
	可塑	1∶1.25~1∶1.5	

（续）

土的类别	密实度或状态	坡度允许值（高宽比）	
		坡高在5m以内	坡高5~10m
黏性土	坚硬 硬塑	1:0.75~1:1 1:1~1:1.25	1:1~1:1.25 1:1.25~1:1.5
杂填土	中密或密实的建筑垃圾	1:0.75~1:1	—
砂土	—	1:1（或自然休止角）	

注：表中碎石土的充填物为坚硬或硬塑状态的黏性土。

土质边坡放坡开挖如遇下列情况：边坡高度大于5m、土质与岩层具有与边坡开挖方向一致的斜向界面且易向坑内滑落、存在可能发生土体滑移的软弱淤泥或含水率丰富的夹层、坡顶堆物有可能超载等，应对边坡整体稳定性进行验算，并进行有效的加固及支护处理。

放坡开挖时要注意保护工程桩，防止碰撞或因挖土过快、高差过大使工程桩受侧压力而倾斜。如有地下水，放坡开挖应采取有效措施降低坑内水位和排除地表水，严防地表水或坑内排出的水倒流回基坑。

高层建筑由于有地下室，其基坑一般深度较大。放坡开挖时除用推土机进行场地平整和开挖表层外，多利用挖掘机和抓斗进行开挖。根据基坑开挖的深度，可分一层、二层甚至三层开挖，开挖过程要与支护结构的工况相匹配。挖出的土方，除工地堆放一小部分外，大多数宜用自卸汽车运至指定的堆土场。进行多层开挖时，挖掘机和运土汽车需下至基坑内施工，故在适当部位需留设坡道，以便运土汽车上下，坡道两侧有时需加固。

2. 无内支撑支护开挖

无内支撑支护开挖，是指基坑土方开挖时基坑周边采用支护结构，但基坑内无支撑。

在土钉墙、土钉式桩锚等支护下进行基坑开挖时，基坑开挖应与土钉墙或土钉式桩锚施工分层交替进行，以缩短无支护暴露时间；面积较大的基坑可采用中心岛（墩）式开挖，先挖除距基坑边8~10m的土方，再挖除基坑中部的土方。施工时应采用分层分段的方法进行土方开挖，每层土方开挖的底标高应低于相应土钉的位置，且距离不宜大于200mm，每层分段长度不应大于30m；应在土钉养护时间达到设计要求后开挖下一层土方。复合土钉墙应考虑隔水帷幕的强度和龄期，达到设计要求后方可进行土方开挖。

对于采用水泥土墙的基坑开挖，支护结构的强度和龄期应达到设计要求后方可进行土方开挖；边长超过50m的基坑应采用分段开挖的方法；面积较大的基坑宜采用盆式开挖方式，盆边留土平台宽度不应小于8m；土方开挖至坑底后应及时浇筑垫层；支护结构无垫层暴露长度不宜大于25m。

无内支撑支护开挖的优点是基坑挖土及基础施工工作面大，施工进度快、较为经济等；缺点是对于环境要求高、地层较软弱的基坑不太适合。

3. 有内支撑支护开挖

有内撑支护开挖，是指基坑土方开挖时，在基坑内有支撑梁、立柱等支护构件。

应在钢筋混凝土支撑达到设计要求的强度后再进行下层土方开挖，应在钢支撑质量验收合格并施加预应力后再进行下层土方开挖。挖土机械和运输车辆不得直接在支撑上行走或作业；支撑系统设计未考虑施工机械作业荷载时，施工机械严禁在底部已经挖空的支撑上行走或作业。土方开挖过程中，应对临时边坡范围内的立柱与降水井管采取保护措施，应均匀挖去其周围土体。

面积较大或周边环境保护要求较高的基坑，应采用分块开挖的方法；分块大小和开挖顺序应根据基坑工程环境保护等级、支撑形式、场地条件等因素确定，应结合分块开挖的方法和顺序及时形成支撑或水平结构。

有内支撑支护开挖的优点是适用于软弱地基，可有效控制支护结构的变形，土方开挖时坑内安全性高；缺点是坑内支撑的干扰使得挖土效率下降，部分支撑与部分基础交叉，经济性较差。

4. 中心岛（墩）式开挖

中心岛（墩）式开挖，是指保留基坑中心土体，先挖除挡墙内四周土方的开挖方式。中心岛（墩）式开挖，宜用于大型基坑，支护结构的支撑形式为角撑、环梁式或边桁（框）架式，且中间具有较大空间的情况下。此时，可利用中间的土墩作为支点搭设栈桥，挖掘机可利用栈桥下到基坑挖土，运土的汽车也可利用栈桥进入基坑运土，这样可以加快挖土和运土的速度（图 3-18）。

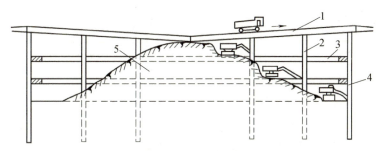

图 3-18　中心岛（墩）式开挖示意图
1—栈桥　2—支架（尽可能利用工程桩）　3—腰梁　4—支护结构　5—土墩

中心岛（墩）式开挖，中间土墩的留土高度、边坡的坡度、挖土层次与高差都要经过仔细研究确定。由于在雨季遇大雨时土墩边坡易滑坡，必要时尚需对边坡进行加固。

挖土应分层开挖，多数是先全面挖去第一层，然后中间部分留置土墩，周围部分分层开挖。开挖多用反铲挖掘机，如基坑深度大则用向上逐级传递的方式将土方装车外运。挖土时，除支护结构设计允许外，挖掘机和运土车辆不得直接在支撑上行走和操作。

挖掘机挖土时严禁碰撞工程桩、支撑、立柱和降水的井点管。分层挖土时，层高不宜过大，以免土方侧压力过大使工程桩变形倾斜，这在软土地区要更加注意。

中心岛（墩）式开挖，对于加快土方外运和提高挖土速度是有利的；但对于支护结构受力不利，由于首先挖去基坑四周的土，支护结构受荷时间长，在软黏土中时间效应（软黏土的蠕变）显著，有可能增大支护结构的变形量。

5. 盆式开挖

盆式开挖（图 3-19），是指先挖除基坑中间部分的土方，完成中间部分的主体结构后再挖除支护结构四周土方的一种开挖方式。这种开挖方式的优点是：支护结构的无支撑暴露时间比较短，利用支护结构四周所留的土堤，可以防止支护结构的变形。有时为了提高所留土堤的被动土压力，还要在支护结构内侧四周进行土体加固，以满足控制支护结构变形的要求。盆式开挖方式的缺点是大量的土方不能直接外运，需集中提升后装车外运，挖土及土方外运的速度比中心岛（墩）式开挖要慢。

盆式开挖的开挖过程是先开挖基坑中央部分，形成盆状（图 3-19a），此时可利用留置的土坡来保证支护结构的稳定，这时的土坡相当于"土支撑"。随后再施工中央区域的地下结构（图 3-19b），形成"中心岛"。在地下结构达到一定强度后开挖留置土坡部位的土方，并按"随挖随撑、先撑后挖"的原则，在支护结构与"中心岛"之间设置支撑（图 3-19c），最后再施工边缘部位的地下结构（图 3-19d）。

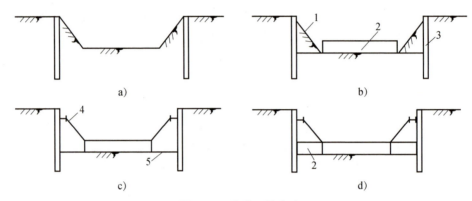

图 3-19　盆式开挖方法

a）中心开挖　b）中央区域地下结构施工　c）留置土坡开挖及支撑的设置　d）边缘部位地下结构施工
1—留置的土坡　2—地下结构　3—支护结构　4—支撑　5—坑底

盆式开挖周边留置的土坡，其宽度、高度和坡度均应通过稳定验算确定。如留得过小，对支护结构的支撑作用不明显，失去盆式开挖的意义；如坡度太陡，边坡不稳定，边坡在挖土过程中可能失稳滑动，不但失去对支护结构的支撑作用，影响施工，而且有损于工程桩质量。另外，盆式开挖需设法提高土方外运的速度，这对加快基坑开挖有很大作用。

3.3.2　土方开挖的注意事项

1. 土方开挖顺序、方法必须与设计工况一致

土方开挖应遵循"开槽支撑，先撑后挖，分层开挖，严禁超挖"的原则，应挖一层支撑好一层，并严密顶紧、支撑牢固，严禁一次将土挖好后再支撑。

当基坑开挖至支撑设计标高时，应开槽及时安装或制作支撑，待支撑满足设计要求后，才能继续挖土。支护结构的变形大小与无支撑暴露面积的大小和暴露时间的长短有关。因此，严格按照基坑工程设计工况进行开挖，先撑后挖，及时加支撑，是确保工程质量的保证。

基坑开挖时，两人之间的操作间距应大于 2.5m；多台挖掘机在同一作业面开挖的，挖掘机间距应大于 10m。挖土应由上而下、分层分段按顺序进行，严禁先挖坡脚或逆坡挖土，或采用底部掏空塌土的方法挖土。

为了防止基底土（特别是软土）受到浸水或其他原因的扰动，基坑（槽）挖好后，应立即做垫层或浇筑基础，否则，为防止基底土被扰动、结构被破坏，挖土时应在基底标高以上保留150~300mm厚的土层待基础施工时再挖去。如用机械挖土，应根据机械种类，在基底标高以上留出200~400mm，待基础施工前由人工铲平修整。挖土不得挖至基坑（槽）的设计标高以下，如有个别处超挖，应用与基土相同的土料填补，并夯实到要求的密实度。

2. 防止坑底隆起变形过大

坑底隆起是地基卸载后改变了坑底原始应力状态的反应。深基坑土体开挖后，地基卸载，土体中压力减少，土的弹性效应使基坑底面产生一定的回弹变形（隆起）。

在开挖深度不大时，坑底为弹性隆起，其特征为坑底中部隆起最高，弹性隆起在基坑开挖停止后很快停止，基本不会引起坑外土体向坑内移动；随着开挖深度的增大，由坑内外高差形成的加载和地面各种超载的作用会使支护结构外侧土体向坑内移动，使坑底产生向上的塑性变形，其特征一般为两边大中间小的隆起状态，同时在基坑周围产生较大的塑性区，并引起地面沉降。回弹变形的大小与土的种类、是否浸水、基坑深度、基坑面积、暴露时间及挖土顺序等因素有关。如基坑积水，黏性土吸水使土的体积增加，不但抗剪强度降低，回弹变形也增大，所以对于软土地基更应注意土体的回弹变形。回弹变形过大将加大建筑物的后期沉降。

施工中减少基坑回弹变形的有效措施是，设法减少土体中有效应力的变化，提高土的抗剪强度和刚度，减少土体暴露时间，并防止地基土浸水。因此，在基坑开挖过程中和开挖后，均应保证井点降水正常进行，并在挖至设计标高后，尽快浇筑垫层和底板，必要时，可对基础结构下部的土层进行加固。

3. 防止边坡失稳

挖土速度快，即卸载快，迅速改变了原来土体的平衡状态，降低了土体的抗剪强度，呈流塑状态的软土对水平位移极敏感，易造成滑坡。

边坡堆载（堆土、停放机械等）给边坡增加了附加荷载，如预先未经详细计算，易形成边坡失稳。为了防止边坡失稳，土方开挖应在降水达到要求后，采用分层开挖的方式施工。基坑（槽）开挖时的土方堆置地点，一般离基坑（槽）边缘超过1.5m；堆置高度不宜超过1.5m，以免影响土方开挖或导致塌方。工期较长的基坑，宜对边坡进行护面。

4. 防止桩位移或倾斜

对于先打桩后挖土的工程，打桩使原处于静平衡状态的地基土遭到破坏，对砂土，会形成砂土液化；对黏性土，由于形成很大的挤压应力，会产生挤土、孔隙水压力升高等现象，造成土中的应力积聚。如果在打桩后紧接着开挖基坑，应力的陡然释放和土体的一侧卸载，易使土体产生一定的水平位移，造成桩位移或倾斜。在软土地区施工，前述现象屡见不鲜。为此，在群桩打设后，宜停留一段时间，并用降水设备预降水，待打桩积聚的应力有所释放、孔隙水压力有所降低，被扰动的土体重新固结后，再开挖基坑土方。桩的打设也要注意打桩顺序和打桩速率，控制每天打桩的根数，以减少应力积聚。挖土要分层、均衡，尽量减少开挖时土层的压力差，以保证桩位正确。

5. 配合深基坑支护结构施工

深基坑的支护结构，随着挖土加深，所受侧压力加大，变形增大，周围地面沉降也加大。及时加设支撑（土层锚杆），尤其是施加预紧力的支撑，对减少支护结构的变形和沉降有很大的作用。为此，在制定基坑挖土方案时，一定要配合支撑加设的需要，分层挖土。

深基坑支护结构如采用钢筋混凝土支撑，则挖土要与支撑浇筑配合，支撑浇筑后要养护至设计强度后才可继续向下开挖。挖土时，挖土机械应避免直接压在支撑上，否则要采取有效措施。施工中应经常检查支撑和观测邻近建筑物的情况，如发现支撑有松动、变形、位移等情况，应及时加固或更换。加固办法有打紧受力较小部分的木楔或增加立柱及横撑等。如换支撑，应先加设新支撑，后拆旧支撑。

如采用盆式开挖时，则先挖去基坑中心部位的土，基坑周边留有足够厚度的土，以平衡支护结构的内外压力；待中间部位挖土结束、浇筑好底板、并加设斜撑后，再挖除周边支护结构内侧的土体。采用盆式开挖时，基础底板要分块浇筑；地下室结构浇筑后有时尚需换支撑以拆除斜撑，换支撑时，支撑要支在地下室结构的外墙上，支撑部位要慎重选择并经过验算。支撑的拆除应按回填顺序依次进行，多层支撑应自下而上逐层拆除，每拆除一层，经回填夯实后，再拆上一层。拆除支撑时，应注意防止附近建筑物或构筑物产生下沉和破坏，必要时采取加固措施。

挖土方式会影响支护结构的荷载，要尽可能使支护结构均匀受力，减少变形。为此，要坚持采用分层、分块、均衡、对称的方式进行挖土。

6. 对邻近建（构）筑物及地下设施的保护

在基坑开挖施工前应分析计算开挖引起的周围地层的变形大小及影响范围，详细调查邻近被保护对象的工作状况，确定其允许的地基变形参数。对周围环境的保护，应采取安全可靠、经济合理的技术方案，以保护地层变形影响范围内的建（构）筑物和地下设施。施工期间要加强现场监测，及时改进施工措施和应变措施，以保证达到预期的保护效果。

3.3.3 基坑（槽）验收

建（构）筑物基坑（槽）均应进行施工验槽。《建筑地基基础工程施工质量验收标准》（GB 50202—2018）规定，勘察、设计、监理、施工、建设等各方相关技术人员应共同参加验槽。

1. 验槽的目的

1）检验地质勘察报告的结论、建议是否正确，与实际情况是否一致。

2）及时发现问题及存在的隐患，解决地质勘察报告中未解决的遗留问题，防患于未然。

2. 验槽时必须具备的资料和条件

1）现场应具备岩土工程勘察报告、轻型动力触探记录（可不进行轻型动力触探的情况除外）、地基基础设计文件、地基处理或深基础施工质量检测报告等。

2）验槽应在基坑或基槽开挖至设计标高后进行，当留置保护土层时，其厚度不应超过100mm；槽底应为无扰动的原状土。

3.验槽方法

验槽通常采用观察法，对于基底以下的土层不可见部位，要辅以钎探法配合共同完成。钎探是指运用锤击的方法将特制钢钎沉入基底持力层，然后拔出钢钎对钎孔进行灌水检查。钎探的目的是根据锤击沉钎的难易程度和灌水的渗透速度，判断基底持力层是否均匀，是否有孔洞、墓穴、孤石等不利情况。

钎探法中钢钎的打入分人工和机械两种方式。人工打入钢钎时，锤举高度一般为50cm，自由下落；机械打入钢钎时，利用机械动力拉起穿心锤，使其自由下落，锤距为50cm。

钢钎每打入土层30cm时，记录一次锤击数。钎点布置及钎探深度以设计为依据；如设计无规定时，一般钎点按梅花形、间距1.5m布置，深度为2.1m。

4.验槽的主要内容

不同建筑物对地基的要求不同，基础形式不同，验槽的内容也不同，主要有以下几点：

1）根据设计图纸检查基槽的开挖平面位置、尺寸、槽底深度；检查是否与设计图纸相符，开挖深度是否符合设计要求。

2）仔细观察槽壁、槽底土质的类型、均匀程度和有关异常土质是否存在，核对基坑土质及地下水情况是否与勘察报告相符。

3）检查基槽之中是否有既有建筑物基础、古井、古墓、洞穴、地下掩埋物及地下人防工程等。

4）检查基槽边坡外缘到附近建筑物的距离，以及基坑开挖对附近建筑物的稳定是否有影响。

5）检查、核实、分析钎探资料，对存在的异常点位进行复核检查。

5.土方开挖工程质量检验标准

土方开挖工程质量检验标准参考《建筑地基基础工程施工质量验收标准》（GB 50202—2018）表9.2.5-1~表9.2.5-4。

任务3.4 基坑监测

3.4.1 监测目的

1.为信息化施工和优化设计提供依据

在基坑工程中，工程的实际工作状态与设计工况往往存在一定的差异，设计值还不能全面、准确地反映工程的各种变化。

对于复杂的大中型基坑或环境要求严格的项目，往往难以从已有的经验中得到借鉴，也难以从理论上找到定量分析、预测的方法，需要依赖于施工过程中的现场监测。

通过监测随时掌握土体和支护结构的内力变化情况，了解邻近建筑物、构筑物的变形情况，将监测数据与设计值进行对比分析，为优化设计提供依据；还可以判断施工工艺和施工参数是否需要修改，指导优化下一步施工参数，为开展施工提供及时的反馈信息，达到信息化施工的目的。

2. 为基坑支护结构及周边环境安全提供保障

在城市中，深基坑工程往往处于密集的既有建筑物、道路桥梁、地下管线、地铁隧道或人防工程附近，所以在基坑开挖和施工过程中，支护结构体系、邻近建筑物及道路管线的安全性、稳定性显得尤为重要，如果处理不当，不仅会危及基坑本身的安全，而且会殃及邻近的建（构）筑物、道路桥梁和各种地下设施，造成巨大损失。

通过对邻近建筑物、构筑物的监测，可以验证基坑开挖方案和环境保护方案的正确性，及时分析出现的问题，为基坑支护结构及周边环境安全提供保障。

3. 是发展基坑设计理论的重要手段

基坑工程监测数据能够验证设计计算的准确性，大量的基坑监测数据能够为基坑工程设计理论的发展提供依据。

3.4.2 监测项目

基坑工程施工现场的监测项目分为两大部分，即支护结构监测和周围环境监测。基坑支护设计应根据支护结构的类型和地下水控制方法，按表3-3选择基坑监测项目，并应根据支护结构构件、基坑周边环境的重要性及地质条件的复杂性确定监测点的部位及数量。

表3-3 基坑监测项目选择

监测项目	支护结构的安全等级		
	一级	二级	三级
支护结构顶部水平位移	应测	应测	应测
基坑周边建（构）筑物、地下管线、道路沉降	应测	应测	应测
坑边地面沉降	应测	应测	宜测
支护结构深部水平位移	应测	应测	选测
锚杆拉力	应测	应测	选测
支撑轴力	应测	应测	选测
挡土构件内力	应测	宜测	选测
支撑立柱沉降	应测	宜测	选测
挡土构件、水泥土墙沉降	应测	宜测	选测
地下水位	应测	应测	选测
土压力	宜测	选测	选测
孔隙水压力	宜测	选测	选测

注：表内各监测项目中，仅选择实际基坑支护形式所含有的内容。

基坑工程中,水平位移及支撑轴力的监测必不可少,因为它们能综合反映基坑变形、基坑受力情况,直观地反馈基坑的安全度。选取的监测项目及监测部位应能够反映支护结构的安全状态和基坑周边环境受影响的程度。一般来说,大型工程应完全监测表 3-3 中的项目,特别是位于闹市区的大中型工程;而中小型工程则可选择其中几项进行监测。

3.4.3 监测频率

1)基坑工程的监测频率应以能系统地反映监测项目的重要变化过程,且不遗漏其变化时刻为原则。基坑工程监测应能及时反映监测项目的重要变化过程,以便对设计与施工进行动态控制,纠正设计与施工中的偏差,保证基坑及周围环境的安全。

2)基坑工程监测应从基坑开挖前的准备工作开始,直至土方回填完毕为止。一般情况下,基坑回填后就可以结束监测工作。对于一些基坑邻近重要建筑物及地下管线的监测,有时还需要延续至变形趋于稳定后才能结束。

3)各项监测的频率应考虑基坑开挖及地下工程的施工进程、施工工况及其他外部环境的影响。支护结构施工和基坑开挖期间应加强监测,当监测值相对稳定时,可适当降低监测频率。在无数据异常和事故征兆的情况下,基坑工程的现场监测频率见表 3-4。

表 3-4 基坑工程的现场监测频率

基坑工程安全等级	施工节点		基坑设计深度			
			≤5m	5~10m	10~15m	>15m
一级	开挖面深度	≤5m	1d	2d	2d	2d
		5~10m	—	1d	1d	1d
		>10m	—	—	12h	12h
	底板浇筑后时间	≤7d	1d	1d	12h	12h
		7~14d	3d	2d	1d	1d
		14~28d	5d	3d	2d	1d
		>28d	7d	5d	3d	3d
二级	开挖面深度	≤5m	2d	2d	—	—
		5~10m	—	1d		
	底板浇筑后时间	≤7d	2d	2d		
		7~14d	3d	3d		
		14~28d	7d	5d		
		>28d	10d	10d	—	—

注:当基坑工程安全等级为三级时,现场监测的时间间隔可以适当延长;宜测、可测项目的仪器监测频率可适当降低。

4)当出现下列情况之一时,应进一步加强监测,缩短监测时间间隔、加密监测次数,并及时向施工、监理和设计人员报告监测结果:

①监测项目的监测值达到报警标准。
②监测项目的监测值变化量较大或者速率加快。
③出现超深开挖、超长开挖、未及时加支撑等不按设计工况施工的情况。
④基坑及周围环境中大量积水、长时间连续降雨、市政管道出现泄漏。
⑤基坑附近地面荷载突然增大。
⑥支护结构出现开裂。
⑦邻近的建（构）筑物或地面突然出现大量沉降、不均匀沉降或严重的开裂。
⑧基坑底部、坡体或围护结构出现管涌、流砂现象。
5）当有危险事故征兆时，应连续监测。

3.4.4 监测报告

工程结束时应提交完整的监测报告，报告内容应包括：
1）工程概况。
2）监测项目。
3）各测点的平面图和立面布置图。
4）采用的仪器设备和监测方法。
5）监测数据处理方法。
6）监测期间的工况。
7）监测值全过程发展变化情况的评述（含监测成果的过程曲线）。
8）监测最终结果及评价。

上海"莲花河畔景苑"小区工地 7 号楼倒塌事故

2009 年 6 月 27 日 5 时 30 分左右，上海"莲花河畔景苑"小区工地 7 号楼开始整体由北向南倾倒，在半分钟内整体倒下（图 3-20）。倒塌后，其整体结构基本没有遭到破坏，甚至玻璃都是完好无损的，大楼底部的桩基础则大量断裂。由于倒塌的高楼尚未竣工交付使用，所以事故并没有酿成居民伤亡事故，但是造成一名施工人员死亡。该建筑地处上海闵行区莲花南路、罗阳路，平面尺寸为长 46.4m，宽 13.2m，建筑总面积为 $6451m^2$，建筑总高度为 43.9m，上部主体结构高度为 38.2m，共计 13 层，层高 2.9m，结构类型为桩基础钢筋混凝土框架剪力墙结构。事故发生后，上海市城乡建设和交通委员会立即启动事故抢险处置机制，并组织专家进行原因调查。事故调查专家组关于此次事件的调查报告指出：

1）房屋倾倒的主要原因是，紧贴 7 号楼北侧，在短期内堆土过高，最高处达 10m 左右；与此同时，紧邻大楼南侧的地下车库基坑正在开挖，开挖深度 4.6m，大楼两侧的压力差使土体产生水平位移，过大的水平力超过了桩基础的抗侧能力，导致房屋倾倒。

项目3 深基坑降水与土方开挖

图3-20 上海"莲花河畔景苑"小区工地7号楼倒塌事故现场图

2)倾倒事故发生后,对其他房屋周边的堆土及时采取了卸土、填坑等措施后,地基和房屋变形稳定,房屋倾倒的隐患已经排除。

3)原勘察报告,经现场补充勘察和复核,符合规范要求;原结构设计,经复核符合规范要求;大楼所用PHC管桩,经检测质量符合规范要求。

4)建议进一步分析房屋倾倒机理,总结经验、吸取教训;同时,对周边房屋进行进一步检测和监测,确保安全。

经综合分析,事故直接原因是大楼两侧压力差使土体产生水平移位;间接原因有六个:土方堆放不当,开挖基坑违规,监理工作不到位,管理工作不到位,安全措施不到位,基坑围护桩施工不规范。

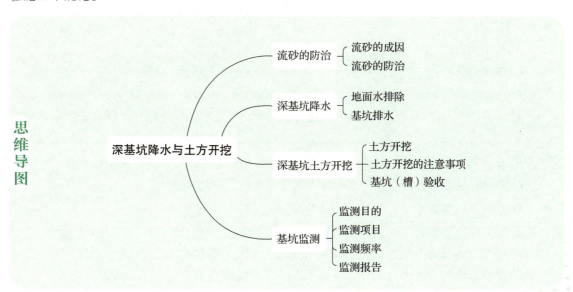

思考题

1. 试分析产生流砂的外因和内因。
2. 简述防治流砂的途径和方法。
3. 深基坑降水的方法有哪些？
4. 简述轻型井点的工作原理和施工程序。
5. 简述深井井点施工的一般程序。
6. 简述喷水井点的工作原理。
7. 简述回灌和截水技术。
8. 中心岛（墩）式开挖的概念及优（缺）点是什么？
9. 盆式开挖的概念及优（缺）点是什么？
10. 土方开挖的注意事项有哪些？
11. 基坑（槽）验收的主要内容有哪些？
12. 常见的基坑监测项目有哪些？
13. 基坑工程监测报告的内容包括哪些？

能力训练题

1. 流砂产生的原因是由于（　　）。
   A. 地面水流动作用　　　　　　　　B. 地下水动水压力作用
   C. 土方开挖的作用　　　　　　　　D. 井点降水的作用

2. 当板桩或地下连续墙深入基坑底面以下一定深度，（　　）可达到减小动水压力、防止流砂的目的。
   A. 挡住地下水　　　　　　　　　　B. 增长渗流路径
   C. 基坑支护　　　　　　　　　　　D. 地下结构

3. 关于基坑井点降水中井点布置的说法，正确的是（　　）。
   A. 基坑宽度小于 6m 且降水深度不超过 6m 时，可采用单排线状井点，布置在地下水下游一侧
   B. 基坑宽度大于 6m 或土质不良、土体渗透系数较小时，宜采用双排线状井点
   C. 采用环状井点时，在地下水上游方向可不封闭，间距可达 4m
   D. 当基坑面积较大时，宜采用环状井点

4. 井点降水是通过（　　）的途径防治流砂发生的。
   A. 减少动水压力　　　　　　　　　B. 平衡动水压力
   C. 改变动水压力的方向　　　　　　D. 截断水源

5. 地下水的下降坡度，对环状井点可取（　　）。

A.1/8 B.1/9
C.1/10 D.1/6

6. 回灌井点与降水井点的距离应根据降水、回灌水位曲线和场地条件确定，一般不宜小于（　　）m。

A.3 B.6 C.5 D.4

7. 某沟槽宽度为5.6m，降水深度为4.5m，拟采用轻型井点降水，其平面宜采用（　　）布置形式。

A.单排线状 B.双排线状
C.环状 D.U形

8. 施工降水主要的控制要求是基坑内的地下水位降低至基底以下不小于（　　）。

A.0.3m B.0.4m
C.0.5m D.0.6m

9. 土方开挖的顺序、方法必须与设计要求相一致，并遵循（　　）的原则。

A.开槽支撑，后撑先挖，分层开挖，严禁超挖
B.开槽支撑，后撑先挖，多层开挖，严禁超挖
C.开槽支撑，先撑后挖，分层开挖，严禁超挖
D.开槽支撑，先撑后挖，多层开挖，严禁超挖

10. 在基坑开挖中，防治流砂的原则是（　　）。

A.治流砂速度要快 B.先治流砂后治水
C.治流砂必治水 D.将流砂全挖除

11. 基坑（槽）开挖时的土方堆置地点，一般离基坑（槽）边缘超过（　　），堆置高度不宜超过1.5m，以免影响土方开挖或塌方。

A.1.0m B.1.5m
C.2.0m D.2.5m

12. 基坑开挖时，两人之间的操作间距应大于（　　）m；多台机械开挖，挖土机间距应大于（　　）m。

A.2.5，10 B.2.5，15
C.3.5，10 D.3.5，15

13. 建筑基坑工程在设计阶段，应由设计方根据工程现场情况及基坑设计要求，提出基坑工程监测的技术要求，主要包括（　　）、测点位置、监测频率和监测报警值等。

A.监测人员 B.监测设备
C.监测项目 D.监测设计

14. 基坑施工降水深度超过15m时，合理的降水方法是（　　）。

A.轻型井点 B.喷射井点
C.管井井点 D.深井井点

项目 4

高层建筑脚手架施工与垂直运输设施的使用

素养目标：

培养学生结合具体工程条件和要求，编制起重吊装及安装、拆卸工程，脚手架工程专项施工方案的能力，不断提高成本意识、质量意识和工程意识。

知识目标：

1. 熟悉高层建筑施工中常用脚手架的基本构造、搭设和拆除方法。
2. 了解高层建筑施工中常用的垂直运输设施。
3. 熟悉塔式起重机的分类、特点。
4. 掌握塔式起重机的选用原则与安全技术要求。
5. 掌握泵送设备的工作要点。
6. 了解施工电梯的使用要点。

能力目标：

1. 能够结合工程实际合理选用脚手架。
2. 能编制脚手架的专项施工方案。
3. 能参与脚手架搭设的质量检查验收。
4. 能进行起重机械与垂直运输设施的选择。
5. 能进行起重机械与垂直运输设施施工方案的编写。
6. 能参与起重机械与垂直运输设施搭设的质量检查验收。

任务 4.1 高层建筑脚手架施工

在高层建筑施工中，脚手架使用量大，要求高，技术较复杂，对人员安全、施工质量、施工速度和工程成本影响较大。高层建筑脚手架搭设和使用的要求有：

1）有足够的强度、刚度及稳定性。脚手架应能承受施工期间规定的荷载和气候条件的影响，不发生变形、倾斜或摇晃，确保作业人员的安全。

2）有足够的宽度和步架高度。脚手架应能满足工人操作、材料堆置和运输的要求。脚手

项目 4　高层建筑脚手架施工与垂直运输设施的使用

架的宽度为 2m 左右，最小不得小于 1.5m。

3）构造规范、传力明确。脚手架的结构设计应科学合理，传力路径应明确，避免因结构问题导致的不稳定。

4）应搭设在稳固的地基或支撑物上。脚手架应搭设在稳定的基础上，以确保其整体稳定性。

5）有足够多的连墙件。连墙件有助于增强脚手架的整体性和稳定性，确保在各种条件下都能够保持结构稳定。

6）搭设、拆除和搬运方便。脚手架的搭设、拆除和搬运应简便易行，便于多次周转使用。

7）有可靠的安全防护措施。脚手架应配备必要的安全防护设施，如安全网、防护栏等，以防止作业人员在高处作业时发生坠落等事故。

8）符合节约原则。在保证结构安全的前提下，脚手架的设计和搭设应尽量节约材料和成本。

此外，脚手架搭设后应进行验收，确保其符合安全和质量标准。

4.1.1　承插型盘扣式钢管脚手架

承插型盘扣式钢管脚手架（图 4-1、图 4-2）指的是立杆采用套管承插连接（图 4-3），水平杆和斜杆采用杆端扣接头卡入连接盘，用插销快速连接，形成几何不变体系。根据其用途可分为支撑脚手架和作业脚手架两类。它具有节点抗扭转能力强，具有较高的强度、刚度、稳定性，拆装方便，配件不易丢失，损耗率低等特点。承插型盘扣式钢管脚手架由立杆、水平杆、斜杆、可调底座等配件构成。

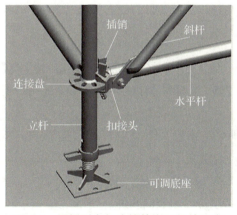

图 4-1　承插型盘扣式钢管脚手架的组成

图 4-2　承插型盘扣式钢管脚手架搭设图

1. 主要组成部件

1）立杆：焊接有连接盘和连接套管的竖向杆件。

2）水平杆：两端焊接有扣接头，可与立杆上的连接盘扣接的水平杆件。

3）斜杆：两端装配有扣接头，可与立杆上的连接盘扣接的斜向杆件。

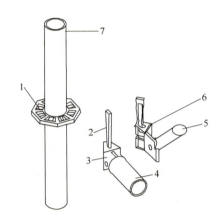

图 4-3 盘扣节点

1—连接盘 2—插销 3—水平杆杆端扣接头 4—水平杆
5—斜杆 6—斜杆杆端扣接头 7—立杆

4）可调底座：插入立杆底端可调节高度的底座。

5）可调托撑：插入立杆顶端可调节高度的托撑。

6）连接盘：焊接于立杆上，可扣接 8 个方向的扣接头，是八边形或圆环形的八孔板，其中 4 个小孔是专门用于水平杆连接的，4 个大孔是专门用于斜杆连接的。

7）连接套管：固定于立杆一端，用于立杆竖向接长的外套管或内插管。

8）立杆连接件：用于立杆与立杆连接套管的固定。

9）盘扣节点：由焊接于立杆上的连接盘、水平杆杆端扣接头和斜杆杆端扣接头组成。

10）扣接头：位于水平杆或斜杆的杆件端头，可与立杆上的连接盘快速扣接。

11）插销：装配在扣接头内，用于固定扣接头与连接盘。

2. 构造要求

1）用承插型盘扣式钢管脚手架搭设双排脚手架时，搭设高度不宜大于 24m。可根据使用要求选择架体几何尺寸，相邻水平杆步距宜选用 2m；立杆纵距宜选用 1.5m 或 1.8m，且不宜大于 2.1m，立杆横距宜选用 0.9m 或 1.2m。

2）脚手架首层立杆宜采用不同长度的立杆交错布置，错开立杆的竖向距离不应小于 500mm；当需设置人行通道时，立杆底部应配置可调底座。

3）双排脚手架沿架体外侧的纵向，每 5 跨在每层应设置一根斜杆（图 4-4）或每 5 跨之间应设置扣件钢管剪刀撑（图 4-5），端跨的横向在每层应设置竖向斜杆。

4）承插型盘扣式钢管脚手架应由塔式单元扩大组合而成，拐角为直角的部位应设置立杆间的竖向斜杆。当作为外脚手架使用时，单跨立杆间可不设置斜杆。

5）当设置双排脚手架人行通道时，应在通道上部架设支撑横梁，横梁截面大小应按跨度以及承受的荷载经计算确定，通道两侧脚手架应加设斜杆；洞口顶部应铺设封闭的防护板，两侧应设置安全网；通行机动车的洞口，必须设置安全警示和防撞设施。

项目 4 高层建筑脚手架施工与垂直运输设施的使用

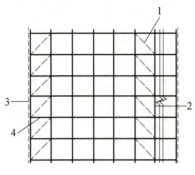
图 4-4 每 5 跨在每层设斜杆
1—斜杆 2—立杆 3—两端竖向斜杆
4—水平杆

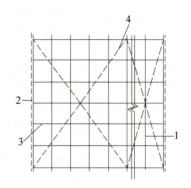
图 4-5 每 5 跨之间设扣件钢管剪刀撑
1—立杆 2—两端竖向斜杆 3—水平杆
4—扣件钢管剪刀撑

6）对双排脚手架的每步水平杆件，当无挂扣式钢脚手架板加强水平层的刚度时，应每 5 跨设置水平斜撑杆（图 4-6）。

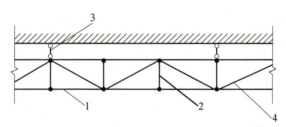
图 4-6 双排脚手架水平斜撑杆设置示意
1—纵向水平杆 2—横向水平杆 3—连墙件 4—水平斜撑杆

7）连墙件的设置规定：

①连墙件必须采用可承受拉（压）荷载的刚性杆件，连墙件与脚手架立面及墙体应保持垂直；同一层连墙件宜在同一平面，水平间距不应大于 3 跨，与主体结构外侧面的距离不宜大于 300mm。

②连墙件应设置在有水平杆的盘扣节点旁，连接点至盘扣节点的距离不应大于 300mm；采用钢管扣件作为连墙杆时，连墙杆应采用直角扣件与立杆连接。

③当脚手架下部暂不能搭设连墙件时，宜外扩搭设多排脚手架并设置斜杆形成外侧斜面状附加梯形架，待上部连墙件搭设后，方可拆除附加梯形架。

8）作业层设置规定：

①作业层脚手板应满铺。钢脚手板的挂钩必须完全扣在水平杆上（图 4-7），且要锁住。

②作业层应设挡脚板和防护栏杆。设置防护栏杆时，可在每层作业面立杆的 0.5m 和 1m 高度处的盘扣节点位置布置两道水平杆，并应在外侧满挂密目安全网；作业层与主体结构之间的空隙应设置内侧防护网。

③当脚手架作业层与主体结构外侧面间隙较大时，应设置挂扣在连接盘上的悬挑三脚架，并应铺放能形成脚手架内侧封闭的脚手板。

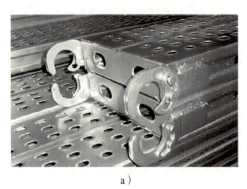 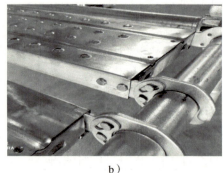

图 4-7 钢脚手板

a）钢脚手板挂钩　b）挂钩完全扣在水平杆上

9）挂扣式钢梯宜设置在尺寸不小于 0.9m×1.8m 的脚手架框架内，钢梯宽度应为廊道宽度的 1/2，钢梯可在一个框架高度内折线上升；钢架拐弯处应设置钢脚手板及钢扶手杆。

3. 搭设与拆除要点

1）脚手架基础应按专项施工方案进行施工，并应按基础承载力要求进行验收，脚手架应在地基基础验收合格后搭设。

2）搭设操作人员必须经过专业技术培训和专业考试合格后，持证上岗。模板支架及脚手架搭设前，施工管理人员应按专项施工方案的要求对操作人员进行技术和安全作业交底。

3）支架立杆搭设位置应按专项施工方案经放线确定，不得任意搭设。

4）水平方向搭设时应根据立杆位置的要求布置可调底座，接着插入 4 根立杆，将水平杆、斜杆通过扣接头上的插销扣接在立杆的连接盘上，形成基本的架体单元，并以此向外扩展搭设整体支撑体系。垂直方向应搭完一层以后再搭设上一层。

5）可调底座和垫板应准确地放置在定位线上，并保持水平，垫板应平整、无翘曲，不得采用开裂的垫板，垫板的长度不宜少于 2 跨。当地基高差较大时，可利用立杆的 0.5m 节点位差配合可调底座进行调整。

6）立杆应通过立杆连接套管连接，在同一水平高度内，相邻立杆连接套管接头的位置应错开；水平杆杆端扣接头与连接盘通过插销连接，应采用锤子击紧插销（图 4-8），保证水平杆与立杆连接可靠。立杆应配合施工进度搭设，一次搭设高度不应超过相邻连墙件以上两步。

7）连墙件应随脚手架高度上升并在规定位置处设置，不得任意拆除。

8）当脚手架搭设至顶层时，外侧防护栏杆高出顶层作业层的高度不应小于 1500mm。

图 4-8 用锤子击紧插销

9）脚手架可分段搭设、分段使用，且应由施工管理人员组织验收，确认符合方案要求后方可使用。

10）架体拆除时应按施工方案设计的拆除顺序进行。拆除作业必须按先搭后拆、后搭先拆的原则从顶层开始，逐层向下进行，严禁上下层同时作业。连墙件应随脚手架逐层拆除，分段拆除的高度差不应大于两步。如因作业条件限制，出现高度差大于两步时，应增设连墙件加固。拆除时的构（配）件应成捆吊运或人工传递至地面，严禁抛掷。

4. 结构特点

1）立杆、横杆、斜杆轴线汇交于一点，二力杆件传力路径简洁、清晰、合理，形成的单元稳定可靠，且整体承载力较高，针对不同的工程进行方案设计也相对简单，易为广大工程技术人员所掌握。

2）各杆件材质合理、物尽其用，减少了用钢量，省材节能。

3）盘扣节点刚度大，插销具有自锁功能，可保证水平杆与立杆连接可靠、稳定。

4）杆件及配件在工厂标准化制作，材质、加工质量易保证，现场安装工序简单。

5）构件有统一的规格与标准，无零散易丢失构件，不仅搭拆方便，也便于运输和保管。

6）盘扣节点连接性能好，每根水平杆和斜杆的扣接头与立杆的连接盘可独立楔紧、单独拆除。

7）运输方便；在现场储存堆放整齐、占用场地少，文明施工效果显著。

8）可快速组装、拆卸，施工工效高。同样的工程量，比传统工艺减少近50%的劳动力，还能够大幅度缩短施工工期。

9）构件表面进行了热镀锌处理，可防止生锈腐蚀，降低材料损耗，延长使用寿命。

4.1.2 悬吊式脚手架

悬吊式脚手架（图4-9）也称为吊篮，它是由架设于建筑物或构筑物上的悬挂机构，利用提升机构驱动悬吊平台，通过钢丝绳沿建筑物或构筑物立面上下运行的施工设施，同时也是为

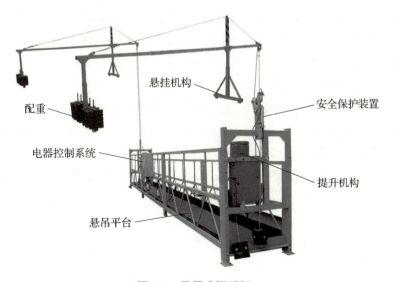

图4-9 悬吊式脚手架

操作人员设置的作业平台。悬吊式脚手架结构轻巧、操纵简单，安装、拆除速度快，升降和移动方便，在外墙装饰物的安装、外墙面涂料施工和外墙面的清洁、保养、修理等作业中得到广泛应用。

悬吊式脚手架主要由悬挂机构、悬吊平台、提升机构、电气控制系统和安全保护装置等部分组成。悬挂机构是架设于建筑物上部，通过钢丝绳来悬挂悬吊平台的装置。悬吊平台是施工人员的工作场地，它由高低栏杆、篮底和提升机构安装架等部分用螺栓连接组合而成。提升机构是悬吊平台的动力部件，采用电动爬升式结构带动钢丝绳输送机构，使提升机构沿着工作钢丝绳上下运动，从而带动悬吊平台上升或者下降。电气控制系统是用来控制悬吊平台启停和升降的部件。安全保护装置包括安全绳、限位器、重载保护器等，其作用是确保吊篮的安全稳定运行，安全绳必须固定在建筑物上，防止吊篮掉落；限位器可以控制吊篮升降的高度，避免发生危险；重载保护器可以避免吊篮过载，保证吊篮安全运行。吊篮使用中应注意以下事项：

1）悬挂机构前支架严禁架设在女儿墙上、女儿墙外或建筑物挑檐边缘；悬挂机构上面的销轴、螺栓必须紧固；楼面上设置安全锚固环和安装吊篮用的预埋螺栓的公称直径应不小于16mm；配重应符合吊篮手册要求的重量，采取无法随意移动的钢丝绳锁定，并设严禁移动的警告牌。

2）钢丝绳最小直径为6mm，安全钢丝绳直径不小于工作钢丝绳直径。安全钢丝绳必须独立于工作钢丝绳单独悬挂在建（构）筑物上。在正常运行时，安全钢丝绳应处于悬垂状态，即受力状态，以保证安全保护装置正常工作，并且钢丝绳不得有折弯、鼓起或黏附砂浆等杂物。安全保护装置必须在有效标定期限内使用，有效标定期限是12个月。安全保护装置应保证钢丝绳穿入内部畅通，不得有阻绳、卡绳现象，严禁在升降过程中利用安全保护装置制动进行施工作业。

3）操作人员必须从地面进出平台，或将平台降至最低点的安全网之上相应的楼层，并将吊篮固定在建筑物上，操作人员方可进出平台。严禁从建筑物顶部、窗口或其他孔洞处上下吊篮；不允许操作人员在空中从一个平台跨入另一个平台。吊篮必须有两名或两名以上的人员进行操作，严禁单人升空作业。作业人员必须经过培训、考试合格上岗，作业时必须佩戴安全帽、安全带和工具袋，安全带上的自锁扣应扣在牢固固定的安全绳上。

4）吊篮与外墙的净距宜为200~300mm，两吊篮的间距不小于300mm。

5）提升机构的传动部位必须有防护罩，避免与人员接触造成伤害；吊篮上使用的手持电动工具，应安装漏电保护器。严禁将电焊机放置在吊篮内，电焊线路不得与吊篮的任何部位接触，电焊钳不得搭挂在吊篮上。

6）在吊篮下方应设隔离区和警告标志。吊篮运行时应注意观察吊篮上下方向有无障碍物，如开启的窗户、突出的物体等，以免吊篮碰挂发生危险。

7）吊篮上动火作业时应办理审批手续，进行动火作业时应配置消防器材和接火斗。

8）严禁在粉尘、腐蚀性物质或雷电、雨雪、大雾、风沙、五级以上（含五级）大风等环境中使用吊篮。

9）作业结束时，应把悬吊平台落在地面平整处或停在空中3m以下位置，并与建筑物固定，以防被风刮动造成破坏。

10）每天使用前必须按日常检查要求进行检查，并进行空载运行试验，确认设备处于正常状态后方可进行施工作业；每天工作结束或班次更换时，必须按要求做好日常维护保养工作，并建立每天检查、保养台账。

4.1.3 悬挑式脚手架

悬挑式脚手架搭设在正在施工的建筑物结构外缘的挑出构件上，是一种不落地式脚手架，这种脚手架的特点是自重及其施工荷载全部传递至建筑物，由建筑物承受，因而搭设不受建筑物高度的限制，主要用于外墙结构的装修和防护。

按悬挑构件的构造形式不同，悬挑式脚手架可分为斜拉式和下撑式（图4-10）。斜拉式悬挑式脚手架（图4-11）是在从建筑结构中伸出的型钢挑梁端部加钢丝绳（或用花篮螺栓拉杆）进行斜拉，钢丝绳另一端固定于预埋在建筑物内的吊环上。下撑式悬挑式脚手架（图4-12、图4-13）是在挑梁端部下面加设一个悬挑支撑，悬挑支撑通常采用型钢焊接的三角桁架并通过螺

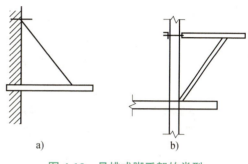

图4-10 悬挑式脚手架的类型
a）斜拉式 b）下撑式

图4-11 斜拉式悬挑式脚手架现场图

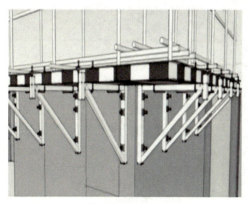

图4-12 下撑式悬挑式脚手架示意图　　图4-13 下撑式悬挑式脚手架现场图

栓与结构墙体连接，螺栓穿在刚性墙体的预留孔洞或预埋套管中，可以方便地拆除和重复使用。

1. 适用范围

1）±0.00以下结构工程回填土不能及时回填，脚手架没有搭设的基础，而主体结构工程又必须立即进行，否则将影响工期。

2）高层建筑主体结构四周为裙房，脚手架不能直接支撑在地面上。

3）超高层建筑施工，脚手架搭设高度超过了架体的允许搭设高度，因此将整个脚手架按允许搭设高度分成若干段，每段脚手架支撑在从建筑结构中向外悬挑的结构上。

悬挑式脚手架不需要地面及坚实的基础作为脚手架的支撑，也不占用施工场地，而且脚手架只搭设满足施工操作及各项安全要求所需的高度，因此脚手架的使用数量不因建筑物的高度增大而增加。但是，因脚手架及其承担的荷载通过悬挑支架或连接件传递给与之相连的建筑物结构，所以对这部分结构的强度有一定要求。悬挑式脚手架的支撑结构应为型钢制作的悬挑梁或悬挑桁架等，不能采用钢管。

2. 型钢悬挑式脚手架的搭设要求

1）悬挑梁。脚手架架体在竖直方向上的荷载会借助悬挑梁传递到主体结构上，换言之，架体承受的所有荷载都会通过悬挑式脚手架传递到建筑结构中。由此可知，悬挑梁是悬挑式脚手架的核心，为了保证悬挑式脚手架具备良好的性能，悬挑梁本身的稳定性、刚度和强度都要达到较高的水准；与此同时，还要保证其与建筑结构稳定、可靠连接，从而实现脚手架传递荷载的安全性。悬挑梁宜优先选用工字钢，因为工字钢具有受力稳定性好等优点，钢梁截面高度不应小于160mm。悬挑梁的悬挑长度应按设计确定，固定端长度不应小于悬挑长度的1.25倍，悬挑梁固定端应采用2个（对）及以上的U形钢筋拉环或锚固螺栓（图4-14a）与建筑结构固定。U形钢筋拉环或锚固螺栓应预埋至混凝土梁、板底层钢筋位置，并应与混凝土梁、板底层钢筋焊接或绑扎牢固。用于锚固悬挑梁的U形钢筋拉环或锚固螺栓的直径不宜小于16mm，并且与型钢之间的间隙应用钢楔或硬木楔楔紧（图4-14b）。外伸钢梁另一端加钢丝绳斜拉，钢丝绳固定到预埋在建筑物内的吊环上。

a)   b)

图4-14 悬挑梁固定端连接

项目 4　高层建筑脚手架施工与垂直运输设施的使用

2）脚手架。单个悬挑式脚手架的高度不宜超过 20 m；若高于 20 m，应邀请行业专家进行方案论证。

①立杆垂直度偏差不得大于架高的 1/200；立杆接头除在顶层可采用搭接外，其余接头必须采用对接扣件。立杆上的接头应交错布置，两相邻立杆接头不应设在同步内，并且在高度方向错开的距离不应小于 500mm，接头中心距主接点的距离不应大于步距的 1/3；立杆顶端应高出施工作业层 1.5m。

②脚手架底部必须设置纵、横向连杆。纵向连杆应用直角扣件固定在槽钢顶面不大于 200mm 处的立杆上，横向连杆应用直角扣件固定在紧靠纵向连杆下方的立杆上。

③纵向水平杆（大横杆）设于横向水平杆（小横杆）之下，在立杆内侧采用直角扣件与立杆扣紧，大横杆长度不宜小于 3 跨，并不大于 6m。

④大横杆的对接扣件连接应符合以下要求：对接接头应交错布置，不应设在同步、同跨内，相邻接头水平距离不应小于 500mm，并应避免设在纵向水平跨的跨中。

⑤脚手架四周大横杆的纵向水平高差不超过 ±50mm，同一排大横杆的水平偏差不得大于横杆长度的 1/300，一根杆的两端高差不得超过 ±20mm。

⑥小横杆两端应采用直角扣件固定在大横杆上。

⑦每一个主节点（即立杆、大横杆的交汇处）处必须设置一个小横杆，并采用直角扣件扣紧在立杆上，该小横杆的轴线偏离主节点的距离不应大于 150mm，靠墙一侧的外伸长度不应大于 250mm，外架立面外伸长度以 100mm 为宜。作业层上非主节点处的横向水平杆宜根据支撑脚手板的需要等间距设置，最大间距不应大于立杆间距的 1/2。

⑧搭设中每隔一层外架要及时与结构进行牢固拉结，以保证搭设过程安全，要随搭随校正杆件的垂直度和水平偏差，并适度拧紧扣件。

⑨剪刀撑在脚手架外侧交叉成十字形，并与大横杆呈 45°～60° 夹角，作用是把脚手架连成整体，增加脚手架整体稳定。剪刀撑的接头采用搭接，搭接长度不少于 1000mm，并应采用不少于两个旋转扣件紧固。剪刀撑应用旋转扣件固定在与之相交的横向水平杆的伸出端或立杆上，旋转扣件中心线距主节点的距离不应大于 150mm。

⑩外架施工层应满铺脚手板。

3）连墙件。连墙件采用刚性连接，按两步三跨设置，连墙件的布置应尽量靠近主节点，偏离主节点的距离不大于 300mm。

3. 搭设工艺流程

预埋 U 形钢筋拉环或锚固螺栓→水平悬挑梁安装→竖立杆→将纵向扫地杆与立杆扣接→安装横向扫地杆→安装纵向水平杆→安装横向水平杆→安装连墙件→安装剪刀撑→安装防护栏杆→铺脚手板→扎安全网。

4.1.4　附着升降式脚手架

附着升降式脚手架（也称爬架）搭设一定高度后附着于工程结构上，利用自带的升降机构和升降动力设备,使两个部件互为利用,交替松开、固定,交替爬升;在装饰施工阶段交替下降,具有防倾装置、防坠装置。附着升降式脚手架的搭设高度为3~4个楼层,相对于落地式外脚手架,省材料、省人工,适用于高层框架结构、剪力墙结构和筒体结构的快速施工。附着升降式脚手架还可以携带施工外模板,但使用时必须进行专门设计。

在高层建筑施工中,特别是超高层建筑施工中,如果采用落地式外脚手架,不仅需要大量的脚手架材料,而且脚手架的装拆工作量大、施工费用高、劳动量消耗大,并且会对工期造成极大影响。附着升降式脚手架的出现有效地解决了上述问题,但由于该脚手架处于高处作业,安全问题十分重要,因而需要配置防倾、防坠装置和控制设备。

附着升降式脚手架按爬升方式可分为套管式(图4-15)、互爬式(图4-16)、悬挑式(图4-17)和导轨式(图4-18)等;按升降动力的不同可分为电动式、手拉葫芦式和液压式等。下面主要介绍导轨式附着升降式脚手架的工作原理。

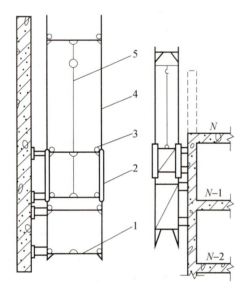

图4-15 套管式附着升降式脚手架的基本结构
1—固定框 2—滑动框 3—纵向水平杆
4—安全网 5—提升机构

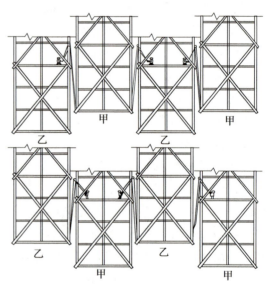

图4-16 互爬式附着升降式脚手架示意图

1. 导轨式附着升降式脚手架

导轨式附着升降式脚手架,其基本结构由脚手架、爬升系统和提升系统三部分组成。其爬升系统是一套独特的机构,包括导轨、导轮、提升滑轮、提升挂座、连墙支杆、连墙支座、连墙挂板、限位锁、限位锁挡块及斜拉钢丝绳等定型构件。

导轨式附着升降式脚手架的架体沿附着于墙体结构的导轮升降,脚手架的固定、升降、防坠落、防倾覆等靠导轨实现。导轨沿建筑物竖向布置,其长度比脚手架多出一层高度,脚手架的上部和下部均装有导轮。提升挂座固定在导轨上,其一侧挂提升装置,另一侧固定钢丝绳,钢丝绳绕过提升滑轮同提升装置的挂钩连接。提升时起动提升装置,脚手架沿导轨上升,提升到位后固定;接着将底部空出的导轨及连墙挂板拆除,装到顶部,再将提升挂座移到上部,准备下次提升。

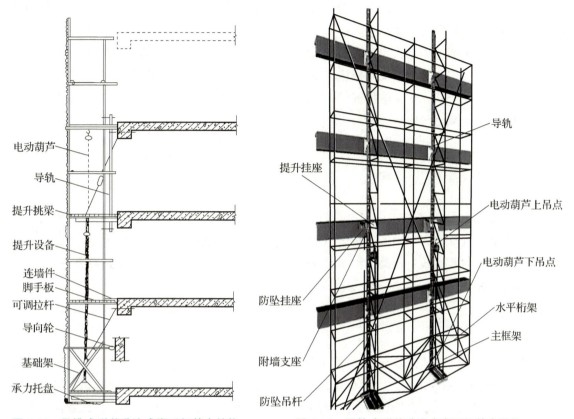

图 4-17 悬挑式附着升降式脚手架基本结构　　图 4-18 导轨式附着升降式脚手架基本结构

2. 附着升降式脚手架的安全装置

（1）防倾装置　防倾装置应用螺栓同竖向主框架或附着支撑结构连接，不得采用钢管扣件或碗扣方式。在升降和使用两种工况下，位于同一竖向平面的防倾装置均不得少于两处，并且其最上和最下一个防倾覆支撑点之间的最小间距不得小于全架高的 1/3。防倾装置的导向间隙应小于 5mm。

（2）防坠装置　防坠装置应设置在竖向主框架部位，且每一个竖向主框架提升设备处必须设置一个。防坠装置必须灵敏、可靠，其制动距离对于整体式附着升降式脚手架不得大于 80mm，对于单片式附着升降式脚手架不得大于 150mm。防坠装置应有专门的检查方法和管理措施，以确保其工作可靠、有效。防坠装置与提升设备必须分别设置两套附着支撑结构，若有一套失效，另一套必须能独立承担全部的坠落荷载。

（3）安全防护装置　架体外侧必须用密目安全网（≥800 目/100cm^2）进行围挡，密目安全网必须可靠固定在架体上。架体底层的脚手板必须铺设严密，且应用平网及密目安全网兜底。在每一个作业层架体的外侧必须设置上下两道防护栏杆（上杆高度 1.2m，下杆高度 0.6m）和挡脚板（高度 180mm）。单片式和中间断开的整体式附着升降式脚手架，在使用工况下，其断开处必须封闭并加设栏杆。在升降工况下，架体开口处必须有可靠的防止人员及物料坠落的措施。

附着升降式脚手架在升降过程中，必须确保升降平稳。同步控制系统及荷载控制系统应通过控制各提升设备之间的升降差和各提升设备的荷载来控制各提升设备的同步性，且应具备超载报警停机、欠载报警等功能。

遇五级（含五级）以上大风和大雨、大雪、浓雾、雷电等恶劣天气时，禁止进行升降和拆卸作业，并应预先对架体采取加固措施。夜间禁止进行升降作业。当附着升降式脚手架预计停用超过一个月时，停用前应采取加固措施。当附着升降式脚手架停用超过一个月或遇六级以上大风后复工时，必须进行安全检查。

任务 4.2 垂直运输设施的使用

垂直运输设施在建筑施工中担负垂直运送（输）材料设备、施工人员以及建筑垃圾的功能。高层建筑施工垂直运输设施选择与布置的合理与否，对高层建筑施工的速度、工期、成本具有重要影响。高层建筑进行施工组织设计时，必须针对工程施工特点，构建合理、高效的垂直运输体系。

4.2.1 塔式起重机

塔式起重机是一种具有竖直塔身的全回转臂式起重机，具有提升、回转、水平运输等功能，不仅是重要的吊装设备，而且也是重要的垂直运输设备。由于其起重臂安装在塔身的上部，起升有效高度和工作范围比较大，因此具有适用范围广、回转半径大、工作效率高、操作简便等特点，在吊运长、大、重的物料时有明显的优势，故宜优先选用。

1. 塔式起重机的分类及特点

塔式起重机分为上回转塔式起重机和下回转塔式起重机两大类。其中，前者的承载力要高于后者，在施工现场所见到的塔式起重机主要是上回转塔式起重机。塔式起重机按其在工地上使用架设的要求不同可分为轨道式、固定式、内爬式和附着式四种类型，如图 4-19 所示。

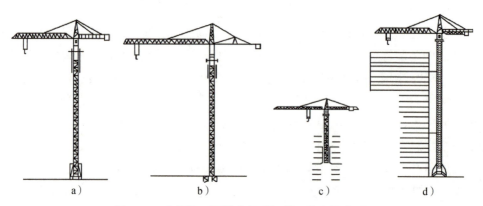

图 4-19 建筑施工用塔式起重机的四种主要类型
a）轨道式 b）固定式 c）内爬式 d）附着式

1)轨道式塔式起重机:塔式起重机在固定的轨道上负载行驶,机动性强、稳定性好、装拆方便,无需与建筑物拉结。但是这种形式的塔式起重机在使用时需要铺设轨道,且对路基要求高,并占用了较大的施工场地,同时使用高度受到一定限制,故只能用于不太高的高层建筑。

2)固定式塔式起重机:将塔身基础固定在地基基础或结构物上,塔身不能行走。

3)内爬式塔式起重机:设置在建筑物内部(如电梯井、楼梯间等),通过支撑在结构物上的爬升装置使整机随着建筑物的升高而升高。

4)附着式塔式起重机:直接固定在建筑物或构筑物近旁的混凝土基础上,随着建筑的升高,不断自行接高塔身,使起重高度不断增大。为了塔身稳定,每隔一定间距通过支撑(附着装置)将塔身锚固在建(构)筑物上。

2. 塔式起重机的主要性能参数

塔式起重机的主要性能参数包括幅度、起重量、起重力矩、起升高度等。选用塔式起重机进行高层建筑施工时,首先应根据施工对象确定所要求的参数。

(1)幅度　幅度又称回转半径或工作半径,即塔式起重机回转中心线至吊钩中心线的水平距离。起重机的幅度与起重臂的长度和仰角有关,幅度又包括最大幅度与最小幅度两个参数(图4-20)。高层建筑施工选择塔式起重机时,首先应考察塔式起重机的最大幅度是否满足施工需要。选择塔式起重机时应力求使幅度覆盖所施工建筑的全部面积,以避免二次搬运。

塔式起重机的型号决定了塔式起重机的幅度,布置塔式起重机一般要求避免出现覆盖盲区,但不是绝对的。对有主楼、有裙房的工程,对于其高层主体结构部分,幅度应全面覆盖;裙房争取幅度全部覆盖,当出现难以解决的边、角覆盖时,可考虑临时租用汽车起重机来解决裙房边、角垂直运输的问题。不能盲目加大塔式起重机的型号,而应进行技术、经济比较后确定方案。

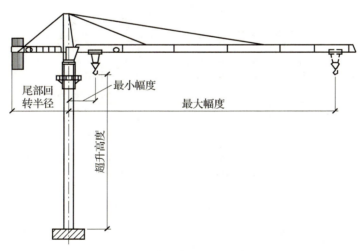

图4-20　塔式起重机主要参数

(2)起重量　起重量是指塔式起重机在不同幅度时规定的最大起升重量,应包括吊物、吊具和索具等作用于塔式起重机起重吊钩上的全部重量。起重量包括两个参数,一个是最大幅度时的起重量,另一个是最大起重量。塔式起重机的起重量参数通常以额定起重量表示,即起重机在各种工况下安全作业所允许起吊重物的最大重量。塔式起重机在最小幅度时起重量最大,随着幅度的增加,起重量相应递减,因此在不同幅度时有不同额定的起重量。塔式起重机进行吊装施工时,首先应检查最大幅度起重量是否满足要求,即最大幅度起重量应大于构件重量及吊具重量的总和并留有一定的余量。

(3)起重力矩(M) 初步确定起重量和幅度参数后,还必须根据塔式起重机技术说明书中给出的资料,核实是否超过额定起重力矩。起重力矩(单位为 kN·m)是指塔式起重机的幅度与相应于此幅度下的起重量的乘积($M=QR$),它能比较全面和确切地反映塔式起重机的工作能力。我国规定以基本臂最大幅度与相应的起重量的乘积作为额定起重力矩,来表示塔式起重机的起重能力。对于钢筋混凝土高层和超高层建筑,重要的是最大幅度时的起重力矩必须满足施工需要;对于钢结构高层及超高层建筑,重要的是最大起重量时的起重力矩必须满足施工需要。塔式起重机的起重力矩一般控制在其额定起重力矩的 75% 之下,以保证作业安全并延长其使用寿命。

(4)起升高度(H) 起升高度是指自钢轨顶面或混凝土基础顶面至吊钩中心的垂直距离,其大小与塔身高度及臂架构造形式有关。起升高度是起重机的一个重要技术参数,它直接关系到起重作业的安全和效率,不论塔式起重机其他参数如何理想、技术性能如何优越,如起升高度不满足需要,仍然无法完成施工任务。一般应根据构筑物的总高度、预制构件或部件的最大高度、脚手架构造尺寸及施工方法等综合确定起升高度。

塔式起重机的起升高度应不小于建筑物总高度加上构件高度、吊索高度和安全操作高度(一般为 2~3m),同时应满足塔式起重机超越建筑物顶面的脚手架或其他障碍(超越高度一般不小于 1m)的需要(图 4-21)。

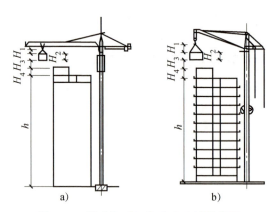

图 4-21 塔式起重机起升高度计算简图

塔式起重机起升高度计算如下:

$$H \geqslant H_1+H_2+H_3+H_4+h$$

式中 H_1——吊索高度(m),一般取 1~1.5m;

H_2——构件高度（m）；

H_3——安全操作高度（m），按2m计算；

H_4——脚手架或其他障碍高度（m）；

h——建筑物高（m）。

3. 塔式起重机的选择

（1）塔式起重机的选型原则　塔式起重机选型是一项技术、经济要求很高的工作，必须遵循技术可行、经济合理的原则，选型过程中应重点从幅度、起升高度、起重量、起重力矩、起重效率和环境影响等方面进行评价，确保塔式起重机能够满足高层及超高层建筑施工对能力、效率和作业安全的要求，并在技术可行的原则上进行经济可行性分析，兼顾投入和产出，争取效益最大化。

1）参数应满足施工要求，应逐一核对塔式起重机的各主要参数，确保所选用塔式起重机的幅度、起重量、起重力矩和起升高度满足施工需要。

2）起重效率应能满足施工进度要求。

3）应充分利用现有机械设备，以减少投资。

4）塔式起重机的效能要得到充分发挥，避免大材小用；尽量降低台班费用，提高经济效益。

5）选用的塔式起重机应能适应施工现场的环境，便于进场安装架设和拆除退场。

（2）塔式起重机的选型步骤

1）根据拟施工建筑物的特点，选定塔式起重机的类型，如选择轨道式、附着式或内爬式塔式起重机。高层和超高层建筑物的施工，一般选用附着式或内爬式塔式起重机，起重机能随建筑物升高而增高，造价较低，台班费用比较便宜，有利于施工现场的平面布置，并且操作室在塔顶上，操作人员视野宽广，工作效率较高。具体是选用附着式塔式起重机还是内爬式塔式起重机，可根据施工条件合理确定。

2）根据建筑物的体形、平面尺寸、标准层面积和塔式起重机布置情况（单侧、双侧布置等），计算塔式起重机必须具备的幅度和起升高度。

3）根据起重物的重量，确定塔式起重机的起重量和起重力矩。起重力矩必须满足下列条件：

$$M \geqslant QR$$

式中　M——起重机的起重力矩（kN·m）；

　　　Q——最大起重量（可取最重的构件的重量或规定的一次起重量）或相应于某一幅度下的起重量（kN）；

　　　R——最大起重量时的幅度或相应于某一起重量时的幅度（m）。

4）根据上述计算结果，参照塔式起重机技术性能表，选定塔式起重机的型号。选择塔式起重机型号时，应尽可能多做一些选择方案，以便进行技术、经济分析，从中选取最佳方案，即起重机的运输费、拆装费和使用费的总和最少，或物料运输和构件安装的施工成本最低。

塔式起重机的型号确定以后，就要根据建筑高度、工程规模、结构类型和工期要求确定塔式起重机的配置数量。确定塔式起重机配置数量的方法有工程经验法和定量分析法两种。工程经验法通过比照类似工程经验确定塔式起重机的配置数量。工程经验法是一种近似方法，其准确性相对较低，但是计算工作量小，因此多在投标方案和施工大纲编制阶段采用。定量分析法以进度控制为目标，通过深入分析塔式起重机的吊装工作量和吊装能力来确定塔式起重机的配置数量。该方法非常成熟，准确性高，但计算工作量大，因此多在编制施工组织设计阶段采用。

（3）选择塔式起重机应注意的问题

1）选择附着式塔式起重机时应考虑塔身锚固点与建筑物相对的位置关系，以及平衡臂是否影响臂架的正常运转。塔式起重机后臂与相邻建筑物之间的安全距离应不小于50cm。

2）选择多台塔式起重机同时作业时，塔式起重机在平面布置的时候要绘制平面图，还要处理好相邻塔式起重机塔身的高度差，在水平和垂直两个方向上都要保证不小于2m的安全距离，以防止互相碰撞。

3）考虑塔式起重机安装时，还应考虑其顶升、接高、锚固，以及完工后的落塔（起重臂和平衡臂是否落在建筑物上）、拆卸和塔身各节段的运输。

4）考虑自升式塔式起重机安装时，应处理好顶升套架的安装位置（塔架的引进平台或引进轨道应与臂架同向），并确保锚固环的安装位置正确等。

4. 塔式起重机的布置

只有在确定了起重机的平面位置后，才能确定起重机的幅度，从而选择机型。塔式起重机的平面布置主要取决于建筑物的平面形状、构件重量、施工现场条件以及起重机的种类。在编制施工组织设计、绘制施工总平面图时，合适的塔式起重机安设位置应满足下列要求：

1）塔式起重机的幅度与起重量均能很好地适应主体结构（包括基础阶段）的施工需要，并留有充足的安全余量。

2）要有环形通道，以便安装辅机和运输塔式起重机部件的货车和平板拖车进出施工现场。

3）应靠近工地的变电站。

4）工程竣工后，要留有充足的空间，便于拆卸塔式起重机并将部件运出现场。

5）在一个目标建筑同时装设两台塔式起重机的情况下，要注意其工作面的划分和相互之间的配合，同时还要采取妥善措施防止相互干扰。

5. 塔式起重机的基础

塔式起重机的基础是塔式起重机的根本，实践证明有不少涉及塔式起重机的重大安全事故是由于塔式起重机的基础存在问题引起的。有的事故是由于为了抢工期，在基础混凝土强度不够的情况下草率安装，有的事故是由于基础下地基的承载力不够，有的是由于在基础附近开挖导致滑坡产生位移，或是由于基础积水产生不均匀沉降等，这些都会造成严重的安全事故，必须引起高度重视。在修建塔式起重机基础的时候，一定要确保基础下地基的承载力符合设计要求，钢筋混凝土的强度至少达到设计值的 80%。有地下室工程的塔式起重机基础，要采取特别的处理措施，有的要在基础下打桩，并将桩端的钢筋与基础的地脚螺栓牢固地焊接在一起。基础地脚螺栓的尺寸误差必须严格按照基础施工图控制，地脚螺栓要保持足够的露出地面的长度，每个地脚螺栓要用双螺母锁紧。因高层建筑施工中主要应用附着式和内爬式塔式起重机，下面分别对这两种起重机做重点介绍。

（1）附着式塔式起重机　附着式塔式起重机（图 4-22、图 4-23）是一种自升式塔式起重机，随着建筑物的升高，利用液压自升系统逐步将塔顶顶升，塔身接高。为了保证塔身的稳定，每隔一定距离将塔身与建筑物用附着装置水平连接起来，使起重机依附在建筑物上。

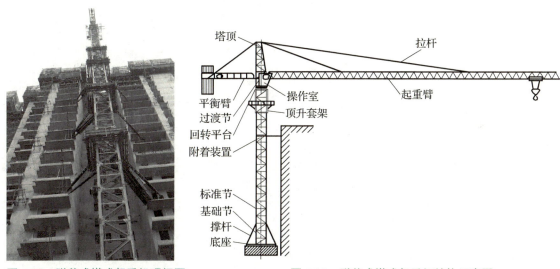

图 4-22　附着式塔式起重机现场图　　　图 4-23　附着式塔式起重机结构示意图

1）特点。与内爬式塔式起重机相比，其主要优点是：

①附着在建筑物外部，附着和顶升过程可利用施工间隙进行，对于总的施工进度影响不大。

②建筑物只承受塔式起重机传递的水平荷载，即塔式起重机的附着力。

③其拆卸是安装的逆过程，比内爬式方便。

④塔式起重机操作员可以看到吊装全过程，对塔式起重机操作有利。

⑤小幅度可吊大件，因此可以把笨重的大件放在起重机旁边，方便吊装大件或组合件。由于某些小件可在地面组合成大件后整体吊装，减少了起重机的工作量，可以提高效率，对于安全有利。

其缺点是吊臂较长，且塔身很高，所以附着式塔式起重机的造价和重量都明显较高。

2）安装。安装工艺流程：安装基础节（加强节或标准节）→安装爬升机构→安装回转总成→安装塔顶→安装平衡臂总成→安装操作室→安装起重臂和穿引主钢丝绳→吊装平衡臂剩余配重块→安装电气装置→顶升→安装撑杆→调试、验收。

附着式塔式起重机在塔身高度超过限定高度（一般为 30~40m）时，应加设附着装置与建筑结构拉结。附着装置的作用：拉住塔身，防止其倾覆；控制塔身受压时的自由段高度。

装设第一道附着装置后，塔身每增高 14~20m 应再加设一道，最上一道附着装置以上的塔身自由段高度不应超过规定限值。

建筑结构的拉结支座，可套装在柱子上或预埋在现浇混凝土墙板里面，锚固点应紧靠楼板，距离不宜大于 200mm。锚固支座如设在墙板上，应利用临时支撑与墙板相连，以增强墙板刚度。附着装置的形式有两种：抱箍式和节点抱柱式（图 4-24）。前者能充分利用塔身的空间，整体性能好；后者结构较简单，安装方便。

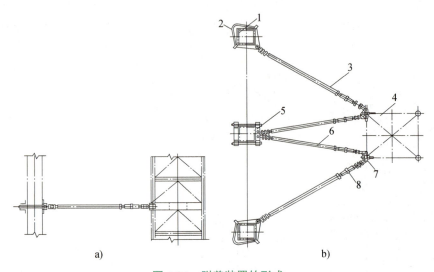

图 4-24　附着装置的形式
a）抱箍式　b）节点抱柱式
1—柱　2—边柱抱箍　3、6—附着杆　4—塔身　5—中柱抱箍　7—附着杆支撑座　8—调节螺母

塔式起重机塔身与建筑物墙（柱）之间连接的附着杆（杆系）的形式如图 4-25 所示，附着杆可借用标准附着件适当加长和加固，必要时可在一个附着点的上下方各设置一道附着杆。

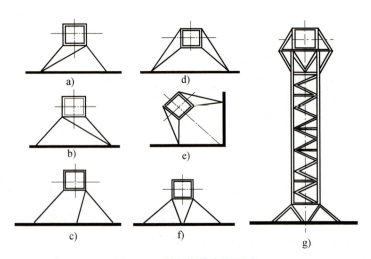

图 4-25　附着杆的布置形式
a）、b）、c）三杆式附着杆系　d）、e）、f）四杆式附着杆系　g）三角截面空间桁架式附着杆系

对长度大于等于15m 的附着杆，可采用三角截面空间桁架式附着杆系（图4-25g），并可用作塔身标准节桁架，供操作员上下之用。

附着式塔式起重机的自升接高，目前主要是利用液压缸顶升，采用较多的顶升方式是外套架液压缸侧顶方式，图4-26为其顶升过程，可分为以下5个步骤：

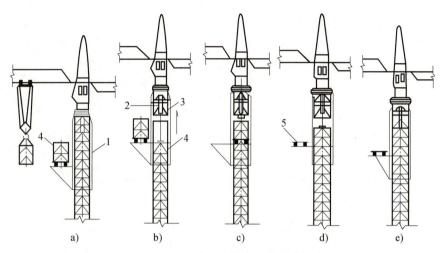

图4-26　附着式塔式起重机的自升接高

a）准备状态　b）顶升塔顶　c）推入塔身标准节　d）安装标准节　e）塔顶与塔身连成整体
1—顶升套架　2—液压千斤顶　3—过渡节　4—标准节　5—摆渡小车

①准备状态。将标准节吊到摆渡小车上，并将过渡节与塔身标准节相连的螺栓松开，准备顶升（图4-26a）。

②顶升塔顶。开动液压千斤顶，将塔式起重机上部结构（包括顶升套架）向上顶升到超过一个标准节的高度，然后用定位销将顶升套架固定，于是塔式起重机上部结构的重量就通过定位销传递到塔身（图4-26b）。

③推入塔身标准节。液压千斤顶回缩，形成引进空间，此时将装有标准节的摆渡小车开到引进空间内（图4-26c）。

④安装标准节。利用液压千斤顶稍微提起标准节，退出摆渡小车，然后将标准节平稳地落在下面的塔身上，并用螺栓加以连接（图4-26d）。

⑤塔顶与塔身连成整体。拔出定位销，下降过渡节，使之与已接高的塔身连成整体（图4-26e）。

如一次要接高若干节塔身标准节，则可重复以上工序。

3）拆卸。附着式塔式起重机的拆卸与安装顺序相反，即先安装的后拆，后安装的先拆。在拆卸起重臂时，要先松解起重钢丝绳，并将起重小车固定在指定部位。拆卸平衡臂前，必须将全部的起重钢丝绳收回并绕在卷筒上。

拆卸附着式塔式起重机时，必须将塔身降到附着装置位置时方可拆除锚固装置，严禁先拆锚固装置再降下塔身。

拆附着杆时，必须先降低塔身，使起重机在拆除附着杆后形成的限定高度满足安全要求。

由于附着式塔式起重机布置在构筑物的外侧，故塔式起重机可降至地面，然后采用汽车起重机进行拆卸。

（2）内爬式塔式起重机　内爬式塔式起重机是将塔身安装在建筑物的电梯井或特设的开间内，也可安装在筒形结构内，利用自身装备的液压顶升系统，随建筑结构的升高而向上爬升，如图4-27所示。对于高度在100m以上的超高层建筑，可优先考虑使用内爬式塔式起重机。

图4-27　内爬式塔式起重机现场图

1）特点。内爬式塔式起重机一般布置在建筑物内部，所以其幅度可以小一些，即吊臂可以缩短，不占用建筑物外围空间；由于是利用建筑物向上爬升，爬升高度不受限制，塔身也较短，因此整体结构较轻，造价较低。

由于内爬式塔式起重机的重量全部压在建筑物上，建筑结构需要加强，会导致工程造价的增加；起重机爬升必须与施工进度互相协调，并且只能在施工间歇进行；起重机操作员不能直接看到吊装过程，需靠信号指挥进行操作；施工结束后，需要用屋面起重机或其他设备将塔式起重机各部件拆除，然后再吊放到地面。

2）安装。安装工艺流程：安装内爬底座→安装内爬基础节→安装爬升机构→安装回转总成→安装塔顶→安装平衡臂总成→安装操作室→安装起重臂和穿引主钢丝绳→吊装平衡臂剩余配重块→安装电气装置→爬升→安装附着支撑架→调试、验收。

3）爬升。内爬式塔式起重机的爬升过程主要分准备状态、提升套架和提升起重机三个阶段，如图4-28所示。

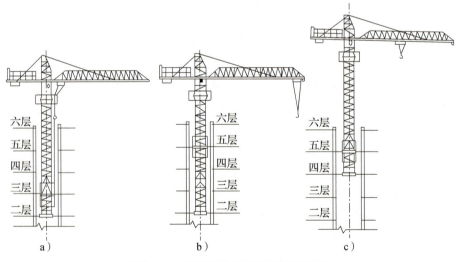

图4-28　内爬式塔式起重机爬升过程

a）准备状态　b）提升套架　c）提升起重机

①准备状态：将起重小车收回到最小幅度处，下降吊钩，吊住套架并松开固定套架的地脚螺栓，收回套架活动支腿，做好爬升准备。

②提升套架：首先开动起升机构，将套架提升至目标楼层高度时停止；接着摇出套架四角的活动支腿并用地脚螺栓固定；再松开吊钩升高至适当高度，并开动起重小车到最大幅度处。

③提升起重机：先松开底座地脚螺栓，收回底座活动支腿，开动爬升机构将起重机提升至目标楼层高度时停止，接着摇出底座四角的活动支腿，并用预埋在建筑结构上的地脚螺栓固定，至此提升过程结束。

4）拆除。内爬式塔式起重机一般在主体结构施工完毕后拆除。由于内爬式塔式起重机一般布置在建筑物的内部，结构封顶后起重机无法进行自降，因此一般选择屋面起重机进行拆除。整个拆除的思路是小塔拆大塔，小塔最后再解体后运输。内爬式塔式起重机的拆除顺序与安装相反，拆除过程如下：

①将起重机下降到能满足拆除要求的高度，起重机应能自由回转，起重臂距离楼顶的距离最小。

②在屋面利用屋面起重机拆除、分解内爬式塔式起重机，再利用施工电梯或屋面起重机等将部件运至地面。

③拆除屋面起重机，并运至地面。

在屋面结构施工前，应考虑之后的内爬式塔式起重机拆除过程中在屋面安装的屋面起重机，以及内爬式塔式起重机解体后在屋面堆放的荷载。

4.2.2 混凝土泵

混凝土泵由泵体和输送管组成，用于在压力推动下沿管道输送混凝土。它能连续完成对混凝土的水平运输和垂直运输，配以布料杆还可以进行较低位置的混凝土浇筑。混凝土泵具有输送能力大、效率高、连续作业和节省人力等优点。

按工作方式，混凝土泵分为拖式泵和车载泵（图4-29）；按泵的工作原理，混凝土泵分为挤压式和液压活塞式。液压活塞式混凝土泵多用液压驱动，主要由料斗、液压缸、混凝土缸、活塞、Y形输料管、冲洗设备、液压系统和动力系统等组成（图4-30），它利用活塞的往复运动将混凝土吸入和排出。泵工作时，将搅拌好的混凝土装入料斗，吸入端水平片阀移开，排

a)

b)

图4-29 混凝土泵

a）拖式泵　b）车载泵

出端竖直片阀关闭，液压活塞在液压作用下通过活塞杆带动混凝土活塞左移，混凝土在自重及真空吸力作用下，进入混凝土缸；然后，液压系统中液压油的进出方向相反，混凝土活塞右移，同时吸入端水平片阀关闭，排出端竖直片阀移开，混凝土被压入Y形输料管中，输送到浇筑地点。混凝土泵的出料是脉冲式的，有两个缸体交替出料，通过Y形输料管送入同一根输送管，因而能连续稳定地出料。

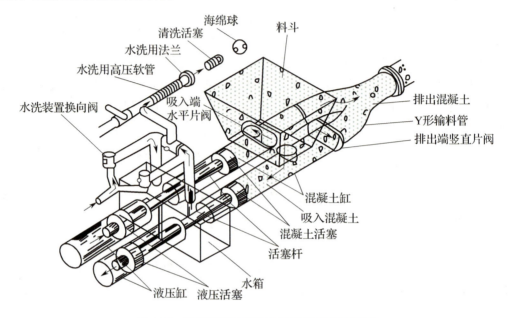

图 4-30　液压活塞式混凝土输送泵工作原理图

4.2.3　混凝土泵车

混凝土泵车（图 4-31、图 4-32）是将混凝土泵安装在汽车底盘上，再装备可伸缩、折叠的布料杆，其臂架具有变幅、折叠和回转三个动作，在其活动范围内可任意改变混凝土浇筑位置，在有效幅度内进行水平和垂直方向的混凝土输送，从而降低劳动强度、提高生产率，并能保证混凝土浇筑质量。混凝土泵车移动方便，在输送幅度与高度满足施工要求时，可节省大型起重机的使用费用。

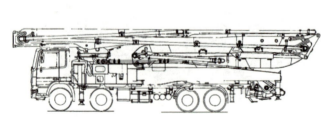

图 4-31　混凝土泵车

图 4-32　混凝土泵车实物图

4.2.4 布料杆

布料杆是混凝土泵常用的重要附属设备，通过布料杆的伸缩和转动，可以将泵送机构泵送来的混凝土经由附在布料杆上的输送管直接送达布料杆端所指的位置（浇筑点），以实现混凝土的输送和布料。除前述的在混凝土泵车上的布料杆外，还有若干形式各异的独立式布料杆，常见的有移置式（水平折臂，图4-33）、自升式（竖向折臂）以及管柱/塔架式（图4-34）等形式的布料杆，也有直接安装在塔式起重机上的布料杆（图4-35），以扩大其布料范围，适应各种建筑物和构筑物的混凝土浇筑工作。布料杆一般是由支座或底座与固定在支座或底座上的可折叠、弯曲的管道组成的。管道的固定端与混凝土输送管道相连，管道的活动端可绕支座（底座）的轴旋转及前后移动，从而可在一定范围内浇筑混凝土。

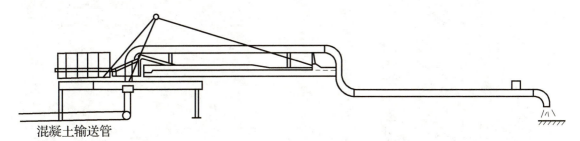

图4-33 移置式布料杆

图4-34 管柱/塔架式布料杆

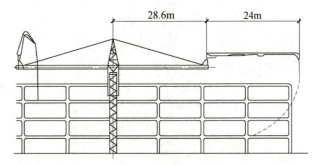

图4-35 安装在塔式起重机上的布料杆

4.2.5 施工电梯

施工电梯（又称外用电梯、施工升降机、附壁式升降机）是一种使用吊厢沿导轨架作垂直（或倾斜）运动，用来运送人员或物料的机械。它附着在外墙上或其他结构部位，随建筑物升高。

施工电梯按用途可分为载货电梯、载人电梯和人、货两用电梯。载货电梯一般起重能力较大，起升速度快，而载人电梯或人、货两用电梯对安全装置要求高一些。目前，在实际工程中用得比较多的是人、货两用电梯。

施工电梯按其驱动方式可分为齿轮齿条驱动和绳轮驱动两种形式。齿轮齿条驱动施工电梯是通过安装在吊厢框架上的齿轮与安装在塔架立杆上的齿条相啮合，当电动机通过变速机构带动齿轮转动时，吊厢即沿塔架升降。齿轮齿条驱动施工电梯按吊厢数量可分为单吊箱式（图4-36）和双吊箱式（图4-37）两种形式，均装有可靠的限速装置，适于20层以上的建筑工程使用。绳轮驱动施工电梯（图4-38）是利用卷扬机、滑轮组，通过钢丝绳悬吊来控制吊厢升降。绳轮驱动施工电梯为单吊箱，无限速装置，轻巧简便，适于20层以下的建筑工程使用。

图4-36 单吊箱式齿轮齿条驱动施工电梯

图4-37 双吊箱式齿轮齿条驱动施工电梯

图4-38 绳轮驱动施工电梯

高层建筑施工中，在选择施工电梯时，应根据建筑体型、建筑面积、运输量、工期、造价以及供货条件等确定。同时，不仅要求施工电梯的载重量、提升高度、提升速度满足需求，而且要安全可靠、经济效益好。

施工电梯可借助安装在电梯顶部的电动吊杆组装，也可利用施工现场的塔式起重机等起重设备组装。另外，由于吊厢和平衡重对称布置，倾覆力矩很小，立柱又通过附壁与建筑结构牢固连接（不需使用缆风绳），所以受力合理可靠。施工电梯为保证使用安全，本身设置了必要的安全装置，这些装置应该经常保持良好的状态，以防发生意外事故。由于施工电梯结构坚固、拆装方便、不用另设机房，因此被广泛应用于工业、民用高层建筑施工，以及桥梁、矿井、水塔的高层物料和人员的垂直运输。

施工电梯的安装位置应在编制施工组织设计和施工总平面图时妥善加以安排，安装的位置应尽可能满足以下要求：

1）有利于人员上下和物料的集散。

2）综合运输距离最短。

3）方便附墙装置的安装和设置。

4）接近电源，有良好的夜间照明，便于操作人员观察。

4.2.6 垂直运输设施的选择

1. 垂直运输设施的一般设置要求

1）供应面。垂直运输设施的供应面是指借助于水平运输手段（手推车等）所能达到的供应范围。其水平运输距离一般不宜超过80m，建筑工程全部的作业面应处于垂直运输设施的供应面的范围之内。

2）供应能力。塔式起重机的供应能力等于吊次乘以吊量（每次吊运材料的体积、重量或件数）；其他垂直运输设施的供应能力等于运次乘以运量，运次应取垂直运输设施和与其配合的水平运输机具中的低值。垂直运输设施的供应能力应能满足高峰工作量的需要。

3）提升高度。设备的最大提升高度应比实际需要的升运高度高出不少于3m，以确保安全。

4）水平运输手段。在考虑垂直运输设施时，必须同时考虑与其配合的水平运输手段。比如使用塔式起重机作垂直和水平运输时，要解决好料笼和料斗等容器的问题。

5）装设条件。装设垂直运输设施的位置应具有匹配的装设条件，如具有可靠的基础、能与结构拉结、具备水平运输手段等。

6）设备效能的发挥。必须同时考虑满足施工需要和充分发挥设备效能的问题，当各施工阶段的垂直运输量相差悬殊时，应分阶段设置和调整垂直运输设备，及时拆除已不需要的设备。

7）安全保障。安全保障是使用垂直运输设施的首要问题，垂直运输设施要严格按有关规定操作和使用。

2. 高层建筑垂直运输设施的选择

在高层建筑施工中，合理配套是选择垂直运输设施时应当充分注意的问题。运输对象对垂直运输设施的要求各不相同，不同的垂直运输设施也各具特色，在构建高层建筑施工垂直运输体系时必须综合考虑这些因素，才能提高垂直运输效率，降低垂直运输成本。高层建筑施工垂直运输设施的选择见表4-1。

表 4-1　高层建筑施工垂直运输设施的选择

	塔式起重机	施工电梯	混凝土泵	输送管道
大型建筑材料设备	√			
中小型建筑材料设备	√	√		
混凝土	√	√	√	
施工人员		√		
建筑垃圾		√		√

拓展阅读

中国现代超高层建筑的先行者：叶可明院士

叶可明院士（1937 年 3 月 28 日—2021 年 10 月 5 日），上海金山人，苏州建筑工程学校毕业，建筑工程与土木工程施工技术专家，中国工程院院士，中国现代超高层建筑的先行者。

叶可明院士长期从事土木工程施工技术和管理工作，被誉为"出自工地的院士"，先后主持了南浦大桥、杨浦大桥、东方明珠广播电视塔、金茂大厦等特大型工程建设；参与了润扬大桥、苏通大桥和港珠澳大桥等国家重点工程的科研攻关和人才培养。在叶可明院士的带领下，很多传统由此形成，比如做施工方案时，首先去现场勘察调研，然后与图纸相结合，因地制宜地编制施工方案。对于施工技术问题，叶可明院士总是能一针见血地指出关键所在，这种敏锐的判断力是基于长期的理论与实践相结合的积累。

叶可明院士长期研究施工技术，形成了针对"高、大、深、重、新"不同对象，因时、因地、因人制宜的施工技术体系，为我国建筑工程特别是超高层建筑、大跨度桥梁的发展做出了卓越贡献。

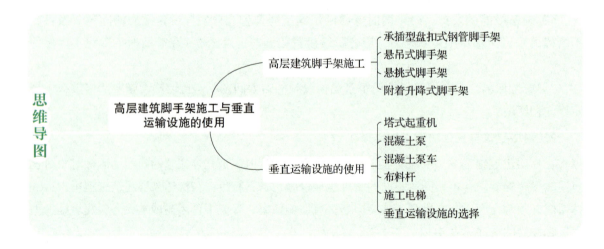

项目4　高层建筑脚手架施工与垂直运输设施的使用

思考题

1. 简述承插型盘扣式钢管脚手架的特点。
2. 简述承插型盘扣式钢管脚手架的构造要求。
3. 简述悬吊式脚手架的使用注意事项。
4. 简述悬挑式脚手架的适用范围。
5. 简述悬挑式脚手架的搭设工艺流程。
6. 简述导轨式附着升降式脚手架的升降原理。
7. 简述塔式起重机的类别及其特点。
8. 简述塔式起重机的选型原则。
9. 简述内爬式塔式起重机的优（缺）点。
10. 简述附着式塔式起重机的优（缺）点。
11. 简述附着式塔式起重机的顶升过程。
12. 简述垂直运输设施的一般设置要求。
13. 试述施工电梯安装位置的要求有哪些？

能力训练题

1. 承插型盘扣式钢管脚手架的首层立杆宜采用不同长度的立杆交错布置，错开立杆的竖向距离不应小于（　　）mm。
   A. 200　　　　　　　　　　　　　　B. 150
   C. 500　　　　　　　　　　　　　　D. 300

2. 对于双排承插型盘扣式钢管脚手架的每步水平杆件，当无挂扣式钢脚手架板加强水平层的刚度时，应每（　　）跨设置水平斜撑杆。
   A. 5　　　　　　　　　　　　　　　B. 2
   C. 4　　　　　　　　　　　　　　　D. 3

3. 悬挑式脚手架悬挑梁的锚固段长度应不小于悬挑段长度的（　　）倍。
   A. 1.25　　　　　　　　　　　　　 B. 1.35
   C. 1.5　　　　　　　　　　　　　　D. 1

4. 悬挑式脚手架中用于锚固的U形钢筋拉环，钢筋直径至少为（　　）。
   A. 10mm　　　　　　　　　　　　　 B. 12mm
   C. 16mm　　　　　　　　　　　　　 D. 20mm

5. 吊篮施工时，人员应从（　　）上下吊篮。
   A. 屋顶　　　　　　　　　　　　　　B. 建筑物门窗等洞口
   C. 地面　　　　　　　　　　　　　　D. 正在运行的邻近吊篮

6. 起重机的起重量随着幅度的增加相应（　　）。
   A. 递减　　　　　　　　　　　　B. 递增
   C. 不变　　　　　　　　　　　　D. 先增后减

7. 可作为人、货两用的垂直运输设施的是（　　）。
   A. 塔式起重机　　　　　　　　　B. 施工电梯
   C. 井架　　　　　　　　　　　　D. 龙门架

8. 目前，我国高层建筑施工中常用的垂直运输设施组合是（　　）。
   A. 塔式起重机＋混凝土泵＋施工电梯
   B. 塔式起重机＋施工电梯
   C. 塔式起重机＋快速提升机＋施工电梯
   D. 塔式起重机＋混凝土泵＋井架式起重机

9. 悬挑式脚手架的搭设高度（或分段搭设高度）一般不宜超过（　　）m。
   A. 20　　　　　　B. 24　　　　　　C. 40　　　　　　D. 50

10. 起重高度高，地面所占的空间较小，可自行升高，安装方便，需要增设附墙支撑，适合用于高层建筑施工的起重机是（　　）。
    A. 爬升式塔式起重机　　　　　　B. 轨道式塔式起重机
    C. 附着式塔式起重机　　　　　　D. 大型龙门架

11. 悬挑式脚手架悬挑梁的材质应为（　　）。
    A. 钢丝绳　　　　　　　　　　　B. 钢管
    C. 圆钢　　　　　　　　　　　　D. 型钢

12. 对于高度在200m以上的超高层建筑施工过程中，可以优先考虑的塔式起重机的类型是（　　）。
    A. 固定式　　　　　　　　　　　B. 轨道式
    C. 附着式　　　　　　　　　　　D. 内爬式

13. 用混凝土泵输送混凝土是完成了混凝土的（　　）。
    A. 水平运输　　　　　　　　　　B. 垂直运输
    C. 水平和垂直运输　　　　　　　D. 均不是

14. 混凝土泵按其工作原理可分为（　　）。
    A. 挤压式混凝土泵、液压活塞式混凝土泵
    B. 固定式混凝土泵、拖式泵、车载泵
    C. 低压混凝土泵、中压混凝土泵、高压混凝土泵
    D. 小型混凝土泵、中型混凝土泵、大型混凝土泵

15. 在悬挑式脚手架中，悬挑梁的固定端应采用不少于（　　）的U形钢筋拉环或锚固螺栓固定。
    A. 1个（对）　　　　　　　　　　B. 2个（对）
    C. 3个（对）　　　　　　　　　　D. 4个（对）

项目 5

高层现浇混凝土结构施工

素养目标：

结合混凝土质量问题的成因分析，培养学生在施工中养成遵守标准、规范的职业习惯，形成爱岗敬业、吃苦耐劳、一丝不苟、精益求精的工匠精神。

知识目标：

1. 了解常用的高层建筑施工用模板的类型、构造。
2. 掌握常用的高层建筑施工用模板的安拆方法。
3. 熟悉粗钢筋连接的工艺特点。
4. 熟悉高层现浇混凝土的制备、运输、浇筑及养护方法。
5. 掌握混凝土结构工程质量检验和质量控制的主要方法。
6. 熟悉高层现浇混凝土结构各分项工程施工中常见的质量、安全问题及验收规范。
7. 了解国内外高层现浇混凝土结构施工中的新技术。

能力目标：

1. 能结合高层建筑的特点和工期要求进行模板的选择。
2. 能根据工程的具体条件，编制高层现浇混凝土结构的施工方案，并进行技术交底。
3. 能够组织高层现浇混凝土结构的施工。
4. 能够参与高层现浇混凝土结构的施工验收。

任务 5.1 模板施工

模板是使新拌混凝土在浇筑过程中保持设计要求的位置尺寸和几何形状，使之硬化成为钢筋混凝土结构或构件的模型，已浇筑的混凝土需要在此模型内养护、硬化、增长强度，形成设计要求的结构或构件。整个模板系统包括模板和支架两个部分，其中支架是指支撑模板，承受模板、构件及施工中各种荷载的作用，并使模板保持设计要求的空间位置的临时结构。

为了保证所浇筑混凝土结构的施工质量和施工安全，模板和支架必须符合下列基本要求：

1)保证结构和构件各部分的形状、尺寸与相互位置的正确性。

2)具有足够的承载能力、刚度和稳定性,能可靠地承受浇筑混凝土的重量、侧压力以及其他施工荷载。

3)构造简单、装拆方便,并便于钢筋的绑扎、安装和混凝土的浇筑、养护。

4)模板应表面平整、接缝严密、不漏浆,并能多次周转使用。

模板按材料分类有木模板、钢模板、胶合板模板、钢框胶合板模板、塑料模板、铝合金模板等;按受力条件分类有承重模板和侧面模板;按结构类型分类有基础模板、柱模板、楼板模板、墙模板、壳模板和烟囱模板等;按使用特点分类有现场装拆式模板、固定式模板、滑动式模板和移动式模板等;按施工工艺分类有组合式模板、大模板、滑升模板、爬升模板、永久性模板以及飞模、模壳、隧道模等。

在我国高层建筑的现浇钢筋混凝土工程施工中,为简化模板安装、拆除,节省模板材料,加快施工速度,使用的模板除了组合式模板以外,也使用一些大型的工具式模板,如大模板、滑升模板、爬升模板等,更有一些工程使用了永久性模板。随着我国建设事业的飞速发展,模板技术已经迅速向工具化、定型化、多样化、体系化方向发展,形成了组合式、工具化、永久化三大系列工业化模板体系。

5.1.1 组合式模板施工

在高层建筑施工中,常用的组合式模板有胶合板模板、钢框胶合板模板和铝合金模板等。

1. 胶合板模板

胶合板模板(图 5-1)用的胶合板有木胶合板和竹胶合板。

(1)木胶合板 木胶合板(图 5-2)是将木段旋切成单板或将木方刨切成薄木,再用胶黏剂胶合而成的三层或多层板状材料,通常是奇数层单板,胶合时应使相邻层单板的纤维方向互相垂直。木胶合板最外层表板的纹理方向平行于板面长向,整张木胶合板的长向为强向,短向为弱向。

图 5-1 胶合板楼板模板

图 5-2 木胶合板

(2)竹胶合板 竹胶合板(图 5-3)由竹席、竹帘、竹片等多种组坯结构,与木单板等其他材料复合而成,专用于混凝土施工。我国竹材资源丰富,且竹材具有生长快、生产周期短(一般 2~3 年成材)的特点,在我国木材资源短缺的情况下,可以竹材为原料制作混凝土模板用竹胶合板。竹材的物理-力学性能好,强度、刚度和硬度都比木材高,而其收缩率、膨胀率和吸水率都低于木材。

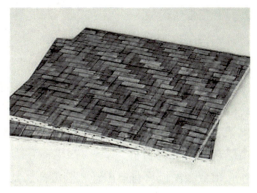

图 5-3 竹胶合板

胶合板模板的优点为:板幅大、自重轻、表面平整光滑、容易脱模;耐磨性强、能多次周转使用、使用寿命较长;保温性能好,冬期施工有助于混凝土的保温;材质轻,施工安装方便;锯截方便,易加工成各种形状;板缝少,能满足清水混凝土施工的要求。

2. 钢框胶合板模板

钢框胶合板模板(图 5-4)是以热轧型钢为钢框架,以覆面胶合板作板面,钢框架与木胶合板或竹胶合板结合使用,并加焊若干钢肋承托面板的一种组合式模板,构造如图 5-5 所示。这种模板采用模数制设计,横竖都可以拼装,具有重量轻、通用性强、面积大、板面平整、模板拼缝少、维修方便等特点;模板面板周转使用次数可达 30~50 次,钢框架周转使用次数可达 100~150 次,每次摊销费用少,经济效果显著;有完整的支撑体系,可适用于墙体、楼板、梁、柱等

图 5-4 钢框胶合板模板实景图

多种结构施工。钢框胶合板模板由标准模板、调节模板、阴角模、阳角模、斜撑、挑架、对拉螺栓、模板夹具、吊钩等组成。

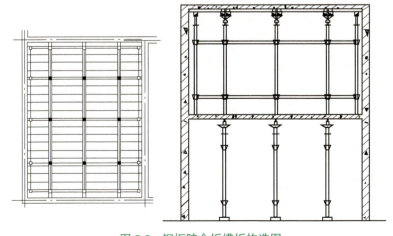

图 5-5 钢框胶合板模板构造图

3. 铝合金模板

铝合金模板又称铝模板（图 5-6），是由铝合金材料在工厂内进行标准化生产加工而成的建筑施工用模板材料。铝合金模板是一种标准化施工构件，一般遵循 50mm 的模数进行设计，由铝合金面板、支架和连接件三部分组成，可按照不同结构尺寸自由组合。

铝合金模板具有自重轻、强度高、加工精度高、单块幅面大、拼缝少、施工方便等特点；模板周转使用次数多、摊销费用低、回收价值高，有较好的综合经济效益；具有应用范围广、成型混凝土表面质量高、产生建筑垃圾少、支撑体系简洁、通用性强等技术优势。铝合金模板符合建筑工业化、环保节能等要求；但也具有安装过程噪声大、热导率高等缺点。

图 5-6 铝合金模板

4. 模板拆除

模板的拆除时间，受新浇筑混凝土的养护时间限制。在混凝土强度满足要求后，应尽快拆模，以加快模板的周转使用，为后续工作创造条件。一般现浇混凝土结构模板的拆除日期，取决于结构的性质、模板的用途和混凝土的硬化速度，工程结构设计中对拆模时混凝土的强度有具体规定。如果未做具体规定，应遵守下列规定：

（1）非承重模板的拆除　非承重模板（如侧板），应在混凝土强度能保证其表面及棱角不因拆除模板而受损坏时，方可拆除。

（2）底模板及支架的拆除　底模板及支架应在与结构同条件养护的试块强度达到设计要求时方能拆除；若设计无具体要求时，混凝土强度应符合表 5-1 的规定。

表 5-1 底模板及支架拆除时的混凝土强度要求

构件类型	构件跨度 /m	达到设计的混凝土立方体抗压强度标准值的百分率（%）
板	≤2	≥50
	>2, ≤8	≥75
	>8	≥100
梁、拱、壳	≤8	≥75
	>8	≥100
悬臂构件	—	≥100

（3）拆模顺序

1）模板及其支架拆除的顺序及安全措施应按施工技术方案执行。拆模顺序一般应是先支后拆，后支先拆；先拆侧模，后拆底模；先拆非承重模板，后拆承重模板。重大复杂模板的拆除，应预先制订拆模方案。

2）拆除框架结构模板的顺序：首先是柱模板，然后是楼板底模板、梁侧模板，最后是梁底模板。拆除跨度较大的梁底模板时，应先从跨中开始，分别拆向两端。

（4）楼层模板支柱的拆除　上层楼板正在浇筑混凝土时，下一层楼板的模板支柱不得拆除，再下一层楼板模板的支柱仅可拆除一部分；跨度4m及4m以上的梁下均应保留支柱，其间距不大于3m。

（5）拆模注意事项

1）在拆除模板的过程中，如发现混凝土有影响结构安全的质量问题时，应暂停拆除。经过处理后无质量问题的，方可继续拆除。

2）已拆除模板及其支架的结构，应在混凝土强度达到设计强度后才允许承受全部的计算荷载。当承受的施工荷载大于计算荷载时，必须经过核算后加设临时支撑。

3）拆模时，操作人员应站在安全处，以免发生安全事故。拆模时尽量不要用力过猛、过急，严禁用大锤和撬棍硬砸硬撬，以避免混凝土表面或模板受到损坏。拆下来的模板及配件要及时运走、整理、堆放，以便再次使用。

5.1.2 工具式模板施工

1. 大模板施工

大模板（图5-7）是一种用于现浇混凝土墙体施工的大型工具式模板，一般是一块墙面用一两块大模板，常用于剪力墙、筒体、桥墩的施工。施工时一般配以相应的起重吊装机械，通过合理的施工组织安排，以机械化施工方式在现场浇筑竖向混凝土结构构件。

（1）大模板的构造　大模板由面板、加劲肋、竖楞、支撑桁架、稳定机构、操作平台、附件等组成（图5-8）。

图5-7　大模板

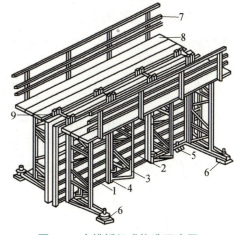

图5-8　大模板组成构造示意图

1—面板　2—水平加劲肋　3—支撑桁架　4—竖楞
5—调整水平度的千斤顶　6—调整垂直度的千斤顶
7—栏杆　8—脚手板　9—固定卡具

1) 面板。面板是直接与混凝土接触的部分,要求表面平整、拼接严密、刚度高,通常采用钢面板或胶合板面板。钢面板由4~6mm厚的钢板制成,胶合板面板厚为12~18mm。

2) 加劲肋。加劲肋的作用是固定面板,阻止其变形并将混凝土传来的侧压力传递到竖楞上,加劲肋可做成水平肋或垂直肋。加劲肋一般采用槽钢,肋的间距根据面板的大小、厚度、构造方式和墙体厚度确定,一般为300~500mm。

3) 竖楞。竖楞是与加劲肋相连接的竖直构件,其作用是加强大模板的整体刚度,保证模板的几何形状,承受加劲肋传来的混凝土侧压力并作为穿墙螺栓的支点。竖楞一般采用槽钢制作,间距一般为1~1.2m。竖楞的安装通常用槽钢成对放置,两槽钢之间留有空隙,用于通过穿墙螺栓。

4) 支撑桁架与稳定机构。支撑桁架用螺栓连接或焊接的方式与竖楞连接在一起,其作用是承受风荷载等水平力,防止大模板倾覆。桁架上部可搭设操作平台。

稳定机构是指在大模板两端支撑桁架的底部伸出的支腿上设置的可调整千斤顶,在模板使用阶段用于调整模板的垂直度,并把作用力传递到地面或楼面上;在模板堆放时,用来调整模板的倾斜度,以保证模板稳定。

5) 操作平台。施工操作平台是施工人员的操作场所,有两种做法:

①将脚手板直接铺在支撑桁架的水平弦杆上形成操作平台,外侧设栏杆。这种操作平台工作面较小,但投资少、装拆方便。

②在两道横墙之间的大模板的边框上用角钢连成格栅,在其上满铺脚手板,优点是施工安全,但耗钢量大。

6) 附件。附件主要包括穿墙螺栓(图5-9)和上口卡子。穿墙螺栓的作用是控制模板间距,承受新浇混凝土的侧压力,并能加强模板刚度。为了避免穿墙螺栓与混凝土黏结,在穿墙螺栓外边套一根硬塑料管,其长度为墙体宽度。穿墙螺栓一般设置在大模板的上、中、下三个部位,上穿墙螺栓距模板顶部250mm左右,下穿墙螺栓距模板底部200mm左右。上口卡子主要用于固定模板上部,控制墙体厚度和承受部分混凝土侧压力。

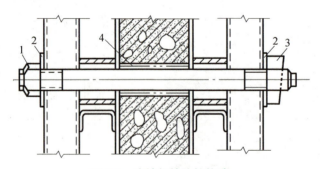

图5-9 穿墙螺栓连接构造

1—穿墙螺栓 2—垫板 3—板销 4—硬塑料管

(2) 大模板的类型 大模板按形状划分有平模、小角模、大角模、筒子模等。

1) 平模。按拼装的方式分类,平模可分为整体式、组合式和装拆式三种形式。

整体式平模的面板多用整块钢板,并将板面、骨架、支撑系统和操作平台等焊接成整体,所以其平整性好。当房间四面墙体都采用整体式平模时,横墙与纵墙混凝土一般分两次浇筑,即在一个流水段范围内,先支横墙模板,浇筑横墙混凝土,待拆模后再支纵墙模板,浇筑纵墙混凝土。由于所有模板接缝均在纵(横)墙交接的阴角处,因此便于接缝处理,减少了修理用工,模板加工量较少,周转次数多,适用性强,模板组装和拆卸方便。但由于纵(横)墙须分开浇筑,故竖向施工缝多,从而影响房屋的整体性。整体式平模通用性差,再加上需用小角模解决纵(横)墙墙角部位模板的拼接处理问题,所以仅适用于大面积的标准化住宅施工。

为了解决纵(横)墙分两次浇筑的问题,可以采用组合式平模。组合式平模是以建筑物常用的轴线尺寸作基数拼制模板,并将面板、骨架、支撑系统、操作平台四部分用螺栓连接,通过固定于大模板板面的角模把纵(横)墙的模板组装在一起,可以同时浇筑纵(横)墙的混凝土。为适应不同开间、进深尺寸的需要,组合式平模可利用模数加以调整,既方便施工,又方便运输和堆放。

为了解决通用性差的缺点,可以采用装拆式平模。装拆式平模不仅将支撑系统、操作平台和竖肋用螺栓连接,而且板面与钢边框、横肋、竖肋之间也用螺栓连接,它比组合式大模板更便于拆改,灵活性更大,也可减少因焊接而产生的模板变形。

2)小角模。小角模是为适应纵(横)墙一起浇筑而在纵(横)墙相交处附加的一种模板,它设置在平模的转角处。小角模与平模之间应有一定的伸缩量,用以调节不同墙厚和安装偏差,同时也便于装拆。图 5-10 所示为小角模的两种做法,图 5-10a 是将扁钢焊在角钢内侧,拆模后会出现凸出墙面的一条棱,要及时处理;图 5-10b 是将扁钢焊在角钢外侧,拆模后会在墙面上留下扁钢的凹槽,清理后用腻子刮平。小角模使纵(横)墙可以一起浇筑混凝土,模板整体性好,组拆方便,墙面平整;但墙面接缝多,修理工作量大,模板加工精度要求也比较高。

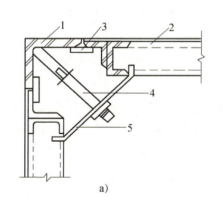 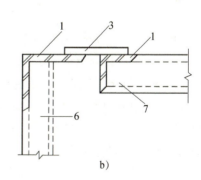

图 5-10 小角模的两种做法

a)扁钢焊在角钢内侧 b)扁钢焊在角钢外侧

1—小角模 2—平模 3—扁钢 4—转动拉杆 5—压板 6—横墙平模 7—纵墙平模

3)大角模。大角模是由大合页连接起来的两块平模组成的,如图 5-11 所示。

采用大角模时,一个房间的模板由四块大角模组成,模板接缝在每面墙的中部,房间的纵(横)墙体混凝土可以同时浇筑,故房屋整体性好。大角模本身稳定性好,但装拆较麻烦,且墙面中间有接缝，较难处理，因此现在已较少使用。

4）筒子模。筒子模由平模、角模等组成（图5-12），施工时将一个房间的三面或四面现浇墙体的大模板通过挂轴悬挂在同一个钢架上，墙角用小角模封闭，形成一个筒形单元体。

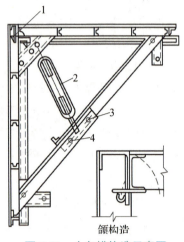

图5-11 大角模构造示意图

1—合页 2—花篮螺栓 3—固定销
4—活动销

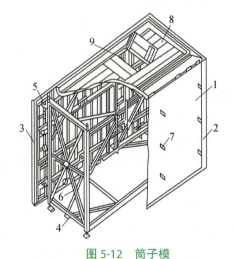

图5-12 筒子模

1—模板 2—内角模 3—外角模 4—钢架 5—挂轴
6—支杆 7—穿墙螺栓 8—操作平台 9—出入孔

筒子模的平模采用大型钢模板或钢框胶合板模板拼装而成；所用的角模有固定角模和活动角模两种形式，固定角模即为一般的阴角钢模板，活动角模是一种铰链角模。

采用筒子模时，由于模板的稳定性好，纵（横）墙体混凝土同时浇筑，故结构整体性好，施工简单，减少了模板的吊装次数，操作安全，劳动条件好；缺点是筒子模自重大，需要起重机吊运，加工精度要求高，灵活性差，多用于电梯井和管道井等尺寸较小的筒形构件的内模支设。

（3）大模板的施工　大模板工程的施工工艺流程：抄平放线→墙体扎筋→模板安装→混凝土的浇筑与养护→模板的拆除及维修保养。

混凝土浇筑时为防止"烂根"，确保新浇混凝土与下层混凝土结合良好，宜先浇一层5~10cm厚与原混凝土成分相同的砂浆。墙体混凝土应分层浇筑，每层厚度不应超过1m。浇筑门窗洞口两侧混凝土时，应由门窗洞口正上方下料，两侧同时浇筑，浇筑高度应一致，以防门窗洞口模板移动。边柱和角柱因断面小、钢筋密，浇筑时应十分小心，振捣时要时刻防止外墙面变形。

在常温条件下，墙体混凝土强度超过 $1.2N/mm^2$ 时方准拆模。拆模顺序为先拆内纵墙模板，再拆横墙模板，最后拆除角模和门洞口模板。单片模板拆除顺序：拆除穿墙螺栓、拉杆及上口卡子→升起模板底脚螺栓→升起支撑架底脚螺栓→模板自动倾斜脱离墙面并将模板吊起。拆模时必须先用撬棍轻轻地将模板移出20~30mm，然后用塔式起重机吊出。吊拆大模板时，应严防撞击外墙挂板和混凝土墙体，因此吊拆大模板时要注意使吊钩位置偏向移出模板的方向。模板拆除后应及时清理，涂刷隔离剂。

2. 滑升模板施工

滑升模板（图5-13）是一种随着混凝土的浇筑而沿结构或构件表面向上垂直移动的工具式模板。施工时在建筑物或构筑物的底部，按照建筑物或构筑物平面，沿其结构周边安装高1.2m左右的模板和操作平台，随着向模板内不断分层浇筑混凝土，利用液压提升设备不断使模板向上滑升，使结构连续成型，逐步完成建筑物或构筑物的混凝土浇筑工作。滑升模板适用于现场浇筑高耸的圆形结构、矩形结构、筒壁结构，也可用于现浇框架、剪力墙、筒体结构等高层建筑的施工。

图5-13 滑升模板

滑升模板的工作原理是以预先竖立在建筑物内的圆钢杆为支撑，利用千斤顶的力量将安装在提升架上的竖向设置的模板逐渐向上滑升，其动作犹如体育锻炼中的爬竿运动。由于这种模板是相对设置的，模板与模板之间形成墙槽或柱槽，当浇筑混凝土时，两侧模板就借助于千斤顶的动力向上滑升，使混凝土在凝结过程中徐徐脱去模板。

滑升模板施工可以将外装饰与结构施工结合起来，上面用滑升模板浇筑墙体，下面紧跟着在脚手架上进行外装饰施工，大大加快了施工速度。

滑升模板施工时模板是整体提升的，一般不宜在空中重新组装或改装模板和操作平台；同时，要求模板提升有一定的连续性，混凝土浇筑具有一定的均衡性，不宜有过多的停歇。为此，滑升模板施工对设计有一定的要求。比如，建筑的平面布置和立面处理，在不影响设计效果和使用的前提下，应力求做到简洁、整齐；在结构构件布置方面，应使构件竖向的投影重合，有碍模板滑升的局部突出结构要尽量避免出现。

（1）滑升模板的优点

1）机械化程度高。滑升模板施工的整个过程只需要进行一次模板组装，整套滑升模板装置均利用机械提升，从而减轻了劳动强度，实现了机械化操作。

2）结构整体性好。滑升模板施工中，混凝土分层连续浇筑，各层之间可不形成施工缝，因而结构整体性好。

3）施工速度快。模板组装一次成型，减少了模板装拆工序，且连续作业，竖向结构施工速度快。如果合理选择横向结构的施工工艺与其配套，进行交叉作业，可以缩短施工周期。

4）节约模板和劳动力。滑升模板的施工装置预先在地面上组装，施工中一般不再变化，不但可以节约模板，同时极大地减少了装拆模板的劳动力，且浇筑混凝土方便，改善了操作条件，因而有利于安全施工。

（2）滑升模板的缺点

1）施工组织要求高。由于滑升模板必须连续作业，否则会造成滑升困难、成本增加，因此对施工组织要求比较高，材料和劳动力计划安排必须周密，要有科学的管理制度和熟练的专业队伍，才能保证施工的顺利进行。

2）结构体形适应性差。采用滑升模板施工，模板装置一次性投资较多，对结构物立面造型有一定限制，结构收分会大大降低滑升模板系统的工作效率。而为了降低造价，超高层建筑在设计时又多采用收分技术，造成剪力墙断面尺寸变化多、变幅大，因此限制了滑升模板的应用。

3）混凝土结构表面质量控制难度大。为了降低滑升阻力，滑升模板作业往往在混凝土结构强度比较低的情况下就开始了，这样常会拉裂混凝土表面，影响结构质量和观感。而且这种损伤不易被及时发现，发现后也难以修复，因此往往成为质量隐患。

4）垂直度控制比较困难。为了降低成本，滑升模板系统的支撑杆断面都比较小，滑升模板系统的整体刚度不强，在滑升过程中容易发生偏位。而且，由于模板、脚手架连为一体，一旦出现垂直偏差，纠正将十分困难，因此结构的垂直度较难保证。

（3）滑升模板的构造与组成　滑升模板装置主要包括模板系统、操作平台系统、液压提升系统三部分，如图 5-14 所示。

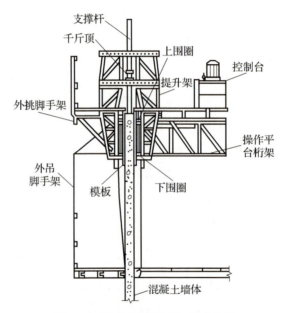

图 5-14　滑升模板装置组成示意图

1）模板系统。模板系统主要包括模板、围圈、提升架等基本构件，在施工中主要承受混凝土的侧压力、冲击力和滑升时的摩擦阻力，以及模板滑空、纠偏等产生的附加荷载。

①模板。模板用于成型混凝土，可用钢材、木材或钢木组合材料以及其他材料制成。

根据工程的需要，模板可分为内模板、外模板、圆柱模板和插板。相邻两块模板之间可用螺栓或 U 形卡件连接。要求模板形状尺寸准确、表面光滑，不发生扭曲变形，以保证滑出的混凝土表面平整、匀称。模板的高度与混凝土达到出模强度所需的时间和模板的滑升速度有关。如果模板高度不够，混凝土脱模过早，会造成混凝土的坍塌；反之，模板高度过高，会增加摩擦阻力，影响滑升。内模板高度多为 900mm，外模板高度多为 1200mm。为方便施工，保证施工安全，外墙外模板的上端可比内模板高出 150~200mm。为了减少滑升时模板与混凝土之间的摩擦阻力，便于脱模，模板组装后，要求上口小下口大，形成一定的倾斜度，单面模板的倾斜度为 0.2%~0.5%，以便于模板滑升，并以 1/2 模板高度处的模板间净距值作为结构截面的设计厚度。

②围圈。围圈又称围檩，其主要作用是固定模板位置，使模板保持组装的平面形状，并将模板与提升架连接成一个整体，承受由模板传递来的水平与垂直荷载，并将其传递到提升架、千斤顶和支撑杆上。围圈分上下两层，沿模板外侧横向布置，用以将模板与提升架连成整体。为了减少模板的支撑跨度，围圈一般不设在模板的上下两端，其合理的位置应使模板在受力时产生的变形最小。对高度为 1~1.2m 的钢模板，上下围圈的间距可取 500~700mm。上围圈距模板上口不大于 200mm，以保证模板上口的刚度；下围圈距模板下口可稍大一些，使模板下部有一定柔性，便于混凝土脱模，但也不宜大于 300mm。围圈必须形成封闭，在转角处做成刚性角，使之具有足够的刚度，以保证模板几何形状与尺寸准确，防止提升过程中产生较大的变形。围圈接头处的刚度不应小于围圈本身的刚度，上下围圈的接头不应设置在同一截面上。对于框架结构，当千斤顶集中布置在柱上，提升架之间的跨度较大时，为加强围圈在垂直方向上的刚度，可将上下围圈用腹杆连成整体，形成桁架围圈。当操作平台直接支撑在围圈上时，上下围圈还必须用托架加固，以承受平台荷载。高层建筑滑升模板施工多采用平行桁架式围圈。

③提升架。提升架又称千斤顶架，其作用主要是控制模板和围圈由于混凝土侧压力和冲击力产生的向外变形，同时承受作用在整个模板和操作平台上的全部荷载，并将荷载传给千斤顶。提升架还是安装千斤顶，连接模板、围圈以及操作平台形成整体结构的主要构件。提升架的构造形式，在满足以上作用要求的前提下，结合建筑物的结构形式和提升架的安装部位，可以采用不同的形式，如单横梁"П"形架和双横梁"开"形架等。图 5-15 为不同结构部位提升架构造示意图。

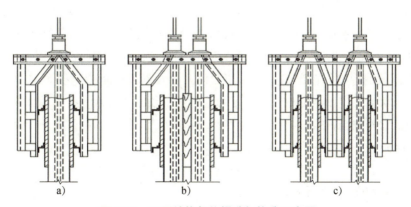

图 5-15 不同结构部位提升架构造示意图
a）单墙体 b）伸缩缝处墙体 c）转角处墙体

2）操作平台系统。操作平台系统（图 5-16）主要包括操作平台、外挑三脚支架、内（外）吊脚手架以及某些增设的辅助平台，以供材料、工具、设备的堆放。

①操作平台。滑升模板的操作平台即工作平台，既是绑扎钢筋、浇筑混凝土、提升模板、安装预埋件等工作的场所，也是钢筋、混凝土、预埋件等材料和千斤顶、振捣器等小型备用机

具的暂时存放场地。液压提升系统一般布置在操作平台的中央部位，有时还利用操作平台架设垂直运输设备，也可利用操作平台作为现浇混凝土顶盖的模板。操作平台应有足够的强度和刚度，以便能控制平台水平上升。

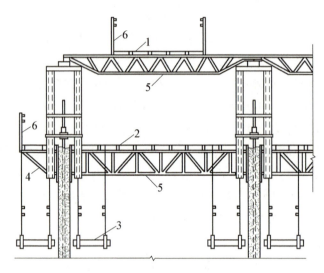

图 5-16　操作平台系统示意图

1—辅助平台　2—主操作平台　3—内（外）吊脚手架　4—外挑三脚支架　5—承重桁架　6—防护栏杆

②内（外）吊脚手架。内（外）吊脚手架主要用于检查混凝土的质量、表面装饰以及模板的检修和拆卸等工作。内（外）吊脚手架主要由吊杆、横梁、脚手板、防护栏杆等构件组成。外吊脚手架挂在提升架和外挑三脚架上，内吊脚手架挂在提升架和操作平台上。内（外）吊脚手架的吊杆可用圆钢、扁钢或角钢，也可用柔性链条。采用柔性链条的优点是可以在组装模板时一次装上，不需要滑到一定高度后再安装。内（外）吊脚手架根据需要可设一层或数层，为保证安全，每根吊杆必须安装双螺母予以锁紧，其外侧应设防护栏杆，并满挂安全网。

3）液压提升系统。液压提升系统包括液压千斤顶、支撑杆、液压控制系统和液压管路等，既是滑升模板系统的重要组成部分，也是整套滑升模板施工装置中的提升动力和荷载传递系统。液压提升系统的工作原理是由电动机带动高压液压泵，将压力液压油通过电磁换向阀、分油器、截止阀及管路输送到液压千斤顶，液压千斤顶在液压作用下带动滑升模板和操作平台沿着支撑杆向上爬升。

①液压千斤顶。滑升模板施工所用的液压千斤顶为专用的穿心式千斤顶，按其卡头形式的不同可分为钢珠式和楔块式两种形式。

②支撑杆。支撑杆又称爬杆，它既是千斤顶向上爬升的轨道，又是滑升模板的承重支柱，承受施工过程中的全部荷载。支撑杆的直径要与所选的千斤顶相匹配，支撑杆的长度一般为3~5m，当支撑杆接长时，其相邻的接头要互相错开，使同一断面上的接头根数不超过总根数的25%，避免接长支撑杆的工作量过于集中和在同一截面处支撑杆的接头过多而影响支撑杆的强度与稳定性。一般从最下端支撑杆开始，至少应做成4种不同的长度用于接长，长度以500mm为一档，随着施工的进行，可以用同一长度的支撑杆接长。支撑杆的接长方法有以下两种：

在千斤顶下面接长。在支撑杆顶端滑过千斤顶上的卡头后，从千斤顶上部将接长支撑杆插入千斤顶，使新插入的支撑杆顶实原有支撑杆的顶面；待支撑杆接头从千斤顶下面滑出后，立即将接头四周焊接固定。这种方法虽然可以减少支撑杆接头的加工量，但现场焊接量较大。

在千斤顶上面接长。接长的方法有榫接、焊接和螺纹连接三种，如图 5-17 所示。其中，榫接受力性能差、加工要求高，一般不宜使用；焊接要求对接头进行加工，焊接量大，焊接后的焊缝还要磨平，比较麻烦；螺纹连接操作方便、安全可靠、效果好，但要用管钳扭紧。

③液压控制系统。液压控制系统是提升系统的心脏，主要由能量转换装置（电动机、高压齿轮泵等）、能量控制和调节装置（电磁换向阀、调压阀、针形阀、分油器等）以及辅助装置（压力表、滤液器、液压管、管接头等）三部分组成。

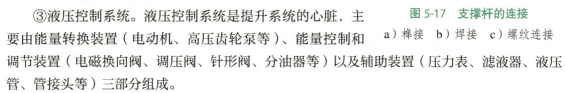

图 5-17 支撑杆的连接
a）榫接 b）焊接 c）螺纹连接

（4）滑升模板的施工　滑升模板的施工由模板的组装、钢筋绑扎和预埋件埋设、门窗等孔洞的留设、混凝土浇捣、模板的滑升等几个部分组成。

1）模板的组装。滑升模板的组装工作应在建筑物的基础顶板或楼板混凝土浇筑完成并达到一定强度后进行。组装前必须将基础回填平整，按图纸设计要求，在组装现场弹出建筑物各部位的中心线及模板、围圈、提升架等构件的位置线。对各种模板部件、设备等进行检查，核对数量、规格以备使用。模板的组装顺序：

①搭设临时组装平台，安装垂直运输设施。

②安装提升架。

③安装围圈，调整倾斜度。

④绑扎竖向钢筋和提升架横梁以下的水平钢筋，安设预埋件及预留孔洞的胎模，对工具式支撑杆套管的下端进行包扎。

⑤安装模板时，宜先安装角模板，后安装其他模板。

⑥安装操作平台的桁架、支撑、平台铺板和防护栏杆等。

⑦安装液压提升系统、垂直运输系统及水、电、通信、信号、精度控制和观察等设施设备，并分别进行编号、检查和试验。

⑧在液压提升系统试验合格后，插入支撑杆。

⑨安装内（外）吊脚手架并挂安全网；在地面或横向结构面上组装滑升模板时，应待模板滑升至适当高度后，再安装内（外）吊脚手架。

2）钢筋绑扎和预埋件埋设。钢筋绑扎一般在组装模板之前完成。水平钢筋第一次只能绑至和模板相同的高度，以上部分待滑升开始后在千斤顶支架横梁以下和模板上口之间的空隙内绑扎。竖向钢筋绑扎时，应在提升架上部设置钢筋定位架，以保证钢筋位置正确。

预埋件的留设位置与型号必须准确。可在滑升模板施工前，绘制出各层预埋件平面图，详细注明预埋件的标高、位置、型号及数量,以便施工中逐层留设,防止遗漏。预埋件的固定,既可将其直接焊接在结构钢筋上,也可采取用短钢筋将预埋件与结构钢筋焊接或绑扎等方法连接固定,但不得突出模板表面。预埋件位置偏差不应大于 20mm,模板滑出预埋件位置后应及时清理表面,使其外露。

3)门窗等孔洞的留设。

①框模法。留设门窗等孔洞一般采用框模法,如图 5-18a 所示。施工时预先用钢材或木材制成门窗洞口的框模板,框模板的尺寸宜比设计尺寸大 20~30mm,厚度应比模板上口尺寸小 10mm。然后按设计要求的位置和标高安装,安装时应将框模板与结构钢筋连接固定,以免变形、移位。也可将门窗框作为框模板(图 5-18b),但需在两侧边框上加设挡条,当模板滑升后,挡条可拆下周转使用。挡条可用钢材和木材制成工具式,用螺钉和门窗框连接。

②堵头模板法(又称插板法)。当预留孔洞尺寸较大或孔洞处不设门框时,可在孔洞两侧的内外模板之间设置堵头模板,并通过活动角钢与内外模板连接,与模板一起滑升,如图 5-18c 所示。

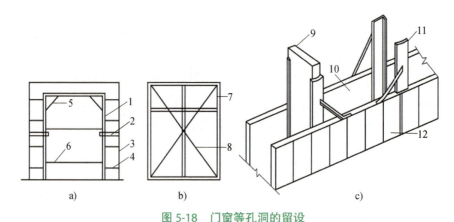

图 5-18 门窗等孔洞的留设

a)框模法 b)门窗框作为框模板 c)堵头模板法
1—框模板 2—$\phi25$ 螺栓 3—结构主筋 4—$\phi16$ 钢筋 5—角撑 6—水平撑 7—门窗框
8—临时支撑 9—堵头模板 10—门窗洞口 11—导轨 12—滑升模板

③孔洞胎模法。孔洞胎模可用钢材、木材及聚苯乙烯泡沫塑料等材料制成。对于较小的预留孔洞及接线盒等,可预先按孔洞的具体形状制作空心或实心的孔洞胎模,尺寸应比设计要求大 50~100mm,厚度至少应比内外模板上口小 10~20mm。为便于模板滑过后取出胎模,胎模四边应稍有倾斜。

4)混凝土浇捣。滑升模板施工所用混凝土的配合比,除必须满足设计强度要求外,还应满足滑升模板施工的工艺要求。根据施工经验,滑升模板混凝土宜采用半干硬或低流动性混凝土,要求和易性好,不易产生离析、泌水现象,坍落度应控制在 30~50mm,施工中如果出现因混凝土凝结硬化速度慢而降低滑升速度的情况,可掺入一定数量的早强剂或速凝剂等外加剂,具体掺量应根据气温、水泥品种及强度等级经试验确定。

5)模板的滑升。模板的滑升可分为初滑、正常滑升、末滑三个主要阶段。

①初滑阶段,是指模板滑升开始时进行的初次模板提升阶段。模板初滑时,混凝土的自重必须能克服模板与混凝土之间的滑升摩擦阻力,否则混凝土可能会被模板带起。一般可在混凝土浇筑至600~700mm高度后,且第一层混凝土的强度达到0.2~4MPa时进行初滑。初滑前须先进行试滑,此时应将全部的千斤顶同时缓慢、平稳地升起50~100mm,观察混凝土有无塌落现象,同时用手指按压出模的混凝土,如有轻微指印且不黏手,同时滑升过程中有"沙沙"声,说明可以开始滑升;如有塌落或指印很深的情况,暂不能滑升,可继续浇筑混凝土,等待合适的滑升时机。

当模板滑升至200~300mm高度后,应稍作停歇,在对所有的提升设备和模板系统进行全面检查、调整后,方可转入正常滑升。

②正常滑升阶段。模板初滑成功后即可进入正常滑升阶段。在这个阶段内,混凝土的浇筑、钢筋绑扎、模板滑升等工序之间相互交替进行,应紧密衔接以保证施工顺利进行。

正常滑升阶段可以连续一次提升一个浇筑层高度,等混凝土浇筑至该浇筑层模板顶面时再提升一个浇筑层高度,也可以随升随浇。模板的滑升速度,取决于混凝土的凝结时间、劳动力的配备、垂直运输的能力、浇筑混凝土的速度以及气温等因素。在正常气温条件下,滑升速度一般控制在150~300mm/h,两次滑升的间隔停歇时间一般不宜超过1.5h。在气温较高的情况下应增加1~2次的中间提升,中间提升的高度为1~2个千斤顶行程,主要是为了防止混凝土与模板黏结。

滑升速度必须满足设计要求,滑升过程中应随时检查模板、支撑杆、液压泵、千斤顶等的情况,如有异常,应及时加以调整、修理或加固。

③末滑阶段,是指模板升至距建筑物顶部标高1m左右之后的滑升过程。此时,应放慢滑升速度,进行准确的抄平和找正工作。整个抄平和找正工作应在模板滑升至距离顶部标高20mm以前做好,以便使最后一层混凝土能均匀交圈。混凝土浇筑结束后,模板应能继续滑升,直至与混凝土脱离为止。

如因施工需要、气候或其他原因不能连续滑升时,应采取如下可靠的停滑措施:停滑时混凝土应浇筑到同一水平面上;混凝土浇筑完毕以后,模板应每隔0.5~1h整体提升一次,每次提升30~60mm,如此连续进行4h以上,直至混凝土与模板不会黏结为止,但模板的最大滑空量不得大于模板高度的1/2;在继续施工时,应对液压系统进行全面检查;对于因停滑造成的水平施工缝,应认真进行处理,以保证继续浇筑的混凝土与已硬结混凝土的黏结质量。

6)模板的拆除。滑升模板的拆除应制订可靠的方案,拆除前要进行技术交底,确保操作安全。提升系统的拆除可在操作平台上进行,千斤顶留待与模板系统同时拆除。拆除过程中,要严格按照拆除方案进行,必须保证模板系统的总体稳定和局部稳定,防止模板系统整体或局部倾倒、坍落。滑升模板拆除后,应对各部件进行检查、维修,并妥善存放保管,以备使用。

7)混凝土表面修整。滑升模板施工在混凝土出模后,应立即进行混凝土表面的修整工作,这是关系到结构质量和墙面外观效果的重要工序。表面有蜂窝、麻面或较小的裂缝时,应立即清除松动的混凝土,并用同一配合比的砂浆进行修补、抹平。当出现较大的裂缝、孔洞等情况时,也应先清除掉松动不实的混凝土,再用比原强度等级高一级的细石混凝土填补并仔细捣实、抹平。脱模后的混凝土应及时进行养护。

（5）采用滑升模板施工时楼板的施工　用滑升模板浇筑墙体时，现浇楼板的施工方法有三种：

1）先滑墙体楼板降模法。该方法是指当墙体连续滑升到顶或滑升至 8~10 层高度后，将预先在底层按每个房间组装好的模板，用提升机具提升到要求的高度，再通过吊杆、钢丝绳等悬吊于建筑物承重构件上，在其上浇筑楼板混凝土。当该层楼板的混凝土达到拆模强度要求时（不得低于 15MPa），可将模板降至下一层楼板的位置进行下一层楼板的施工。如此，由上而下降下模板，逐层浇筑楼板，直到完成全部楼板的施工，降至底层为止。

2）逐层空滑楼板并进法。该方法又称滑一浇一逐层支模法，施工时当每层墙体混凝土用滑升模板浇筑至上一层楼板底标高后，停止浇筑混凝土，将滑升模板继续向上空滑至模板下口，与已浇筑墙体顶部脱空一定高度（脱空高度一般比楼板厚度多 50~100mm），然后吊除操作平台的活动平台板，提供工作空间进行现浇楼板的支模、绑扎钢筋和浇筑混凝土作业，然后再继续向上滑升模板，如此逐层进行。施工时模板的脱空范围主要取决于楼板的配筋情况，如楼板为横墙承重的单向板，则只需将横墙及部分内纵墙的模板脱空，外纵墙的模板则不必脱空。这样，当横墙与内纵墙的混凝土停浇后，外纵墙应继续浇筑，使外纵墙的滑升模板内有一定高度的混凝土，这有利于整个模板体系保持稳定。采用这种方法施工增强了建筑物的整体性和刚度，有利于提高高层建筑的抗震和抗水平力的能力，不存在施工过程中墙体的失稳问题；但在模板空滑时易将墙顶部混凝土拉松，使滑升模板施工速度放慢。

3）先滑墙体楼板跟进法。该方法是指当墙体连续滑动数层后，即可自下而上地进行逐层楼板的施工，即利用滑升模板连续进行墙体浇筑，先在楼板标高处的墙体上预留插入钢筋的孔洞，然后每间隔 3~5 层从底层开始自下而上地逐层支设模板、绑扎钢筋和浇筑楼板混凝土。

（6）滑框倒模施工　滑框倒模施工工艺是在滑升模板施工工艺的基础上发展而成的。这种方法兼有滑升模板和倒模的优点，因此易于保证工程质量。但由于操作上多了模板拆除上运的过程，人工消耗大，施工速度略低于滑升模板施工。

滑框倒模装置的提升设备和模板系统与一般的滑升模板基本相同，如图 5-19 所示。

滑框倒模的模板不与围圈直接挂钩，模板与围圈之间增设竖向滑道，模板与围圈之间通过竖向滑道连接，滑道固定于围圈内侧，可随围圈滑升。滑道的作用相当于模板的支撑系统，既能抵抗混凝土的侧压力，又可约束模板位移，且便于模板的安装。

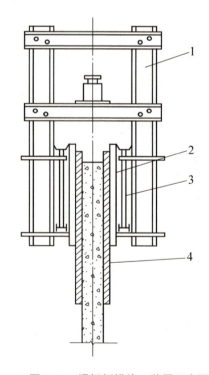

图 5-19　滑框倒模施工装置示意图
1—提升架　2—竖向滑道　3—围圈　4—模板

模板在施工时与混凝土之间不产生滑动，而与滑道之间相对滑动，即只滑框，不滑模。当滑道随围圈滑升时，模板附着于新浇筑的混凝土表面留在原位；待滑道滑升一层模板高度后，即可拆除最下一层模板，清理后倒至上层使用（图5-20）。

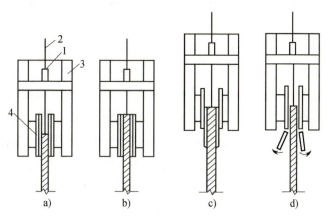

图5-20　滑框倒模施工示意图

a）插模板　b）浇混凝土　c）提升　d）拆除模板倒至上层使用
1—千斤顶　2—支撑杆　3—提升架　4—竖向滑道

采用滑框倒模工艺施工高层建筑时，其楼板等横向结构的施工以及水平度、垂直度的控制，与滑升模板工程基本相同。

滑框倒模工艺与滑升模板工艺的根本区别在于把滑模时模板与混凝土之间的滑动，变为滑道与模板之间的滑动，而模板附着于新浇筑的混凝土表面无滑动。因此，模板由滑动脱模变为拆倒脱模。与之相应的，滑升阻力也由滑升模板施工时模板与混凝土之间的摩擦阻力变为滑框倒模与滑道之间的摩擦阻力，该摩擦阻力远小于滑升模板工艺的摩擦阻力，可减少提升设备。另外，滑框倒模工艺无须考虑混凝土硬化时间不足造成的混凝土黏模、拉裂等现象，给施工创造了很多便利条件。当发生意外情况时，可在任何部位停滑，无须考虑滑升模板工艺所采取的停滑措施；同时，也有利于插入梁板施工。

3. 爬升模板施工

爬升模板由模板、爬架（有的爬升模板没有爬架）和爬升设备三部分组成，适合于施工剪力墙体系、筒体体系和桥墩等高耸结构。

爬升模板施工时模板不需拆装，模板可整体自行爬升，是综合了大模板与滑升模板工艺特点的一种成套模板技术。它与滑升模板一样，在结构施工阶段依附在建筑竖向结构上，随着结构施工而逐层上升。爬升模板施工工艺具有以下特点：

1）爬升模板施工时，模板的爬升依靠自身系统设备，不需塔式起重机或其他垂直运输机械，减少了起重机吊运工程量。

2）爬升模板施工时，模板是逐层分块安装的，其垂直度和平整度易于调整和控制，可避免施工误差的积累，施工精度较高。

3）爬升模板施工中模板不占用施工场地，特别适用于狭小场地上高层建筑的施工。

4）在模板上悬挂脚手架可省去施工过程中的外脚手架，并且能够提升施工的安全性。

5）对于一片墙的模板无拆装作业，可以整体爬升，具有滑升模板的特点；一次可以爬升一个楼层的高度，可一次浇筑一层楼的墙体混凝土，又具有大模板的优点。

6）施工过程中，模板与爬架的爬升、安装、校正等工序与楼层施工的其他工序可平行作业，有利于缩短工期。

爬升模板的不足是无法实行分段流水施工，模板的周转率低，因此模板配制量要大于大模板施工。按施工工艺不同，爬升模板施工有模板与爬架互爬、爬架与爬架互爬和模板与模板互爬三种工艺，但无论哪一种工艺，其提升动力的构造虽有变化，但基本原理都是利用构件之间的相对运动，即交替爬升来实现的。下面以液压爬升模板为例来介绍爬升模板的施工工艺。

液压爬升模板施工工艺是液压工程技术、自动控制技术与爬升模板工艺相结合的产物，爬升模板的爬升运动是通过液压缸对导轨和爬架的交替作用来实现的，导轨和爬架之间可进行相对运动。在爬架处于工作状态时，导轨和爬架都支撑在预埋件支座上，两者之间无相对运动。退模后在预埋的爬锥上安装受力螺栓、挂座体及预埋件支座，调整上下棘爪的方向使导轨运动，待导轨提升到新安装的预埋件支座上后，操作人员转到下层平台拆除导轨提升后露出的位于下层平台处的预埋件支座、爬锥等。在解除爬架上的所有拉结之后就可以开始爬升架体及模板，这时导轨保持不动，调整上下棘爪的方向后起动液压缸，爬架就相对于导轨运动。通过导轨和爬架的交替运动，互相提升，爬架沿着墙体逐层向上爬升。

4. 早拆模板施工

按照常规的支模方法，由于混凝土需达到规定强度后才允许拆模，模板配置量需是3~4个楼层的数量，一次投入量较大。早拆模板体系通过合理的设计，将较大跨度的楼盖，通过增加支撑点的方式缩小楼盖的跨度（≤2m），使得混凝土达到设计强度的50%时即可拆模，即早拆模板、后拆支柱，达到加快模板的周转，减少模板一次配置量的目的，有很好的经济效益。

早拆模板体系包括模板系统和支撑系统两部分。其中，模板系统由模板块、托梁、升降头等组成，如图5-21所示；支撑系统由支柱、水平支撑、斜撑等组成，如图5-22所示。

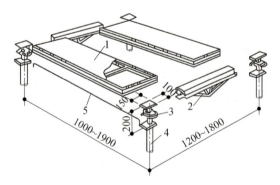

图5-21 早拆模板体系的模板系统
1—模板块 2—托梁 3—升降头
4—可调支柱 5—跨度定位杆

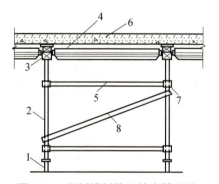

图5-22 早拆模板体系的支撑系统
1—底脚螺栓 2—支柱 3—早拆柱头
4—主梁 5—水平支撑 6—现浇楼板
7—梅花接头 8—斜撑

早拆模板体系的关键技术是在支柱上加装早拆柱头。常用的早拆柱头形式有螺旋式、斜面自锁式、组装式和支撑销板式（图 5-23～图 5-26），下面以支撑销板式早拆模板体系为例来进行介绍。

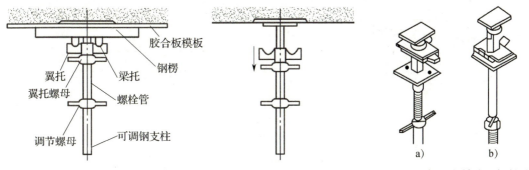

图 5-23　螺旋式早拆柱头

图 5-24　斜面自锁式早拆柱头
a）使用状态　b）降落状态

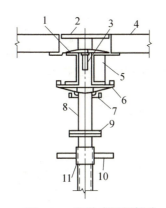

图 5-25　组装式早拆柱头

1—板托架　2—柱顶板　3—高度调节插销　4—模板
5—钢管或型钢或矩形方木　6—梁柱架　7—高度调节插销
8—立柱　9—连接件　10—高度调节螺杆
11—插卡型支撑体系或可调支撑体系

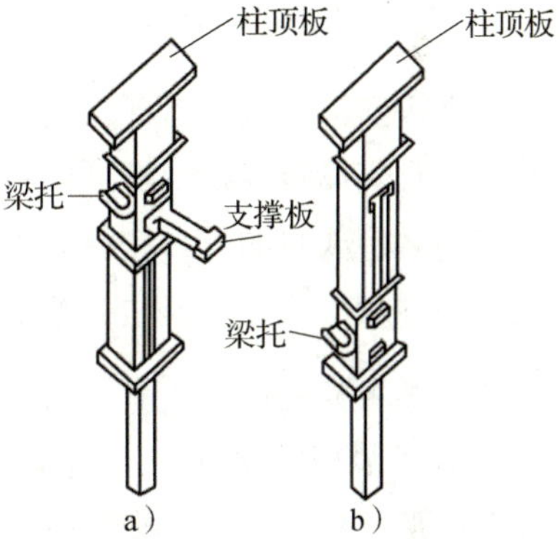

图 5-26　支撑销板式早拆柱头
a）升起的梁托　b）落下的梁托

支撑销板式早拆模板体系中的柱顶板（50mm×150mm）可直接与混凝土接触，两侧梁托可挂住梁头，梁托附着在方形管上，方形管可上下移动115mm。方形管在上方时，可通过支撑板锁住，用锤敲击支撑板，则梁托随方形管落下。当梁的两端梁头挂在柱头的梁托上时，将梁支起，即可自锁而不脱落。可调支座插入支柱的下端，与地面（楼面）接触，用于调节支柱的高度，可调范围为 0~50mm。

安装时先立两根支柱，套上早拆柱头和可调支座，加上一根主梁架起一个门架，然后再架起另一个门架，用水平支撑临时固定；依次把周围的梁和支柱架起来，再调整支柱高度和垂直度，并锁紧接头，最后在模板主梁之间铺放模板即可。

由于早拆柱头的构造不同，拆模方式也不同，但总体思路是使支托楼板模板的梁托下落，使楼板模板随之下落后拆除，而支柱仍留在原位支撑楼板；待楼板混凝土强度达到设计要求后，再拆除全部支柱。早拆模板拆模原理如图 5-27 所示。

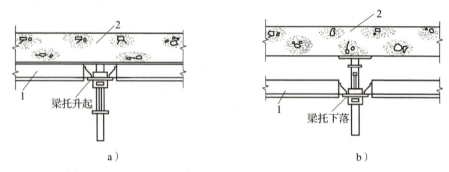

图 5-27 早拆模板拆模原理
a）支模 b）拆模
1—模板主梁 2—现浇楼板

5.1.3 永久性模板施工

永久性模板又称一次性消耗模板，是指为现浇混凝土结构专门设计并加工预制的某种特殊型材或构件，它们具有混凝土模板应具有的全部功能，在现浇混凝土结构浇筑后不再拆除，模板与现浇结构叠合成共同受力构件。永久性模板分为预制混凝土薄板和压型钢板两种形式，多用于现浇钢筋混凝土楼（屋）面板施工。

1. 预制混凝土薄板

预制混凝土薄板的功能：一是作为底模板；二是作为楼板配筋；三是提供光滑平整的底面，可不做抹灰，直接喷浆。施工时，薄板安装在墙或梁上，下设临时支撑；然后在薄板上浇筑混凝土叠合层，形成叠合楼板。

根据配筋的不同，预制混凝土薄板可分为三类：第一类是预应力混凝土薄板，第二类是双钢筋混凝土薄板，第三类是冷轧扭钢筋混凝土薄板。

预制混凝土薄板的优点是可节省模板、便于施工、缩短工期，整体性与连续性好、抗震能力强并可减少楼板总厚度。预制混凝土叠合楼板如图 5-28 所示。

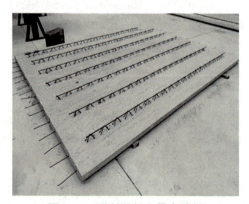

图 5-28 预制混凝土叠合楼板

2. 压型钢板模板

压型钢板模板是采用镀锌或经防腐处理的薄钢板，经冷轧成型的具有波形截面的槽形钢板，它与混凝土楼板组成叠合板共同受力，在施工期间起永久性模板的作用。

压型钢板模板一般在板面做成抗剪连接构造，常见形式有：

1）截面做成有楔形肋的纵向波槽（图5-29）。
2）在板肋的上表面焊接钢筋桁架（图5-30）。

压型钢板模板可避免漏浆，并减少支模、拆模用工，可节省大量的模板材料和支拆工作量，减轻了劳动强度，加快了施工速度。

永久性模板要结合工程实际、结构特点、工艺特长和施工条件选用。

图5-29 带纵向波槽的压型钢板模板

图5-30 带钢筋桁架的压型钢板模板

任务5.2 粗钢筋连接

高层建筑现浇钢筋混凝土结构工程中，粗钢筋连接的工作量比较大，采用合适的施工方法可以大大提高劳动效率。粗钢筋连接不能再采用传统的搭接绑扎和焊条电弧焊连接方法，因为前者钢材消耗量大且不利于高层建筑抗震；后者焊接量大、钢材消耗多、劳动强度大，且给混凝土浇筑带来困难。目前，常用的有钢筋机械连接、电渣压力焊、气压焊等粗钢筋连接方法，这些连接方法大大提高了生产效率，改善了钢筋接头的质量。

5.2.1 钢筋机械连接

钢筋机械连接是指通过连接件的机械咬合作用或钢筋端面的承压作用，将一根钢筋的力传递至另一根钢筋。套筒挤压连接和直螺纹套筒连接是粗钢筋现场机械连接的主要方法。

1. 套筒挤压连接

套筒挤压连接是将两根待连接的带肋钢筋插入特制的钢套筒内，用挤压设备沿径向挤压钢套筒，使钢套筒产生塑性变形，依靠变形的钢套筒与被连接钢筋的纵、横肋产生机械咬合，从而成为一个整体。由于是在常温下挤压连接，所以又称为冷挤压连接。套筒挤压连接不存在焊接工艺中的高温熔化过程，从而避免了因焊接加热引起的金属内部组织变化、晶粒增粗、出现氧化组织、材料变脆及接头夹渣、接头气孔等。

套筒挤压连接具有操作简单、对中度高、连接部位的力学性能优于钢筋母材的力学性能、连接速度快、安全可靠、无明火作业、不污染环境、不受气候影响、节能省电、不受钢筋焊接性的影响等优点,可用于垂直、水平、倾斜、高处、水下等条件的钢筋连接。套筒挤压连接的主要缺点是设备移动不便,连接速度较慢。

套筒挤压连接分为径向挤压套筒连接和轴向挤压套筒连接两种形式。由于轴向挤压套筒连接在现场施工不方便及接头质量不够稳定,目前没有得到推广。现在工程中普遍使用的套筒挤压连接都是径向挤压套筒连接,适用于直径16~40mm的牌号为HRB400的同径和异径钢筋(当套筒两端外径和壁厚相同时,被连接钢筋的直径相差不大于5mm)的机械连接,也可连接焊接性较差的钢筋。下面介绍径向挤压套筒连接(图5-31~图5-33)。

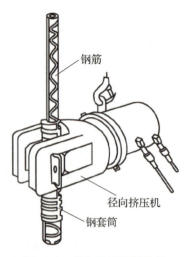

图5-31 径向挤压套筒连接

图5-32 径向挤压套筒连接成品图

图5-33 径向挤压套筒连接现场图

(1)施工要点

1)钢筋及钢套筒压接之前,钢筋压接部位应清理干净,钢筋端部必须平直。

2)应在钢筋端部做好能够准确判断钢筋伸入套筒内长度的位置标记;钢套筒必须有明显的压痕位置标记,尺寸应满足要求。

3)压接前应检查设备是否正常,调好液压泵的压力,根据要压接钢筋的直径选配相应的模具。

4)挤压应从套筒中央开始,一次向两端挤压,压痕直径的波动范围应控制在供应商认定的允许波动范围内,并提供专用量规进行检查。

套筒挤压连接的工艺参数主要是压接顺序、压接力和压接道数。压接顺序一般是从中间逐道向两端压接,压接力要能保证套筒与钢筋紧密咬合,压接力和压接道数取决于钢筋直径、套筒型号和挤压机型号。

(2)质量检验 工程中应用挤压接头时,应由技术提供单位提交有效的型式检验报告与套筒出厂合格证，现场检验一般只进行接头外观检验和单向拉伸试验。

现场验收以 500 个同规格、同制作条件的接头为一个检验批，不足此数时也作为一个检验批。对每一个检验批，应随机抽取 10% 的挤压接头作外观检验，抽取三个试件做单向拉伸试验。在现场检验合格的基础上，连续 10 个检验批的单向拉伸试验合格率为 100% 时，检验批接头数量可扩大 1 倍。

1）外观检查。挤压接头的外观检查，应符合下列要求：挤压后套筒长度应为 1.1~1.15 倍的原套筒长度，或压痕处套筒的外径为 0.8~0.9 倍的原套筒的外径；挤压接头的压接道数应符合型式检验报告确定的道数，接头处弯折角度不得大于 4°，挤压后的套筒不得有肉眼可见的裂缝。

如外观质量合格数大于或等于抽检数的 90%，则该检验批为合格；如不合格数超过抽检数的 10%，则应逐个进行复验。应在外观不合格的接头中抽取 6 个试件做单向拉伸试验。

2）强度检验。在外观质量不合格数超过抽检数 10% 的不合格接头中抽取 6 个试件做抗拉强度试验，若有 1 个试件的抗拉强度值低于规定值，则该批外观质量不合格的接头应会同设计单位协商处理，并记录存档。

2. 直螺纹套筒连接

直螺纹套筒连接（图 5-34、图 5-35）是将待连接钢筋的端头用滚轧加工工艺滚轧成规整的直螺纹（图 5-36），再用相配套的直螺纹套筒（图 5-37）将两根钢筋相对拧紧，实现连接。根据钢材冷作硬化的原理，钢筋上滚轧出的直螺纹强度大幅提高，从而使直螺纹接头的抗拉强度高于母材的抗拉强度。

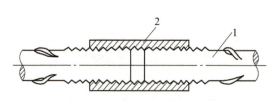

图 5-34　直螺纹套筒连接
1—待连接钢筋　2—套筒

图 5-35　直螺纹套筒连接实景图

图 5-36　钢筋端头直螺纹

图 5-37　直螺纹套筒

1）施工工艺。直螺纹套筒连接的工艺流程：钢筋下料、磨平→钢筋滚轧→螺纹成型→螺纹检验→套筒检验→钢筋就位→拧下钢筋保护帽和套筒保护帽→接头拧紧→作标记→施工质量检验。

钢筋直螺纹加工方法有压肋滚轧和剥肋滚轧两种。

压肋滚轧直螺纹又分为直接滚轧直螺纹和挤压肋滚轧直螺纹两种形式。它是采用专用的滚轧套丝机，先将钢筋的横肋和纵肋进行滚轧处理，使钢筋滚轧前的柱体达到螺纹加工的圆度尺寸，然后再进行螺纹滚轧成型。钢筋经滚轧后材质发生硬化，强度提高6%~8%，全部直螺纹的成型过程由专用的滚轧套丝机一次完成。

剥肋滚轧直螺纹是将钢筋的横肋和纵肋进行剥切处理，使钢筋滚轧前的柱体直径达到同一尺寸，然后再进行螺纹滚轧成型，从剥肋到滚轧直螺纹成型的全过程由专用的套丝机一次完成。剥肋滚轧直螺纹工艺精度高、操作简便、性能稳定、材料消耗量少。

2）技术特点：

①接头强度高。直螺纹接头不削弱母材截面面积，使螺纹牙底直径大于母材直径，冷镦后还可提高钢材强度，使接头部位的强度大于母材强度。

②节能经济。直螺纹接头同挤压接头相比，可节约套筒材料70%，接头成本降低；同时，镦粗机、套丝机设备动力小、能耗低、节约能源。

③适应性强。直螺纹接头现场施工时不用电、无明火作业、不受环境影响，可全天候施工。钢筋弯曲、不可转动的钢筋笼等场合也可适用，套筒连接速度快，不需扭力扳手，施工便捷迅速。

3）适用范围。直螺纹接头适用于一切抗震和非抗震结构中的钢筋连接。必要时，同一连接范围内的钢筋接头百分率可以不受限制。可用于钢筋笼的对接，伸缩缝或新旧结构连接处钢筋的对接；滑升模板施工的筒体或墙体与水平方向梁钢筋的连接；逆作法和地下连接墙中钢筋的连接等场合。

4）质量验收。现场钢筋接头的外观检查主要检查端头螺纹是否全部拧入连接套筒，一般要求套筒两侧外露的钢筋螺纹不超过一圈完整的螺纹。超出时，应作适当调节使套筒居中，并确认端头螺纹已拧到套筒中线位置。

接头的强度检验，要求同一施工条件下采用同一批材料的同等级、同形式、同规格的接头，以500个为一个检验批进行检验与验收，不足500个也作为一个检验批。每一个检验批，必须在工程中随机截取3个试件做单向拉伸试验，按设计要求的接头性能等级进行检验与评定。当3个试件的单向拉伸试验结果符合强度要求时，该检验批为合格。如有1个试件不合格，应再取6个试件进行复检。复检中如仍有1个试件不合格，则该检验批为不合格。在现场连续检验10个检验批，其全部的单向拉伸试验试件均合格时，检验批接头数量可扩大1倍。

5.2.2　电渣压力焊

钢筋电渣压力焊（图5-38）是将两根钢筋安放成竖向对接形式，利用焊接电流通过两根钢筋端面之间的间隙，在焊剂层下形成电弧过程和电渣过程，产生电弧热和电阻热，熔化钢筋，加压完成钢筋焊接。这种焊接方法能确保钢筋的定位和焊接时间，比电弧焊节省钢材、工效高、成本低，适用于现浇钢筋混凝土结构中竖向或斜向（倾斜度在4∶1范围内）钢筋的连接；但钢筋在竖向焊接后，不得再横置于梁、板构件中作水平钢筋用。

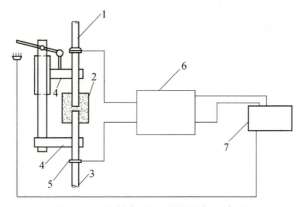

图 5-38　钢筋电渣压力焊设备示意图

1—上部钢筋　2—焊剂盒　3—下部钢筋　4—焊接夹头　5—电极　6—焊接电源　7—控制箱

电渣压力焊在供电条件差、电压不稳、雨季或防火要求高的场合应慎用。

1. 焊接设备和焊剂

（1）焊机　焊机分为自动焊机和手工焊机两种形式。

自动焊机设备包括焊接电源、控制箱、操作箱、焊接夹具等。自动焊机使用时，由焊工控制电钮，自动接通电源，通过电动机使上钢筋移动，引燃电弧，接着自动完成电弧、电渣及顶压过程，并切断焊接电源。使用自动焊机可以减轻焊工的劳动强度，生产效率高。

手工焊机设备包括焊接电源、控制箱、焊接夹具、焊剂盒等。其中，焊接电源与自动焊机设备相同；焊接夹具应具有一定的刚度，要动作灵巧、坚固耐用，上、下夹头要同心。

手工焊机可分为杠杆式和摇臂式两种形式，焊接过程由焊工手动完成，劳动强度较大。

（2）焊接夹具　焊接夹具由焊剂盒、单导柱、固定夹头、活动夹头、手柄、监控仪表、操作把手、开关、控制电缆、电缆插座等组成，如图5-39所示。

焊接夹具的主要作用：夹住上、下钢筋，使钢筋定位同心；传导焊接电流。

（3）焊剂盒与焊剂　焊剂盒呈圆柱状，由两个半圆形的镀锌薄钢板组成，内径为80~100mm。

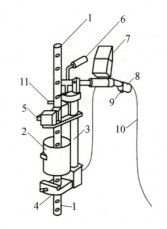

图 5-39　电渣压力焊焊接夹具

1—钢筋　2—焊剂盒　3—单导柱　4—固定夹头
5—活动夹头　6—手柄　7—监控仪表　8—操作把手
9—开关　10—控制电缆　11—电缆插座

焊剂盒宜与焊接夹头分开。当焊接完成后，先拆焊接夹头，待钢筋焊接接头保温一段时间后再拆焊剂盒，这在环境温度较低时，可避免发生冷淬现象。

焊剂除了起隔绝、保温及稳定电弧作用外，在焊接过程中还起补充熔渣、脱氧及添加合金元素等作用，使焊缝金属合金化。落地的焊剂经过筛、烘烤后可回收，与新焊剂各半掺和后再使用。焊剂要妥善保管，防止受潮。

2. 焊接工艺过程

电渣压力焊的工艺过程包括引弧、电弧、电渣和顶压等过程，如图5-40所示。

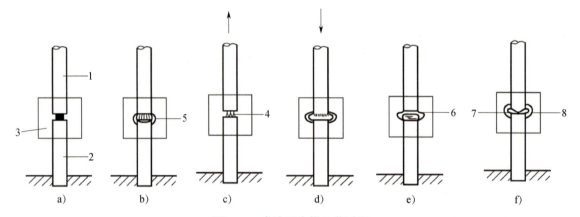

图5-40 电渣压力焊工艺过程

a）引弧前 b）引弧过程 c）电弧过程 d）电渣过程 e）顶压过程 f）凝固后
1—上钢筋 2—下钢筋 3—焊剂盒 4—电弧 5—熔池 6—熔渣 7—焊包 8—渣壳

1）引弧前，先将钢筋端部120mm范围内的铁锈、污物等杂质清除干净；用夹具的固定夹头夹牢下部钢筋，再将上部钢筋扶直并夹牢于活动电极中，上下部钢筋的轴线应尽量一致，最大偏移量不得超过$0.1d$（d为钢筋直径），同时不得大于2mm。

2）引弧过程宜采用铁丝球引弧法，也可采用直接引弧法。

①铁丝球引弧法是将铁丝球放在上、下部钢筋端头之间，铁丝球高约10mm，电流通过铁丝球与上、下部钢筋端面的接触点形成短路引弧。

②直接引弧法是在通电后迅速将上部钢筋提起，使两钢筋端头之间的距离为2~4mm时开始引弧。当钢筋端头夹杂不导电物质或过于平滑造成引弧困难时，可以多次把上部钢筋移下与下部钢筋短接后再提起，以达到引弧目的。

3）电弧过程是靠电弧的高温作用，将钢筋端头的凸出部分不断烧化；同时，将接口周围的焊剂充分熔化，形成一定深度的熔池。

4）电渣过程：熔池形成一定深度后，将上部钢筋缓缓向下插入熔池中，此时电弧熄灭，进入电渣过程。由于电流直接通过熔池，产生大量的电阻热，使熔池温度迅速升高，将钢筋端头迅速而均匀地熔化，如图5-41所示。

上部钢筋向下插入熔池的速度不能过快或过慢，以防止造成电流短路或断路，要维持好电渣形成过程。

5）顶压过程：当钢筋端头达到全截面熔化时，迅速将上部钢筋向下顶压，将熔化的金属、熔渣及氧化物等杂质全部挤出结合面，同时切断电源，焊接即告结束。

6）凝固后：接头焊毕，为避免接头与空气接触氧化，应停歇 1~3min 冷却后，方可回收焊剂和卸下焊接夹具，敲去渣壳后，焊包应均匀。

3. 焊接接头质量检验

（1）取样数量　电渣压力焊接头（图 5-42）应逐个进行外观检查。当进行力学性能试验时，应从每批接头中随机切取 3 个试件做拉伸试验，且应按下列规定抽取试件：每楼层或施工区段中，以 300 个同钢筋级别、同钢筋直径接头作为一批，不足 300 个时，仍作为一批。

图 5-41　电渣压力焊施工

图 5-42　电渣压力焊接头

（2）外观检查　电渣压力焊接头外观检查结果应符合下列要求：

1）四周焊包凸出钢筋表面的高度应大于或等于 4mm。

2）钢筋与电极接触处，应无烧伤缺陷。

3）接头处的弯折角度不得大于 4°。

4）接头处的轴线偏移不得大于钢筋直径的 0.1 倍，且不得大于 2mm。

外观检查不合格的接头应切除重焊，或采用补强焊接措施。

（3）强度检验　电渣压力焊接头拉伸试验的结果，3 个试件的抗拉强度均不得小于该级别钢筋规定的抗拉强度。

当试验结果有 1 个试件的抗拉强度低于规定值，应再取 6 个试件进行复验。复验结果，当仍有 1 个试件的抗拉强度小于规定值，应确认该批接头为不合格品。

5.2.3　气压焊

《钢筋气压焊机》（JG/T 94—2013）对钢筋气压焊的解释：采用氧乙炔焰或氧液化石油气焰，对两钢筋对接处加热，使其达到热塑性状态（固态，1150~1250℃），或熔化状态（熔态，1540℃以上），加压完成的一种压焊方法。

钢筋气压焊可以用于钢筋在垂直位置、水平位置或倾斜位置的对接焊接，当两钢筋直径不同时，两直径之差不得大于 7mm。钢筋气压焊属于热压焊，在焊接加热过程中，加热温度为钢材熔点的 0.8~0.9 倍，钢材未呈熔化液态，且加热时间较短，钢筋的热输入较少，所以不会出现钢筋材质劣化的倾向。另外，它具有设备轻巧、操作方便、焊接质量好、节省电能、焊接成本低等优点。

1. 气压焊设备

气压焊设备（图 5-43）主要包括加热系统与加压系统两部分。加热系统中的加热能源常用的是氧气和乙炔。系统中的流量计用来控制氧气和乙炔的输入量，因为焊接不同直径的钢筋要求不同的流量。加热器与焊炬用来将氧气和乙炔混合后，从焊炬喷出火焰加热钢筋，要求火焰能均匀加热钢筋，要有足够的温度，作业过程要安全可靠。加压系统中的压力源为电动液压泵（也有手动液压泵），用于提供压顶锻时的压力。压接器是气压焊的主要设备之一，要能准确、方便地将两根钢筋固定在同一轴线上，并将液压泵产生的压力均匀地传递给钢筋，以达到焊接的目的。施工时压接器需反复装拆，故要求重量轻、构造简单和装拆方便。

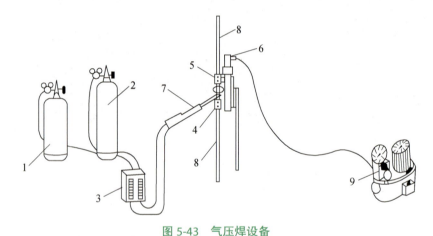

图 5-43　气压焊设备
1—乙炔瓶　2—氧气瓶　3—流量计　4—固定卡具　5—活动卡具　6—压接器
7—加热器与焊炬　8—被焊接的钢筋　9—电动液压泵

2. 气压焊施工

焊接前，钢筋接头必须切平。切割钢筋应用砂轮切割机，不能用切断机，以免接头呈马蹄形，影响焊接质量。切割钢筋要预留 0.6~1d（d 为焊接钢筋直径）的接头压缩量，接头断面应与轴线成直角，不得弯曲。焊接前应打磨钢筋接头端面，清除氧化层和污物，使之现出金属光泽，并立即喷涂薄层焊接活化剂，以保护接头端面不再氧化。

钢筋加热前先对钢筋施加 10MPa 的初始压力，使钢筋接头端面贴合。当加热到缝隙密合后，上下摆动加热器适当增大钢筋加热范围，促使钢筋接头端面的金属原子互相渗透，也便于加压顶锻。加压顶锻的压应力一般为 34~40MPa，使焊接部位产生塑性变形。直径小于 22mm 的钢筋可以一次顶锻成型，更大直径钢筋可以进行二次顶锻。压接后，当钢筋的火红颜色消失后，才能解除压接器上的卡具。

3. 焊接接头质量检验

1）外观检查。钢筋气压焊接头应逐个进行外观检查，其检查结果应符合下列要求：

① 同直径钢筋焊接时，偏心量 e 不得大于钢筋直径的 0.15 倍，且不得大于 4mm（图 5-44a）；不同直径钢筋焊接时，应按较小钢筋直径计算偏心量。当偏心量大于规定值时，应切除重焊。

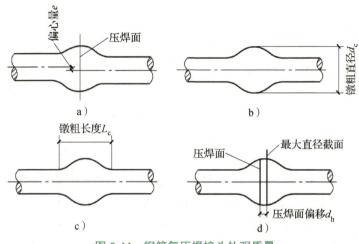

图 5-44　钢筋气压焊接头外观质量

② 钢筋的轴线应尽量在同一条直线上，若有弯折，其轴线弯折角不得大于 4°。

③ 镦粗直径 d_c 不得小于钢筋直径的 1.4 倍，当小于此规定值时，应重新加热镦粗（图 5-44b）；镦粗长度 L_c 不得小于钢筋直径的 1.2 倍，且凸起部分应平缓圆滑（图 5-44c）。

④ 压焊面偏移 d_h 不得大于钢筋直径的 0.2 倍（图 5-44d），焊接部位不得有环向裂纹或严重烧伤。

2）拉伸试验。从每批接头中随机切取 3 个接头做拉伸试验，其试验结果应符合下列要求：

① 试件的抗拉强度均不得小于该级别钢筋规定的抗拉强度。

② 拉伸断裂应断于压焊面之外，并呈延性断裂。

当有 1 个试件不符合要求时，应再切取 6 个试件进行复验；复验结果，当仍有 1 个试件不符合要求时，应确认该批接头为不合格品。

3）弯曲试验。在梁、板的水平钢筋连接中应切取 3 个试件做弯曲试验，弯曲试验的结果应符合下列要求：

① 气压焊接头进行弯曲试验时，应将试件受压面的凸起部分清除掉，并与钢筋外表面齐平。

② 弯曲试验可在万能试验机、手动或电动液压弯曲试验器上进行；压焊面应处在弯曲中心点，弯至 90°，3 个试件均不得在压焊面发生破断。

当试验结果有 1 个试件不符合要求时，应再切取 6 个试件进行复验；复验结果，当仍有 1 个试件不符合要求，应确认该批接头为不合格品。

任务 5.3　泵送混凝土的施工

泵送混凝土施工是以混凝土泵为动力，将搅拌好的混凝土拌合物沿管道直接水平或垂直输送到浇筑地点。泵送混凝土技术的推广应用是混凝土施工的一大进步，也是建筑工业化的标志之一，它具有输送能力大、施工速度快、效率高、节省人力、能连续作业等特点，尤其适合于大体积混凝土和高层建筑混凝土的运输与浇筑。

5.3.1　原材料选择

泵送混凝土除了需要满足工程设计所需的强度要求，还必须满足泵送工艺的要求，即要求混凝土有较好的可泵性，在泵送过程中具有良好的流动性，要求阻力小、不离析、不泌水、不堵塞管道，在泵送过程中混凝土的质量不得发生变化等。混凝土的可泵性主要表现为流动性和黏聚性两个方面。

1）流动性是指新拌混凝土在自重或机械振捣的作用下能产生流动，能均匀密实地填满模板的性能。流动性反映混凝土拌合物的稀稠程度，若混凝土拌合物太干稠，则流动性差，难以振捣密实；若混凝土拌合物过稀，则容易出现分层、离析。流动性的主要影响因素是混凝土用水量。

2）黏聚性是指新拌混凝土组成材料之间有一定的黏聚力，保证混凝土在施工过程中不会发生分层、离析的性能。黏聚性反映混凝土拌合物的均匀性，若混凝土拌合物黏聚性不好，混凝土中的集料与水泥浆容易分离，造成混凝土不均匀，振捣后会出现蜂窝和孔洞等现象。黏聚性的主要影响因素是胶砂比。

为实现这些性能要求，泵送混凝土在配制上有一些相应的要求。

1. 对集料的要求

集料的粒径、形状、级配对混凝土拌合物有很大的影响。石子的大小、表面形状会影响泵送时的阻力，为防止泵送混凝土时堵塞管道，应控制粗集料的最大粒径。因此，石子必须符合自然连续级配的要求；最大粒径与输送管内径之比，碎石不大于 1:3，卵石不大于 1:2.5。细集料对改善混凝土的可泵性非常重要，宜采用中砂，通过 0.315mm 筛孔的砂不应少于 15%，砂率宜控制在 38%~45%。

2. 对水泥的要求

应采用保水性好、不易泌水的水泥，如普通硅酸盐水泥。水泥用量不宜过低，否则在流动性较大时容易使浆体变稀，混凝土难以保持一定的黏性，致使泵送过程中产生稀浆被泵走，而集料留在管中富集而产生堵管、堵泵的现象。水泥用量如果过多，混凝土的黏性会增大，同时会增大泵送阻力，不经济。泵送混凝土的最小水泥用量与混凝土强度等级、输送管直径、泵送距离、集料等有关，为了保证混凝土的可泵性，最小水泥用量为 $300kg/m^3$。

3. 对掺合料的要求

掺入粉煤灰等外加剂有利于提高混凝土的可泵性，粉煤灰不但能代替部分水泥，而且由于粉煤灰颗粒呈球状具有滚珠效应,能起到润滑作用,可改善混凝土拌合物的流动性、黏聚性和保水性,从而改善了可泵性。粉煤灰质量须符合现行的有关标准,掺量需要根据混凝土的类型、强度等级、施工条件、环境温度等情况确定,注意不要超过相关标准和规范的规定。采用复合型减水剂或泵送剂,可改善混凝土的和易性。泵送剂掺量按生产单位推荐限值采用。

5.3.2 泵送设备选型

1. 混凝土泵的选择

混凝土泵分为活塞式(也称柱塞式)和挤压式两类。目前,活塞式混凝土泵应用较多,它结构紧凑、传动平稳,易于安装在汽车底盘上组成混凝土泵车。这种混凝土泵有两个混凝土缸交替地进料和出料,因而能连续、稳定地将混凝土拌合物压出。不同型号的活塞式混凝土泵,其排量、水平运距和垂直运距各不相同,混凝土泵或泵车的选型应根据工程特点、输送高度、输送距离以及混凝土浇筑计划确定。混凝土泵的数量应根据混凝土浇筑量和施工条件确定,必要时应设置备用泵。混凝土泵选型的主要技术参数为泵的最大理论排量、泵的最大混凝土压力、混凝土的最大水平运距、混凝土的最大垂直运距。当多台混凝土泵同时泵送或与其他输送方法组合输送混凝土时,应根据各设备的输送能力确定浇筑区域和浇筑顺序。一般情况下,高层建筑混凝土输送可采用固定式高压混凝土泵。

2. 输送管及配件的选择

混凝土输送管有直管、弯管、锥形管和软管等种类。

1)直管常用的管径为100mm、125mm和150mm,由焊接直管或无缝直管制成。

2)弯管多用拉拔成型钢管制成,常用管径为100mm、125mm和150mm,弯曲角度有90°、45°、30°及15°,以适应管道改变方向的需要,常用曲率半径为1m和0.5m。

3)锥形管一般用拉拔成型钢管制成,主要用于不同管径的变换处,长度多为1m。混凝土泵的出口多为175mm,而常用的混凝土输送管管径为100mm和125mm,所以在混凝土输送管道体系中必须用锥形管来过渡。锥形管的截面由大变小,使混凝土拌合物的流动阻力增大,所以锥形管是容易发生管道堵塞的位置。

4)软管多为橡胶软管,用螺旋状钢丝加固,外包橡胶用高温压制而成,具有柔软、质轻的特性。软管多设置在混凝土输送管道的末端,因其柔性好的特点而被用作混凝土拌合物浇筑工具,常用的软管管径为100mm和125mm,长度一般为5m。

混凝土输送管直径的选择取决于以下几个方面:粗集料的最大粒径、要求的混凝土输送量和输送距离、泵送的难易程度、混凝土泵的型号,其最小内径要求见表5-2。

表5-2 混凝土输送管最小内径要求

粗集料最大粒径/mm	输送管最小内径/mm
25	125
40	150

大直径的输送管，可用较大粒径的集料，泵送时压力损失小，但其笨重而且昂贵。在满足使用要求的前提下，选用小直径输送管有以下优点：末端用软管进行布料时，小直径输送管质量小，使用方便；混凝土拌合物产生泌水时，在小直径输送管中产生离析的可能性小；泵送前，润滑管壁所用的材料少；购置费用低。

混凝土输送管应根据工程特点、施工场地条件、混凝土浇筑方案等进行合理选型和布置。由于混凝土输送管内的泵送压力高，管内将产生较大的侧压力，故管道布置宜平直，并减少管道弯头的数量。

混凝土输送管的强度应满足泵送要求，还应根据最大泵送压力计算最小壁厚值。高层建筑施工过程中，混凝土输送管使用周期长、管道压力大，宜使用高压耐磨管道，并应选用没有裂纹、弯折和凹陷等缺陷且有出厂合格证明的输送管；在同一条管线中，应采用相同管径的混凝土输送管；同时采用新、旧管段时，应将新管段布置在泵送压力较大处。高层建筑一般配置1~2套混凝土输送管，需结合建筑物单层面积、混凝土浇筑量及工期安排综合考虑。

在泵送过程中（尤其是向上泵送时），泵送一旦中断，混凝土拌合物会因倒流产生背压。由于存在背压，在重新泵送时，阀门的换向会十分困难；又由于倒流，泵的吸入效率会降低，还会使混凝土拌合物的质量发生变化，易产生堵塞。为避免产生倒流和背压，在输送管根部靠近混凝土泵的出口处要增设一个液压截止阀。

5.3.3 设备布置与施工

1. 混凝土泵布置

在实际施工过程中，混凝土泵的合理布置是实现混凝土正常泵送的前提条件，混凝土泵通常放置在平坦坚实的地面上，并有可靠的固定措施。具体的安装位置要根据施工现场的实际情况确定。露天施工时，一般把混凝土泵放在运输车辆、搅拌机或起重机械方便能及的地方，以便于安装和供料，同时要考虑周边环境的影响。有时，为了使输送车、搅拌机或其他设备容易给混凝土泵上料，可将混凝土泵放在地坑中，但要求有合理的排水措施，否则可能会影响正常施工（特别是在多雨季节）。

混凝土泵或泵车在现场的布置，要根据工程的轮廓形状、泵送浇筑量的分布、地形和交通条件等确定，并应考虑下列情况：

1）力求靠近浇筑地点，这样便于配管，混凝土运输也方便。

2）为保证混凝土泵连续工作，每台泵的料斗周围最好能同时停留两辆混凝土搅拌运输车，或者能使其快速交替。

3）多台泵同时浇筑时，选定的位置要使其各自承担的浇筑量相接近，最好能同时浇筑完毕。

4）为便于混凝土泵的清洗，其位置最好接近供（排）水设施，同时还要考虑供电方便。

5）混凝土泵或泵车的作业范围内，不得有高压线等障碍物。

2. 输送管布置

输送管是混凝土泵送设备的重要组成部分，管道配置与敷设是否合理，常影响到泵送效率和泵送作业的顺利进行。施工前应根据工程周围情况、工程规模认真进行配管设计，并应满足以下技术要求：

1）输送管的布置应根据泵送压力确定，新输送管及高压输送管，应布置在泵送压力较大处。输送管道应尽可能短，少用弯管和软管，以减小输送阻力，并便于装拆、维修、排除故障和清洗。

2）要布置弯管的地方，尽量使用转弯半径大的弯管，以减少压力损失，避免堵管。

3）垂直输送管的布置应根据建筑结构特点，充分利用柱、墙、楼板及垂直运输机械、设备孔洞等作为垂直布管的支撑点和附着点，逐层上升到顶，并保持整根垂直管道在同一条竖直线上，同时应考虑装拆方便、故障排除容易、附着安全可靠等要求。

4）对于向上布置的管道，为了平衡垂直管道中混凝土产生的反压，根据施工需要，地面水平管道的铺设长度为建筑主体高度的 1/5~1/4，且不宜小于 1m；若受到现场条件限制，可增加若干 90°弯管来折算水平长度，以降低垂直管道在全部管道中的占比。当垂直管道超过 200m 长时，应设置"S 弯"缓冲混凝土自重压力。对于向下的管道布置，应在垂直向下的管道下端布置一处缓冲水平段或管口朝上的倾斜坡段，以免混凝土因自落产生离析而堵管。倾斜向下配管时（如地下工程），应在斜管上端设排气阀。

5）每（台）套泵送管道最少采用一个液压截止阀，水平管道宜在距离混凝土泵 10m 左右设置一个液压截止阀，以方便管道清洗、废水残渣回收。在垂直管道的起点附近安放液压截止阀，可以避免垂直管道的混凝土回流，方便处理泵送设备故障和地面水平管的堵管事故。

6）管道经过的路线应比较安全，不得使用有损伤裂纹或壁厚太薄的输送管，对泵机附近及操作人员附近的输送管要加以防护，输送管要求沿地面和墙面敷设，并全程做可靠固定。

7）为了不使管道支设在新浇筑的混凝土上面，进行管道布置时，要使混凝土浇筑移动方向与泵送方向相反，这样在混凝土浇筑过程中只需拆除管段，而不需增设管段。

8）应定期检查管道（特别是弯管等部位）的磨损情况，检查有无开裂、凹凸和弯折，以防爆管；检查输送管接头是否牢固，要求密封、不漏浆，接头强度应满足要求。管道要避免同岩石、建（构）筑物等直接发生摩擦，要用木材等较软的物体与管道相接触（支撑），各管道要有可靠的支撑，泵送时不得有大的振动和滑移。

9）为降低混凝土的入模温度，并防止混凝土因高温损失的坍落度太大，造成堵管，在夏季要用湿草袋覆盖输送管并经常淋水；在严寒季节，要用保温材料包裹输送管，防止混凝土受冻，并保证混凝土拌合物的入模温度达到要求。

3. 输送管管道固定

水平管道一般固定在临时地面及地下室顶板上，楼板部位（管道穿过楼板）采取管道夹具进行固定，可采用管夹加钢筋水泥墩的方式进行固定，如图 5-45 所示。

图 5-45 水平管道的固定

竖直管道的固定方式为附墙固定，附墙固定的位置宜选在剪力墙上，图 5-46 为采用预埋件焊接管夹的方式进行管道附墙固定。

4. 排污设施布置

楼顶需配置润管废料承接容器，地面上应设有输送管清洗用的废水排水沟或排水管道，连接至废水临时存放设施或沉淀池。因超高层建筑输送管长度长、总容量大，润管废料、输送管清洗废料、输送管清洗污水相对较多，宜在管井等适宜位置安装排污管道将废料、废水排至地面，经沉淀处理后排出。

图 5-46 竖直管道的固定

5.3.4 混凝土的泵送

高层混凝土的泵送过程控制贯穿于混凝土泵送施工的全过程，从开泵前的润管到最后的输送管清洗，每个步骤都必须严格控制，以保证每次混凝土泵送顺利进行。

1）刚开始泵送时，泵机应处于低速运转状态，注意观察泵的压力和各部位的工作情况，待顺利泵送后方可全速运转。

2）泵送作业时，注意观察系统压力变化，一旦压力异常波动，先降低混凝土排量，再视情况反泵运行 1~2 次，再正泵运行。在核心筒剪力墙高强度混凝土浇筑过程中，若混凝土供应中断超过 15min，为防止输送管内混凝土凝固造成堵管，每隔 10min 应开泵一次。

3）应根据混凝土的性能及施工速度，合理地调整混凝土泵液压系统的最大工作压力。

1. 泵送前的准备

泵机操作人员及维护人员应彻底检查泵机状态，更换所有易损件，对设备进行保养，所有作业人员应保证通信畅通。在浇筑面附近应备有水源用于清洗。

2. 泵送

泵送混凝土的入泵坍落度不宜小于 100mm，对强度等级超过 C60 的泵送混凝土，其入泵坍落度不宜小于180mm。泵送混凝土前，应使用水、纯水泥稀浆及砂浆等润滑泵和输送管内壁。润管方法：泵水少量→加纯水泥稀浆→泵送砂浆→泵送混凝土。通过润管，在输送管道内部形成一层水泥浆膜，使输送管道达到可泵送的状态。

泵送注意事项如下：

1）泵送速度以泵机的液压系统压力进行调节，一般情况下泵机的液压系统压力不宜超过20MPa（压力过大时，活塞容易损坏，末端的"B"形管道容易爆裂）。

2）每车混凝土到达时，需在泵送前对混凝土进行检测，合格后方可泵送。

3）泵送过程中，混凝土泵料斗内的混凝土高度应不低于搅拌轴（避免混凝土缸吸入空气）。

4）确保泵送连续性，下一车混凝土还没到之前，可放慢混凝土泵送速度，直到下一车混凝土到达后方可进入正常泵送速度（确保管道内的混凝土一直处于流动状态）。

5）当混凝土供应中断时，在等料过程中，泵机需每15min进行正反泵操作（避免管道内的混凝土初凝）。

6）当出现输送管堵塞时，应进行反泵运转，使混凝土返回料斗；当反泵几次后仍不能消除堵塞时，应在泵机卸载的情况下拆管排除堵塞。

5.3.5　混凝土的浇筑

泵送混凝土的浇筑应根据工程结构的特点、平面形状和几何尺寸，混凝土供应和泵送能力，作业管理能力，以及作业场地大小等条件，预先划分好混凝土浇筑区域。泵送混凝土比常态混凝土流动性大，在振捣过程中集料与水泥砂浆易产生不均匀分布。

1. 混凝土浇筑前的准备工作

1）对模板及其支架进行检查，应确保标高、位置、尺寸正确，强度、刚度、稳定性及严密性满足要求；模板中的垃圾、泥土和钢筋上的油污应加以清除。

2）做好钢筋及预留、预埋管线的验收和钢筋保护层检查，做好钢筋工程隐蔽记录。

3）准备和检查材料、机具等。

4）做好施工组织、技术、安全的交底工作。

2. 混凝土浇筑的一般要求

1）混凝土的浇筑顺序，应符合下列规定：

①当采用输送管输送混凝土时，宜由远而近浇筑。

②同一区域的混凝土，应按先竖向结构、后水平结构的顺序分层连续浇筑。

2）混凝土的布料方法，应符合下列规定：

①混凝土输送管末端出料口宜接近浇筑位置，并应采取减缓混凝土下料冲击的措施，以保证混凝土不发生离析。浇筑竖向结构混凝土时，布料设备的出口离模板的内侧面不应小于50mm。

②浇筑水平结构混凝土，不应在同一处连续布料，应水平移动分散布料。

3）混凝土须在初凝前浇筑，如已有初凝现象，则应进行一次强力搅拌后方可入模。如混凝土在浇筑前有离析现象，须重新拌和后才能浇筑。

4）混凝土浇筑时的倾落高度：由料斗、漏斗进行浇筑时，倾落高度不超过2m；对竖向结构（柱、墙），倾落高度不超过3m；对于配筋较密或不便于捣实的结构，倾落高度不宜超过60cm。否则，应采用串筒、溜槽和振动串筒下料，以防产生离析。

5）浇筑竖向结构混凝土前，底部应先浇筑50~100mm厚度的与混凝土成分相同的水泥砂浆，以避免产生蜂窝、麻面及烂根现象。

6）混凝土浇筑时的坍落度。坍落度是判断混凝土施工和易性的重要指标，应在混凝土浇筑地点进行坍落度测定，以检测混凝土搅拌质量，防止长时间、远距离混凝土运输引起的和易性损失，影响混凝土成型质量。混凝土浇筑时的坍落度要求见表5-3。

表5-3　混凝土浇筑时的坍落度要求

结构种类	坍落度/mm
基础或地面的垫层、无配筋的厚大结构（挡土墙、基础或厚大的块体等）或配筋稀疏的结构	10~30
板、梁和大型及中型截面的柱子等	30~50
配筋密列的结构（薄壁、斗仓、筒仓、细柱等）	50~70
配筋特密的结构	70~90

注：1. 本表是指采用机械振捣的混凝土坍落度，采用人工振捣时可适当增大混凝土坍落度。
2. 需要配置大坍落度混凝土时，应掺入混凝土外加剂。
3. 曲面、斜面结构的混凝土，其坍落度应根据需要另行选用。
4. 轻集料混凝土的坍落度，宜比表中数值减少10~20mm。
5. 自密实混凝土的坍落度另行规定。

7）混凝土的分层浇筑厚度。为使混凝土振捣密实，混凝土必须分层浇筑，混凝土分层浇筑的最大厚度见表5-4。

表5-4　混凝土分层浇筑的最大厚度

振捣方法	混凝土分层浇筑的最大厚度
内部振动器振捣	振动器作用部分长度的1.25倍
表面振动器振捣	200mm
附着式振动器振捣	根据设置方式，通过试验确定

8）混凝土浇筑的允许间歇时间。混凝土浇筑应连续进行，由于技术或施工组织上的原因必须间歇时，其间歇时间应尽可能缩短，并应在下层混凝土未凝结前将上层混凝土浇筑完毕。混凝土运输、浇筑及间隙的全部时间不得超过表5-5的规定。

表5-5　混凝土运输、浇筑及间隙的全部时间　　　　　　　　（单位：min）

条件	气温	
	≤25℃	>25℃
不掺外加剂	180	150
掺外加剂	240	210

9）混凝土在初凝后、终凝前应防止振动。当混凝土抗压强度达到 1.2MPa 时，才允许在上面继续进行施工活动。

3. 施工缝的留设

由于施工技术或施工组织的原因，不能连续地将结构整体浇筑完成，预计间歇时间将超过规定时间时，应预先选定适当的部位留置施工缝，施工缝宜留在结构受剪力较小且便于施工的部位。

（1）施工缝留设的位置

1）柱的施工缝应留成水平缝，并宜留在基础的顶面、梁或吊车梁牛腿的下面、吊车梁的上面、无梁楼板柱的柱帽下面，如图 5-47 所示。框架结构中，如果梁的负筋向下弯入柱内，施工缝也可设置在这些钢筋的下端，以便于绑扎。

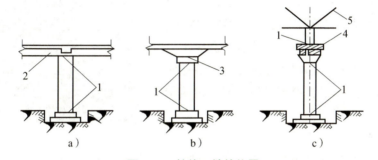

图 5-47 柱施工缝的位置
a）肋形楼板柱 b）无梁楼板柱 c）吊车梁柱
1—施工缝 2—梁 3—柱帽 4—吊车梁 5—屋架

2）和板连成整体的大断面梁，施工缝应留置在板底面以下 20~30mm 处。当板下有梁托时，留置在梁托下部。

3）对于单向板，施工缝应留置在平行于板的短边的任何位置。

4）有主次梁的楼板，宜顺着次梁方向浇筑，施工缝应留置在次梁跨度中间 1/3 的范围内，如图 5-48 所示。

5）墙体的施工缝应留置在门洞口过梁跨中 1/3 范围内，也可留在纵（横）墙的交接处。

6）楼梯上的施工缝应留在踏步板长度方向的 1/3 处。

7）双向受力楼板、大体积混凝土、拱、壳、仓、设备基础、多层刚架及其他复杂结构，施工缝位置应按设计要求留设。

（2）施工缝的处理

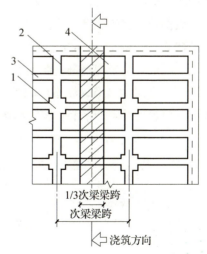

图 5-48 有主次梁楼板的施工缝留设位置
1—柱 2—主梁 3—次梁 4—板

1）施工缝处继续浇筑混凝土时，应待已浇筑混凝土的抗压强度不小于1.2MPa后方可进行。

2）施工缝浇筑混凝土之前，应进行表面粗糙处理和清理（清除垃圾、杂物及水泥薄膜、松动石子、软弱混凝土层，必要时混凝土表面应凿毛），用水冲洗干净并充分湿润，不得有积水。

3）浇筑时，施工缝处宜先铺水泥浆（水泥∶水=1∶0.4）或与混凝土成分相同的水泥砂浆，厚度为30~50mm，以保证接缝的质量。

4）浇筑过程中，施工缝应细致捣实，使新旧混凝土紧密结合，但不得触碰已浇筑混凝土。

4. 后浇带的设置

后浇带也称施工后浇带（图5-49），是在建筑施工中为防止现浇钢筋混凝土结构由于自身收缩不均或沉降不均可能产生有害裂缝，按照设计或施工规范要求，在基础底板、墙、梁相应位置留设的临时施工缝。

后浇带是一种临时性的措施，将该处混凝土后浇补齐后，才能充分发挥结构的整体刚度。建筑结构由后浇带连成整体，因此后浇带施工的质量与建筑结构质量息息相关。

图5-49 后浇带

（1）后浇带的分类

1）为解决高层建筑主楼与裙房的沉降差问题而设置的后浇带称为沉降后浇带。

2）为防止混凝土因温度变化发生拉裂而设置的后浇带称为温度后浇带。

3）为防止因建筑面积过大，结构发生温度变化，混凝土产生收缩开裂而设置的后浇带称为伸缩后浇带。

（2）后浇带的设置　后浇带在结构中实际上形成了两条施工缝，对该部位的结构受力有一定影响，所以应留设在受力较小的部位；又因后浇带属于柔性接缝，故应留设在变形较小的部位。后浇带的宽度应考虑施工方便、避免应力集中，宽度可取700~1000mm。后浇带的间距由设计确定，一般为30~60m。后浇带的构造有平接式、台阶式或企口式三种形式（图5-50）。当地上、地下都为现浇钢筋混凝土结构时，在设计中应标明后浇带的位置，后浇带应贯通地上和地下整个结构，但钢筋不应截断；如需断开，主筋搭接长度应大于45倍的主筋直径，并应按设计要求加设附加钢筋。留设后浇带时应采取支模或固定钢板网等措施，以保证留设的后浇

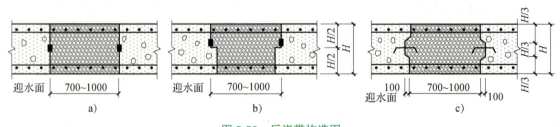

图5-50 后浇带构造图

a）平接式　b）台阶式　c）企口式

带位置准确、断口垂直、边缘混凝土密实。后浇带需超前止水时,后浇带部位混凝土应局部加厚,并增设外贴式或埋入式止水带。留设后浇带后要注意保护,防止边缘毁坏或后浇带内进入垃圾、杂物。

后浇带的保留时间一般不宜少于6周,待混凝土收缩变形基本稳定后再进行施工,但高层建筑的后浇带应在结构顶板浇筑钢筋混凝土两周后进行施工。在浇筑混凝土之前,必须将整个后浇带混凝土表面凿毛,清除垃圾及杂物,并隔夜浇水浸润。浇筑的混凝土强度应比其两侧混凝土提高一个等级。为减少浇筑混凝土时产生收缩,保证后浇混凝土和原有混凝土能够很好地连接,并确保新旧混凝土之间不因先后施工产生裂缝,混凝土内应掺少量的膨胀剂,并保持不少于14d的潮湿养护。

5. 普通混凝土的浇筑

(1)梁、板、柱的整体浇筑 梁、板、柱等构件是沿垂直方向重复出现的,因此一般按结构层分层施工。如果结构层平面面积较大,还应分段施工,以便各工序组织流水作业。在框架结构整体浇筑中,应注意如下事项:

1)在每层每段的施工中,其浇筑顺序应为先浇柱,后浇梁、板。

2)柱子宜在梁、板模板安装后钢筋未绑扎前浇筑,以便利用梁、板模板作为横向支撑和柱浇筑操作平台。一排柱子的浇筑顺序应从两端同时向中间推进,以防柱模板在横向推力作用下向一方倾斜。柱子与柱基础的接触面,应采用与混凝土成分相同的水泥砂浆打底(50~100mm),以免底部产生蜂窝现象。柱子应分段浇筑,每段高度不大于3.5m。柱子高度不超过3m时,可从柱顶直接下料浇筑;超过3m时,应采用串筒或在模板侧面开孔分段下料浇筑。柱子混凝土应分层下料和捣实,分层厚度不大于50cm。

3)在浇筑与柱、墙连成整体的梁和板时,应在柱或墙浇筑完毕后1~1.5h,再继续浇筑,使柱混凝土充分沉实。肋形楼板的梁、板应同时浇筑,浇筑方法一般采用"赶浆法",即从一端开始,先将梁根据梁高分层浇筑成阶梯形,当达到板底位置时再与板的混凝土一起浇筑,随着阶梯形的不断延长,梁、板混凝土浇筑连续向前推进。当梁高大于1m时,可单独先浇筑梁的混凝土,施工缝可留在板底以下20~30mm处;无梁楼板中,板和柱帽应同时浇筑混凝土。

(2)剪力墙混凝土的浇筑 剪力墙应分段浇筑,每段高度不大于3m。门窗洞口应两侧对称下料浇筑,以防门窗洞口位移或变形,窗口位置应注意先浇窗台下部,后浇窗间墙,以防窗台位置出现蜂窝、孔洞。

6. 大体积混凝土的浇筑

《大体积混凝土施工标准》(GB 50496—2018)规定,混凝土结构物实体最小尺寸不小于1m的大体量混凝土,或预计会因混凝土中胶凝材料水化引起的温度变化和收缩而导致有害裂缝产生的混凝土,称为大体积混凝土。现代高层建筑的基础形式多采用箱形基础、筏形基础和桩基础,这些基础常设计有厚大的混凝土底板或体积较大的承台,都是体积较大的钢筋混凝土结构。尤其是在高层或超高层建筑的塔楼基础范围内,常设计厚度达1~1.5m且面积较大的整体钢筋混凝土筏板或承台。这些结构主要的特点就是体积大,表面系数比较小,水泥水化热释放比较集中，内部升温比较快。混凝土内外温差较大时，会使混凝土产生温度裂缝，影响结构安全和正常使用，所以必须从根本上分析其成因，并采取对应措施来保证施工的质量。

大体积混凝土施工阶段产生的温度裂缝，是其内部一系列物理、化学反应的结果。混凝土浇筑初期，水泥水化产生大量的水化热，水化热聚积在内部不宜散发，使混凝土的内部温度显著升高，但由于混凝土表面散热条件较好，热量可向大气中散发，因而温度上升较少；这样，就形成了较大的内外温差，混凝土内部产生压应力，表面产生拉应力，当拉应力超过混凝土的抗拉强度时，混凝土表面就会产生裂缝。

混凝土浇筑后数日，水泥水化热基本上已释放，混凝土从最高温逐渐降温，降温会引起混凝土收缩；再加上混凝土中多余的水分蒸发等引起的体积收缩变形，又受到地基和结构边界条件的约束（外约束）而不能自由变形，导致产生温度应力（拉应力），当该温度应力超过混凝土的极限抗拉强度时，便会产生裂缝，该裂缝甚至会贯穿整个混凝土构件，造成严重的危害。在大体积混凝土结构的浇筑中，上述两种裂缝（尤其是后一种裂缝）都应设法防止产生。

要防止大体积混凝土结构浇筑后产生裂缝，就要减少浇筑后混凝土的内外温差，降低混凝土的温度应力。对于大体积混凝土的温差控制，《大体积混凝土施工标准》（GB 50496—2018）规定，大体积混凝土工程施工前，应对施工阶段大体积混凝土浇筑体的温度、温度应力及收缩应力进行试算，并确定施工阶段大体积混凝土浇筑体的温升峰值，以及里表温差和降温速率的控制指标，制订相应的温控技术措施。大体积混凝土施工温控指标应符合下列规定：

1）混凝土浇筑体在入模温度基础上的温升值不宜大于50℃。

2）混凝土浇筑体的降温速率不宜大于2℃/d。

3）混凝土浇筑体的里表温差（不含混凝土收缩当量温度）不宜大于25℃。

4）混凝土浇筑体表面与大气温差不应大于20℃。

为此，可采取以下技术措施：

1）优先选用低水化热的水泥品种，如矿渣硅酸盐水泥、火山灰质硅酸盐水泥或粉煤灰硅酸盐水泥，并适当使用缓凝减水剂。

2）在保证混凝土设计强度等级的前提下，掺加粉煤灰等外加剂，适当降低水灰比，减少水泥用量。

3）降低混凝土的出机温度和入模温度，如降低拌和用水的温度（拌和用水中加冰屑或用地下水），集料用冷水冲洗降温、避免暴晒。

4）及时给混凝土覆盖保温、保湿材料，加强养护，减少混凝土表面的热扩散。

5）改善混凝土边界约束并进行构造设计，如合理设置后浇带、分段浇筑；设置滑动层、避免应力集中、设置缓冲层、合理配筋、设应力缓和沟等。

6）预埋冷却水管，通入循环水将混凝土内部热量带出，进行人工导热并加强施工中的温度监测。

以上这些措施不是孤立的，而是相互联系的，施工中必须结合实际情况全面考虑，合理采用，才能收到良好的效果。

为保证大体积混凝土结构的整体性，一般不允许留设施工缝，混凝土应连续浇筑。施工时应分层浇筑、分层捣实，但又要保证上下层混凝土在初凝前结合好。根据结构特点不同，大体积混凝土施工可分为全面分层、分段分层、斜面分层等浇筑方案，如图 5-51 所示。

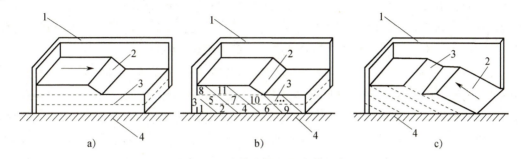

图 5-51　大体积混凝土浇筑方案
a）全面分层　b）分段分层　c）斜面分层
1—模板　2—新浇筑的混凝土　3—已浇筑的混凝土　4—地基

1）全面分层。当结构平面面积不大时，可将整个结构分为若干层进行浇筑，即第一层全部浇筑完毕后再浇筑第二层，如此逐层连续浇筑，直到结束。为保证结构的整体性，要求次层混凝土在前层混凝土初凝前浇筑完毕。浇筑时一般从短边开始，沿长边进行，也可以从中间向两端或由两端向中间同时进行。

2）分段分层。当结构平面面积较大时，全面分层浇筑方案已经不再适用，这时可以采用分段分层的浇筑方案。施工时，混凝土从底层开始浇筑，进行 2~3m 后再回来浇筑第二层，如此逐层连续浇筑。此浇筑方案适用于厚度不太大，而面积或长度较大的结构。

3）斜面分层。施工时，混凝土从结构一端开始浇筑一定长度，并留设坡度为 1∶3 的浇筑斜面，第二层混凝土从斜面下端向上浇筑，逐层进行，此浇筑方案适用于结构的长度超过其厚度 3 倍的情况。

7. 水下混凝土的浇筑

在灌注桩、地下连续墙等基础以及水下结构工程中，常要直接在水下浇筑混凝土。水下混凝土浇筑目前常用"导管法"施工，如图 5-52 所示，导管法是利用导管输送混凝土，使之与

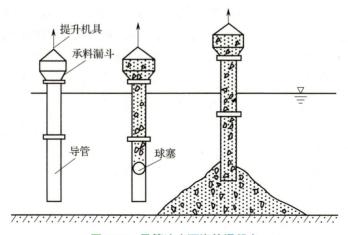

图 5-52　导管法水下浇筑混凝土

水隔离，依靠管中混凝土的自重，使管口周围的混凝土在已浇筑的混凝土内部流动、扩散，以完成混凝土的浇筑工作。

导管由每段长度为 1.5~2.5m 的钢管用法兰加止水胶垫用螺栓连接而成。承料漏斗位于导管顶端，漏斗上方装有振动设备，以防混凝土在导管中堵塞。提升机具用来控制导管的提升和下降。球塞可用软木、橡胶、泡沫塑料等制成，其直径比导管内径小 15~20 mm。

1）施工流程。在施工时，先将导管放入水中（其下部距离基底约 100mm），用吊绳将球塞吊在导管内水位以上 0.2m 处，然后向导管内浇入混凝土。当球塞以上的导管和承料漏斗内装满混凝土后，剪断球塞吊绳，混凝土靠自重推动球塞下落冲向基底，并向四周扩散。球塞冲出导管后，浮至水面，可重复使用。冲入基底的混凝土将管口包住，形成混凝土堆。不断将混凝土浇入导管中，管外混凝土面不断被管内的混凝土挤压上升，随着管外混凝土面的上升，导管也逐渐提高（到一定高度，可将导管顶段拆下）。但不能提升过快，必须保证导管下端始终埋入混凝土内，其最大埋入深度不宜超过 5m。混凝土浇筑的最终高程应高于设计标高约 100mm，以便清除强度低的表面混凝土（清除工作应在混凝土强度达到 2~2.5MPa 后方可进行）。

2）注意事项：

①必须保证第一次浇筑的混凝土量能将导管下端埋入已浇筑混凝土中一定深度，其后应能始终保持管内混凝土的高度。

②严格控制导管提升高度，只能上下升降，不准左右移动，以免造成管内返水事故。

③如水下结构物面积大，可用几根导管同时浇筑。

5.3.6 混凝土的振捣

混凝土入模时呈疏松状，里面含有大量的孔洞与气泡，必须采用适当的方法在其初凝前振捣密实，以满足混凝土的设计要求。混凝土浇筑后的振捣是用混凝土振动器的振动力，把混凝土内部的空气排出，使砂充满石子间的空隙，水泥浆充满砂之间的空隙，以达到密实混凝土的目的。混凝土密实成型分为机械振捣密实成型、离心法成型和自流浇筑成型等。

1. 机械振捣密实成型

1）振捣原理。匀质的混凝土拌合物介于固态与液态之间，内部颗粒依靠物料间的摩擦力、黏聚力处于悬浮状态。当混凝土拌合物受到振动时，振动能量以脉冲的方式传给物料颗粒，迫使其参与振动，振动能消除物料之间的摩擦力，使混凝土拌合物内部因缺少摩擦力而处于液态，故此时的混凝土拌合物暂时被液化，处于"液化状态"。此状态下，混凝土的流动性增加，水泥浆均匀地分布并填充集料的空隙，迫使气泡上浮，排除了拌合物中的空气和孔隙，物料颗粒在重力作用下下沉，同时又受振动的作用排列成比较紧密的结构。这样一来，通过振动使混凝土完成了成型和密实的过程。

2）混凝土振捣机械。混凝土的振捣机械按其工作方式不同，有内部振动器、表面振动器、附着式振动器和振动台等。这些振捣机械的构造原理基本相同（图 5-53），主要是利用偏心锤的高速旋转，使振捣机械因离心力而产生振动。在工程施工中，主要使用内部振动器和表面振动器。

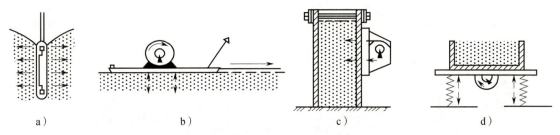

图 5-53 振捣机械示意图

a）内部振动器　b）表面振动器　c）附着式振动器　d）振动台

①内部振动器（图 5-54）。内部振动器也称为插入式振动器，它由电动机、传动装置和振捣棒三部分组成，工作时依靠振捣棒插入混凝土中后产生的振动力捣实混凝土。内部振动器在建筑工程中应用较广泛，常用于振实梁、柱、墙等平面尺寸较小而深度较大的构件和体积较大的混凝土。对于坍落度较小的混凝土一般用高频内部振动器，对于坍落度较大的混凝土一般用低频内部振动器；集料粒径较小的混凝土一般用高频内部振动器，集料粒径较

图 5-54 内部振动器

大的混凝土一般用低频内部振动器。内部振动器有垂直振捣和斜向振捣两种施工方法。垂直振捣具有容易掌握插点距离，容易控制插入深度（不超过振捣棒长度的 1.25 倍），不易产生漏振，不易触及模板、钢筋，混凝土振后能自然沉实、均匀密实等特点。斜向振捣具有操作省力、效率高、出浆快、易于排除空气、不会产生严重的离析现象、振捣棒拔出时不会形成孔洞等特点。

②表面振动器。表面振动器主要有平板振动器（图 5-55）、振动梁（图 5-56）和混凝土整平机（图 5-57）等，其作用深度较小，多用于混凝土表面振捣。平板振动器适用于楼板、地面及薄型水平构件的振捣，振动梁和混凝土整平机常用于混凝土道路的施工。

图 5-55 平板振动器

图 5-56 振动梁

③附着式振动器。附着式振动器又称为外部振动器（图5-58），作业时通过螺栓或夹钳等固定在模板外部，通过模板将振动力传给混凝土拌合物。附着式振动器的振动作用深度小，适用于振捣断面小且钢筋密集的构件，如薄腹梁、箱形桥面梁、地下密封结构，以及无法采用内部振动器的场合。

图5-57 混凝土整平机

图5-58 外部振动器

④振动台。振动台又称为台式振动器，是一个支撑在弹性支座上的工作平台，在工作平台下面装有振动机构，当振动机构运转时，带动工作平台强迫振动，从而使位于工作平台上的混凝土得到振实。振动台主要由上部框架、下部框架、支撑弹簧、电动机、齿轮同步器等组成。模板固定在工作平台上，跟着振动机构作上下方向的定向振动。振动台主要用于混凝土制品厂预制构件的振捣，具有生产效率高、振捣效果好等优点。

2. 离心法成型

离心法成型是将装有混凝土的模板放在离心机上，在离心力作用下，使混凝土分布于模板的内壁，并将混凝土中的部分水分挤出，使混凝土密实。此方法适用于管柱、管桩、电杆、上下水管道等构件的生产。采用离心法成型时，石子最大粒径不应超过管壁厚的1/4~1/3，水泥用量不低于350kg/m³，不得使用火山灰质硅酸盐水泥，混凝土坍落度应控制在30~70mm。

3. 自流浇筑成型

在混凝土拌合物中掺入高效减水剂，使其坍落度大大增加，混凝土在浇筑的过程中自行流动，在流动的过程中成型。为了避免浇筑完成的混凝土裸露表面在凝固的过程中产生塑性收缩裂缝，需要在混凝土初凝前和终凝前分别对混凝土裸露表面进行抹面处理，抹面可采用铁板压光磨平两遍或用木抹子抹平搓毛两遍的施工工艺。对于梁、板结构以及易产生裂缝的结构部位，应适当增加抹面次数。

5.3.7 混凝土的养护

混凝土浇筑捣实后，逐渐凝固硬化，这个过程主要是由水泥的水化作用实现的，而水化作用必须在适当的温度和湿度条件下才能完成。因此，为了保证混凝土有适宜的硬化条件，使其强度不断提高，必须对混凝土进行养护。

混凝土浇筑后，如气候炎热、空气干燥，不及时进行养护的话，混凝土中的水分会快速蒸发,发生"脱水",使已形成凝胶体的水泥颗粒不能充分水化,不能转化为稳定的结晶,缺乏足够的黏结力,从而在混凝土表面出现片状或粉状脱落。此外,在混凝土尚未具备足够的强度时,水分过早的蒸发还会产生较大的收缩变形,混凝土出现干缩裂纹,影响混凝土的耐久性和整体性。所以,混凝土浇筑后初期阶段的养护非常重要,混凝土终凝后应立即进行养护,干硬性混凝土应于浇筑完毕后立即进行养护。

混凝土养护的方法有很多,通常按养护工艺分为自然养护和加热养护两大类。现场施工一般采用自然养护。

1. 自然养护

自然养护是指利用平均气温高于5℃的自然条件,用保水材料等对混凝土加以覆盖后适当浇水,使混凝土在一定的时间内在湿润状态下硬化。自然养护成本低,效果好;但养护期较长。自然养护可分为覆盖浇水养护和薄膜布养护。

(1)覆盖浇水养护 覆盖浇水养护是用吸水保温能力较强的材料(如草帘、芦席、麻袋、锯末等)将混凝土覆盖,经常洒水使其保持湿润。具体施工时,在混凝土浇筑完毕后的3~12h内用草帘、芦席、麻袋、锯末等将混凝土覆盖,浇水保持湿润;当气温在15℃以上时,在混凝土浇筑后的最初3d内,白天至少每3h浇水一次,夜间应浇水两次,以后每昼夜浇水三次左右。如遇高温或干燥气候,应适当增加浇水次数,覆盖浇水养护应符合下列规定:

1)覆盖浇水养护应在混凝土浇筑完毕后的12h内进行。

2)养护时间长短取决于水泥品种,普通硅酸盐水泥或矿渣硅酸盐水泥拌制的混凝土,养护时间不少于7d;火山灰质硅酸盐水泥或粉煤灰硅酸盐水泥拌制的混凝土或有抗渗要求的混凝土,不少于14d。当采用其他品种水泥时,混凝土的养护时间应根据所采用水泥的技术性能确定。

3)浇水次数应根据能保持混凝土处于湿润的状态来决定。

4)混凝土的养护用水宜与拌制用水相同。

5)当日平均气温低于5℃时,不得浇水。

大面积结构如地坪、楼板、屋面等,可采用蓄水养护。蓄水池一类的工程,可在内侧模板拆除后,待混凝土达到一定强度后注水养护。对于地下基础工程,可采取覆土养护。

(2)薄膜布养护 在有条件的情况下,可采用不透水、不透气的薄膜布(塑料薄膜布等,图5-59)覆盖混凝土表面,使混凝土与空气隔绝,水分不再蒸发,水泥靠混凝土中的水分完成水化作用而使混凝土凝结硬化。这种养护方法的优点是不必浇水,操作方便,能重

图 5-59 覆盖塑料薄膜布养护

复使用,能提高混凝土的早期强度,提高模具的周转率;注意应该保持薄膜布内有凝结水。

2. 加热养护

加热养护是指以人工的方式控制混凝土的养护温度和湿度,使混凝土强度增长,如蒸汽养护、热模养护、太阳能养护等。加热养护主要用来养护预制构件。

5.3.8 管道清洗

混凝土泵送施工结束后,应及时进行管道清洗。管道清洗有气洗和水洗两种方法。

1)气洗方法是指用压缩空气吹洗,它是将浸透水的清洗球先塞进气洗接头,再连接与变径管相接的第一根输送管,并在输送管的末端接上安全盖(安全盖的孔口必须朝下)。气洗时,必须控制压缩空气的压力不超过 0.8MPa;气阀要缓慢开启,当混凝土能顺利流出时才可开大气阀;气洗完毕后要马上关闭气阀。气洗需要配备空气压缩机,要严格按规定操作,并要求管道密封性良好。气洗不能清洗很长的管道,对远距离的管道应分段清洗。由于此方法危险性较大,操作需谨慎,故应用较少。

2)水洗方法是在混凝土管道内放置一个海绵球,用清水作介质进行泵送,通过海绵球将管道内的混凝土顶出。

由于海绵球不能阻止水的渗透,水压越高,水的渗透量就越大,大量的水透过海绵球后进入混凝土中,会将混凝土中的砂浆冲走,使剩下的粗集料失去流动性而引起堵管,导致水洗失败。因此,传统水洗方法的作业高度一般不超过 200m。针对 200m 以上垂直方向管道的清洗,对传统水洗方法进行改进,管道中不加海绵球,而是加入 $1~2m^3$ 的砂浆进行泵送,然后再加入水进行泵送,直至布料机出口出现清水。注意从洗管开始到结束不能停止泵送,水源不得间断。采用这种改进的水洗方法,在混凝土与水之间有一段较长的砂浆过渡段,不会出现混凝土中的砂浆与粗集料分离的状况,保证了水洗的顺利进行;而且还可将残留在输送管内的混凝土全部输送至浇筑点,几乎没有混凝土浪费。

高层建筑的优点

世界各大城市发展到一定程度后,都在积极致力于提高城市建筑的层数。实践证明,高层建筑在提供独特居住体验的同时,还存在一些显著的优点:

1)视野开阔。高层建筑由于高度较高,位于较高位置的住房能够提供更为广阔的视野和景观,包括城市美景和自然风光。

2)通风和采光较好。高层建筑周围遮挡较少,位于较高位置的住房采光通常较为充足,室内显得更加明亮,通风效果也较好,能够维持较为舒适的空气环境。

3)噪声小。高层建筑中位于较高位置的住房距离地面道路等噪声源较远,且周围建筑物反射的噪声较少,能够提供较为安静的居住环境。

4)空气质量好。由于高度较高,空气中的污染物随楼层高度的增加而减少,空气质量较好。

5)节约土地。城市中土地资源是非常宝贵的,高层建筑能够在有限的土地上创造更多的居住和办公空间,从而提高城市的居住密度,提高土地利用率,因此扩大了市区空地,利于城市绿化和改善卫生环境。

项目 5　高层现浇混凝土结构施工

6）节省市政投资。高层建筑使城市用地紧凑而高效，可以使道路、管线等设施集中布置，从而节省市政投资费用。

7）提高城市形象。高层及超高层建筑的建造和使用可以提高城市的形象与文化内涵。超高层建筑一般是城市的地标性建筑，它们独特的建筑风格和设计理念可以代表城市的文化内涵与特色。此外，超高层建筑的建造和使用也可以促进城市的发展，带动周边产业的发展，增加城市的知名度和影响力。

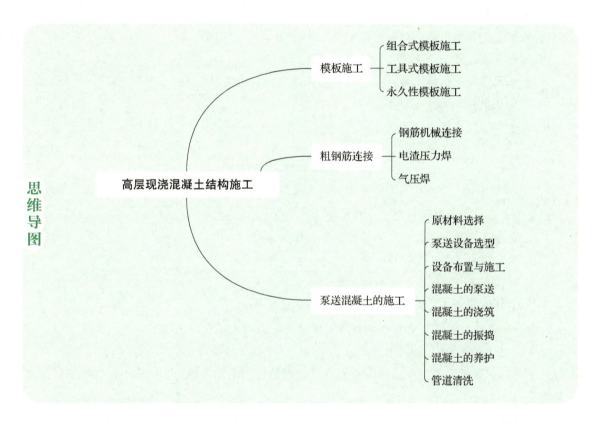

1. 胶合板模板的特点有哪些？
2. 铝合金模板施工具有哪些优点？
3. 简述早拆模板的基本原理。
4. 简述大模板工程的施工工艺流程。
5. 滑升模板装置由哪几部分组成？各有何作用？
6. 简述滑升模板施工的优点。
7. 滑升模板施工中对混凝土有何要求？如何控制混凝土出模强度？
8. 滑升模板支撑杆的接长方法有哪些？采用工具式支撑杆时，支撑杆宜用什么方法连接？

9. 采用滑升模板浇筑墙体时，现浇楼板的施工方法有哪些？

10. 简述滑框倒模施工工艺。

11. 爬升模板施工工艺具有哪些特点？

12. 简述电渣压力焊的焊接工艺过程。

13. 简述气压焊的基本施工过程。

14. 泵送混凝土对材料有哪些要求？

15. 对施工缝的留设位置有哪些要求？

16. 混凝土工程施工缝是如何处理的？

17. 简述泵送混凝土管道清洗的方法和过程。

18. 大体积混凝土的施工特点是什么？如何确定浇筑方案？

19. 简述自然养护的方法与要求。

20. 简述直螺纹套筒连接的技术特点。

能力训练题

1. 关于滑升模板的组装顺序，正确的是（　　）。

　　A. 安装提升架→安装模板→绑扎钢筋→安装围圈

　　B. 绑扎钢筋→安装模板→安装提升架→安装围圈

　　C. 安装围圈→安装提升架→绑扎钢筋→安装模板

　　D. 安装提升架→安装围圈→绑扎钢筋→安装模板

2. 为满足泵送和抗压强度要求，卵石与管道的直径之比不大于（　　）。

　　A. 1∶2.5　　　　B. 1∶4　　　　C. 1∶1.5　　　　D. 1∶5

3. 采用早拆模板施工时，混凝土楼板强度达到设计强度标准值的（　　）时，即可拆除楼板底模板。

　　A. 25%　　　　B. 50%　　　　C. 75%　　　　D. 1.2MPa

4. 下列连接方法中不属于滑升模板施工中支撑杆的连接方法的是（　　）。

　　A. 螺栓连接　　　B. 螺扣连接　　　C. 榫接　　　D. 焊接

5. 现场竖向钢筋焊接接长，宜采用（　　）。

　　A. 对焊　　　　B. 点焊　　　　C. 电弧焊　　　　D. 电渣压力焊

6. （　　）用于固定模板，保证模板体系的几何形状及尺寸，承受模板传来的水平与垂直荷载。

　　A. 提升架　　　B. 围圈　　　C. 外吊脚手架　　　D. 千斤顶

7. 泵送混凝土的坍落度不得小于（　　）mm。

　　A. 100　　　　B. 120　　　　C. 150　　　　D. 160

8. "模板爬架子，架子爬模板"工艺指的是（　　）。

　　A. 爬升模板　　　B. 滑升模板　　　C. 大模板　　　D. 台模

9. 混凝土运输、浇筑及间歇的全部时间不允许超过（　　）。
   A. 混凝土终凝时间　　　　　　　　　B. 混凝土初凝时间
   C. 混凝土终凝加初凝时间　　　　　　D. 混凝土搅拌时间的两倍
10. 为了保证混凝土的可泵性，每立方米混凝土水泥用量不小于（　　）。
    A. 280kg　　　　B. 300kg　　　　C. 350kg　　　　D. 500kg
11. 下列对模板支架拆除的描述错误的是（　　）。
    A. 应先拆承重的模板，后拆非承重的模板
    B. 应自上而下，分层分段进行拆除
    C. 拆模必须拆除干净，不得留有悬空模板
    D. 拆模应配置登高用具或搭设支架
12. 混凝土施工缝宜留置在（　　）。
    A. 结构受剪力较小且便于施工的位置　　B. 遇雨停工处
    C. 结构受弯矩较小且便于施工的位置　　D. 结构受力复杂处
13. 确定大体积混凝土浇筑方案时，对厚度及面积均较大的混凝土结构，宜采用（　　）方法进行浇筑。
    A. 全面分层　　　B. 分段分层　　　C. 斜面分层　　　D. 局部分层
14. 梁、柱混凝土浇筑时应采用（　　）振捣。
    A. 表面振动器　　B. 附着式振动器　　C. 内部振动器　　D. 振动台
15. 铝合金模板属于（　　）系列。
    A. 大模板　　　　B. 永久性模板　　　C. 组合式模板　　D. 工具式模板

项目 6

装配式混凝土结构施工

素养目标：

结合装配式混凝土结构施工技术的学习，培养团队精神和协作能力，提高跨部门沟通、交流和协作能力。

知识目标：

1. 熟悉预制构件的生产方法。
2. 掌握预制构件生产、吊装、运输、堆放的要求和方法。
3. 熟悉预制构件质量检验的主要方法和要求。
4. 掌握装配式混凝土结构的施工工艺流程。
5. 熟悉常见预制构件的安装方法。
6. 掌握装配式混凝土结构的连接工艺。
7. 熟悉装配式混凝土结构质量检验和质量控制的内容与方法。

能力目标：

1. 能够监督预制构件的加工与生产过程。
2. 能够进行预制构件的质量验收并完成相关记录。
3. 能编制预制构件吊装的专项施工方案。
4. 能进行装配式混凝土结构施工技术交底。
5. 能够在现场协助工程师进行预制构件的安装。
6. 能进行装配式混凝土结构施工质量验收。

按照《装配式混凝土建筑技术标准》（GB/T 51231—2016）的定义，装配式建筑是指结构系统、外围护系统、设备与管线系统、内装系统的主要部分采用预制部品、部件集成的建筑。装配式建筑按结构材料分类，可分为装配式混凝土结构建筑、装配式钢结构建筑、装配式木结构建筑及装配式混合建筑等。

装配式混凝土结构是指由预制混凝土构件（又称为 PC 构件，简称预制构件）通过可靠的连接方式装配而成的混凝土结构，包括装配整体式混凝土结构、全装配混凝土结构等，在建筑工程中称为装配式建筑,在结构工程中称为装配式结构。其中,装配整体式混凝土结构是指由预制构件通过可靠的方式进行连接,并与现场后浇的混凝土、水泥基灌浆料一起形成整体的装配式混凝土结构。根据结构形式和预制方案,可将装配整体式混凝土结构分为装配整体式框架结构、装配整体式框架现浇剪力墙结构、装配整体式混凝土剪力墙结构、预制叠合剪力墙结构等。

1)装配整体式框架结构的全部或部分框架梁、柱采用预制构件,其连接节点单一、简单,结构构件的连接比较可靠,质量容易得到保证,方便采用等同现浇的设计概念;框架结构布置灵活,容易满足不同的建筑功能需求;结合外墙板、内墙板及预制楼板或预制叠合楼板的应用,预制率可以达到很高的水平。由于技术和使用习惯等原因,我国装配整体式框架结构主要适用于低层和多层建筑,其最大适用高度要低于剪力墙结构或框架-剪力墙结构。

2)装配整体式框架现浇剪力墙结构是由预制混凝土梁、板、柱构件和现浇混凝土剪力墙通过整体式连接形成的一种竖向承重和水平抗侧力结构。此结构施工时,预制构件在施工现场拼装后,采用墙板间竖向连接缝现浇、上下墙板间主要竖向受力钢筋浆锚连接,以及楼面梁、板叠合现浇的施工方式形成整体。该结构对关键的梁、柱连接节点采用套筒灌浆连接,对楼板叠合层采用现浇处理,既增加了结构的整体性,实现了与现浇"同等型";又做到了协调统一、优化配置,在不降低结构安全性的前提下,优化了建筑性能和功能。这种结构的优点是布置灵活、有较大的刚度,抗震性能好,框架部分的装配化程度较高。

3)装配整体式混凝土剪力墙结构是由预制混凝土剪力墙墙板构件和现浇混凝土剪力墙构成结构的竖向承重和水平抗侧力体系,再通过整体式连接形成的一种钢筋混凝土剪力墙结构形式。该结构对关键的节点及楼板叠合层均采用现浇处理,既增加了结构的整体性,实现了与现浇"同等型";又解决了建筑部件、暖通空调、给水排水系统、电气系统等子系统的施工要求,做到了协调统一、优化配置,在不降低结构安全性的前提下优化了建筑性能和功能。该结构还具有住宅户型布置灵活,房间内没有梁、柱棱角,综合造价较低等优点。

4)预制叠合剪力墙结构是指一侧或两侧均为预制混凝土墙板,在另一侧或中间部位现浇混凝土,形成一种结构整体共同受力的剪力墙结构。它具有制作简单、施工方便等诸多优点。

与传统建筑结构相比较,装配式混凝土结构符合建筑产业现代化、智能化、绿色化的发展方向,具有建造速度快、绿色环保等突出优点。其优点主要体现在:

1)标准化设计。装配式混凝土结构按照通用化、模数化、标准化的要求,以少规格、多组合的原则,实现了建筑及部品、部件的系列化和多样化。

2)工业化生产。装配式建筑的部分或全部构件由工厂生产,采用了较先进的生产工艺,模具成型、蒸汽养护,机械化程度较高,从而使生产效率大大提高,产品成本大幅降低。同时,由于生产工厂化,材料、工艺容易掌控,使得构件产品质量有很好的保证。

3)装配化施工。现场装配化施工是指预制构件运至现场后,按预先设定的顺序,由专业人员进行组装与施工。与传统建筑工程施工相比,装配式混凝土结构装配化施工过程简单,施工用工量大幅减少,大部分的预制构件在工厂内生产完成,现场仅是组装,装配化施工受天气因素影响小，大大缩短了施工周期。

4）一体化装修。预制构件在生产时，已预先统一在构件上预留了孔洞并设置了预埋件，避免在装修施工阶段对预制构件打凿、穿孔，减少了材料二次加工的工作量。

5）信息化管理。预制构件在生产、运输及施工过程中，可采用一体化生产，利用BIM技术等信息化手段建立信息库，实现全专业、全过程的信息化管理。

任务6.1　预制构件的制作

6.1.1　装配式混凝土建筑常见的预制构件

（1）预制柱　预制柱是建筑物的主要竖向受力构件，有预制实心柱（图6-1）和预制空心柱（图6-2）两种形式。目前，预制空心柱在我国工程中较少见，属于一种较新型的装配式混凝土叠合构件。预制实心柱的一端预留钢筋接头，另一端为灌浆套筒。安装时，通过吊装设备将预制柱吊装至指定位置，使上层柱底的灌浆套筒套入下层柱顶的预留钢筋接头，然后通过灌浆形成可靠的连接节点，最终实现荷载的上下传递。预制柱可采用单节柱或多节柱，柱的长度可达到12m或更长。每节柱的长度为一个层高，有利于柱垂直度的控制、调节，实现了生产、运输、吊装环节的标准化操作，简单、易行，易于质量控制。

图6-1　预制实心柱

图6-2　预制空心柱

（2）预制墙　预制墙是在预制厂（场）加工制成的供建筑装配用的混凝土板形构件，其受力构件主要包括预制剪力墙外墙板和预制剪力墙内墙板。

1）预制剪力墙外墙板。目前常用的预制夹心保温剪力墙外墙板，由外叶板、保温层和内叶板三部分组成，也称为预制夹心保温剪力墙墙板，是集承重、围护、保温、防水、防火、装饰等功能为一体的装配式预制构件。内叶板为预制剪力墙，外叶板为钢筋混凝土保护层，中间一层即为保温层（图6-3）。外叶板与内叶板之间通过保温拉结件进行连接，内叶板侧面通过预留钢筋与现浇剪力墙边缘构件连接，底部通过钢筋灌浆套筒与下层预制剪力墙预留钢筋连接。预制剪力墙外墙板可采用面砖反打（图6-4）和窗框预埋等集成技术。面砖反打是指预制剪力墙外墙板和装饰瓷砖或装饰大理石在预制厂一次成型，可提高面砖的黏结力，避免脱落。

面砖在入模铺设前,应先将单块面砖根据构件排版图的要求分块制成面砖套件,面砖套件应在定型的套件模具中制作,因此外观横平竖直、效果美观。窗框也可以在预制厂中预埋,或者仅预埋附框,可有效避免窗框渗漏的质量通病。

图 6-3　预制夹心保温剪力墙外墙板

图 6-4　面砖反打

2)预制剪力墙内墙板。预制剪力墙内墙板(图 6-5)的侧面在施工现场通过预留钢筋与现浇剪力墙边缘构件连接,底部通过钢筋灌浆套筒与下层预制剪力墙预留钢筋连接。

(3)预制梁　预制梁为主要的水平承重构件,采用工厂生产、现场安装的形式,通过预制梁的外露钢筋、预埋件等与预制叠合板及预制柱共同进行二次浇筑连接。预制梁有预制实心梁、预制叠合梁(图 6-6)及预制 U 形梁(主要用于桥梁,图 6-7)三种形式,其中以预制叠合梁应用较多。预制叠合梁在预制厂内通过模具将钢筋和混凝土浇筑成型,并预留上部钢筋作为连接节点;现场安装时,待预制楼板吊装在预制梁上后,完成上部钢筋的绑扎,最后浇筑梁、板上部混凝土,通过整体现浇的方式将梁、柱和楼板连接成整体。

图 6-5　预制剪力墙内墙板

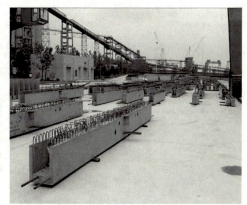
图 6-6　预制叠合梁

(4)预制楼面板　预制楼面板按照生产工艺的不同,可分为预制叠合板(图 6-8)、预制实心板(图 6-9)、预制空心板(图 6-10)、预制双 T 板(图 6-11)等。

预制叠合板既是楼板结构的组成部分之一,又是现浇钢筋混凝土叠合层的永久性模板,现浇叠合层内可敷设水平管线。预制叠合板整体性好,刚度大,可节省模板,而且板的上、下表

图 6-7 预制 U 形梁

图 6-8 预制叠合板（桁架钢筋叠合板）

图 6-9 预制实心板

图 6-10 预制空心板

面平整，便于饰面层装修。预制叠合板常见的主要有两种：一种是桁架钢筋叠合板（图 6-8），另一种是预制带肋底板叠合板（图 6-12）。预制叠合板预制部分的最小厚度为 60mm，叠合板在工地安装到位后要进行二次浇筑，从而形成整体的实心楼板。桁架钢筋叠合板属于半预制构件，下部为预制板，外露部分为桁架钢筋，是目前国内常见的预制底板，桁架钢筋的主要作用是将后浇筑的混凝土层与预制底板形成整体，并在生产和安装过程中提供刚度。

图 6-11 预制双 T 板

图 6-12 预制带肋底板叠合板

桁架钢筋叠合板的钢筋包括桁架钢筋和钢筋网片,桁架钢筋(图6-13)由钢筋焊接而成,分为弦杆和腹杆,其中弦杆又分为上弦杆和下弦杆。桁架钢筋沿受力方向布置,距板边不应大于300mm,间距为600mm。预制叠合板的钢筋呈网片状,宽度方向的水平钢筋位于长度方向水平钢筋的下层,桁架钢筋的下弦钢筋与长度方向的水平钢筋同层,伸出预制混凝土层的桁架钢筋和粗糙的混凝土表面一起,共同保证了叠合楼板的预制部分与现浇部分能有效地结合成整体。桁架钢筋叠合板结合了预制混凝土和现浇混凝土各自的优点,适用于对整体刚度要求较高的高层建筑和大开间建筑。

(5)预制楼梯 楼梯是建筑垂直交通的主要形式,主要由休息平台板、楼梯梁、楼梯段三个部分组成。预制楼梯(图6-14)通常是对楼梯段进行预制,再在施工现场吊装就位,显著加快了施工速度。预制楼梯与现浇楼梯相比更加美观,避免了现场支模工作,能有效提高施工效率,减少对环境的污染。

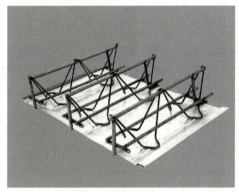

图6-13 桁架钢筋

图6-14 预制楼梯

预制楼梯在梯段板支座处常采用销、键连接,上端支撑处为固定铰支座,下端支撑处为滑动铰支座,其转动及滑动变形能力应满足层间位移的要求。

(6)预制阳台 预制阳台分为半预制阳台(叠合阳台,图6-15)和全预制阳台(图6-16,又分为全预制板式阳台和全预制梁式阳台)。全预制阳台表面的平整度可以像模具表面那样平整或者做成凹陷的效果,地面坡度和排水口也在工厂预制完成。预制阳台板的长度不宜大于6m,宽度不宜大于2m,可根据建筑规范要求做反坎翻边及固定栏杆预埋件。

图6-15 半预制阳台

图6-16 全预制阳台

6.1.2 预制构件的制作

预制构件的生产方法可根据场地和构件尺寸的不同以及实际需要等,分别采用流水生产线法和台座法。

1. 流水生产线法

流水生产线法(图6-17)是一种生产设备固定、模台移动的预制构件生产组织方法。作业时,在工厂内通过辊轴传送机或者传送装置将托盘模具内的构件从一个操作台转移到另一个操作台上,其特点是生产机具和操作人员的位置相对固定,工件按顺序和一定的时间节拍在各个工位上行走。流水生产线法主要有

图 6-17 流水生产线法

以下两方面的优势:一方面,它可以更好地组织整个产品的生产过程,材料供应不需要内部搬运即可到位,而且每个工人每次都可以在同一个位置完成同样的工作;另一方面,它可以降低工厂生产成本,因为每个独立的生产制作工序均在专门设计的操作台上完成。流水生产线法按节拍时间可分为固定节拍和柔性节拍。固定节拍适合管桩的生产,柔性节拍适合预制构件的生产。流水生产线法的优势在于生产效率高,生产工艺可通过流水线布置进行调整,适用于标准程度较高的板类构件生产,如叠合楼板、叠合墙板等。

2. 台座法

台座法(固定生产线法)的基本思路是模台位置固定,操作人员和生产机具按顺序从一个构件移至另一个构件,完成各项生产过程。台座法可分为长线台座法(图6-18)和短线台座法(图6-19)。台座法具有产品适用范围广,加工工艺灵活但效率较低等特点,可制作各种标准化构件、非标准化构件和异型构件。长线台座法是指所有的生产模台通过机械方式进行连接,形成通长的模台,主要用于各种预应力楼板的生产。短线台座法是指所有的生产模台按一定距离进行布置,每张模台均独立作业,主要用于生产截面高度超过生产线最大允许高度、尺寸过大、工艺复杂、批量较小等不适合循环流水作业的异型构件。变化较多的构件,如带门窗的墙

图 6-18 长线台座法

图 6-19 短线台座法

板，适合用短线台座法生产。

6.1.3 模具的制作与组装

1. 模具的制作

现有的模具可分为独立式模具和大模台式模具。独立式模具用钢量较大，适用于构件类型较单一且重复次数多的项目。大模台式模具的模台可共用，只需制作侧边模具。

模具应采用移动式或固定式钢底模板，侧模板宜采用型钢或铝合金型材，也可根据具体要求采用其他材料。模具设计应遵循用料轻量化、操作简便化、应用模块化的设计原则，并应根据预制构件的生产标准、生产工艺及技术要求，模具的周转次数、通用性等相关条件确定模具的设计和制作方案。

模板、模具及相关设施应具有足够的承载力、刚度和整体稳定性，并应满足预埋管线、预留孔洞、预留钢筋、预留吊件、预留固定件等的定位要求。模具构造应满足钢筋入模，以及混凝土浇捣、养护和便于脱模等要求，并便于清理和涂刷隔离剂。模具堆放场地应平整坚实，并应有排水和避免模具变形及锈蚀的措施。

2. 模具的组装

模具组装前必须清理干净，不得存有铁锈、油污及混凝土残渣，接触面不应有划痕、锈渍和氧化层脱落等现象。对于变形超过允许偏差的模具一律不得使用，首次使用及大修后的模具应全数检查，使用中的模具应当定期检查，并做好检查记录。

模具的组装应按照模具的安装方案进行，组装模具时应仔细检查模板是否有损坏、缺件现象，损坏、缺件的模板应及时维修或者更换。对于特殊构件，要求钢筋先入模后再组装模具。组装模具时，模板接触面的平整度、板面弯曲、拼装缝隙、几何尺寸等应满足相关设计要求。模具固定一般有螺栓固定和磁力盒固定（图6-20、图6-21）。模台的4个侧模板采用螺栓固定，侧模板与模台宜采用磁力盒固定。使用磁力盒固定模具时，一定要将磁力盒底部的杂物清除干净，且必须将螺栓有效地压在模具上。用机械手组装模具时，用机械手将侧模板按照放好的模具边线逐个摆放到位，并按下磁力盒开关把侧模板通过磁力与模台连接牢固。磁力盒之间的距离不大于1.2m。

图6-20 磁力盒固定模具

图6-21 磁力盒

模具组装应连接牢固、接缝严密、不漏浆。模具验收合格后，要进行清理，模台清理既可以用模台清理机进行，也可由人工完成，不论采用哪种清理方式，均应保证模台表面无混凝土或砂浆残留。清理完成后，要在模台表面和侧模板上涂刷脱模剂（图6-22），模具夹角处不得漏涂，不得使用会影响混凝土表面质量的脱模剂。脱模剂使用前要确保在有效使用期内，并且必须均匀涂刷。

6.1.4 钢筋下料与预埋件安装

图6-22 模台表面涂刷脱模剂

（1）钢筋下料 钢筋骨架、钢筋网片和预埋件必须严格按照构件加工图及下料单的要求制作。纵向钢筋及需要套螺纹的钢筋，不得使用切断机下料，必须保证钢筋两端平整，套螺纹的长度、螺距必须满足图纸要求。为提高生产效率，钢筋下料宜采用数控钢筋加工设备（图6-23）。首件钢筋下料完成后，必须通知技术、质检等相关部门检查验收。钢筋下料过程中应当定期、定量检查，对于不符合设计要求及超过允许偏差的一律不得绑扎，按废料处理。

钢筋制品吊运入模前应对其质量进行检查，并应在检查合格后再入模（图6-24）。钢筋骨架吊装时应采用多吊点的专用吊架，以防止钢筋骨架产生变形。保护层垫块宜采用塑料类垫块，且应与钢筋骨架或钢筋网片绑扎牢固。垫块按梅花状布置，间距应满足钢筋限位及控制变形的要求。钢筋骨架入模时应平直、无损伤，表面不得有油污或者锈蚀。钢筋制品吊运入模时，应按构件图纸安装好钢筋连接套管、连接件、预埋件，钢筋绑丝甩扣应弯向构件内侧。

图6-23 数控钢筋加工设备

图6-24 钢筋入模

（2）预埋件安装 预制构件表面的预埋件、螺栓孔和预留孔洞应按构件图纸安装，应满足预制构件吊装、制作工况下的安全性、耐久性和稳定性。固定预埋件前，应检查预埋件的型号、材料用量、材料级别、规格、尺寸，以及预埋件的平整度、锚固长度、焊接质量等。预埋线盒、线管或其他管线时，必须与模板或钢筋固定牢固，并将孔隙堵塞严密，避免水泥砂浆进入。预埋螺栓、预埋吊具等应采用工具式卡具固定,并应保护好螺扣。带门窗框、预埋管线的构件在制作时,门窗框、预埋管线应在浇筑混凝土前预先放置并固定,在混凝土浇筑、振捣过程中不得发生移位,固定时应采取防止污染窗体表面的保护措施。

6.1.5 混凝土浇筑

在混凝土浇筑前应进行预制构件的隐蔽工程验收,符合有关标准规定和设计文件要求后方可浇筑混凝土。隐蔽工程检查项目应包括下列内容:

1)模具各部位尺寸、定位的可靠性。
2)饰面材料的品种及铺放质量。
3)钢筋的牌号、规格、数量、位置、间距等是否符合设计与规范要求。
4)受力钢筋的连接方式、接头位置、接头质量、接头面积百分率、搭接长度、锚固方式及锚固长度等;伸出钢筋的直径、伸出长度、位置偏差等;箍筋弯钩的弯折角度及平直段长度等。
5)预埋件及门窗框的规格、数量、位置及固定措施等。
6)灌浆套筒、波纹管、吊具、插筋,以及预留孔洞的规格、数量、位置等。
7)保温板、保温板连接件的数量、规格、位置等。
8)钢筋的混凝土保护层厚度等。
9)隔离剂的品种、涂刷要求。

混凝土布料(图6-25)应连续进行,并应均匀摊铺(图6-26),同时应观察模具、门窗框、预埋件、连接件等的变形和移位,变形与移位超出规定的允许偏差时应及时采取补强和纠正措施。混凝土从出机到浇筑完毕的持续时间,气温高于25℃时不宜超过60min,气温不高于25℃时不宜超过90min。混凝土振捣设备应根据混凝土的品种、和易性,以及预制构件的规格和形状等因素确定,应制定混凝土振捣成型操作规程。混凝土振捣应密实,振动器不应碰触钢筋骨架、饰面和预埋件。混凝土浇筑完成后应进行一次抹面收光(图6-27),抹面收光过程中应当检查外露的钢筋及预埋件,并按照要求调整。预制构件与后浇混凝土的结合面或叠合面应按设计要求制成粗糙面,粗糙面可采用拉毛处理方法(图6-28,采用流水生产线法生产时,可采用拉毛机进

图 6-25 混凝土布料

图 6-26 混凝土摊铺

行机械拉毛；采用台座法生产时，可由人工拖拽拉毛器进行拉毛），也可采用化学和其他物理处理方法。混凝土浇筑完毕后应及时养护。

图 6-27 抹面收光

图 6-28 构件拉毛

6.1.6 构件养护、构件脱模与表面修补

1. 构件养护

养护是保证混凝土质量的重要环节，对混凝土的强度、抗冻性、耐久性有很大的影响。预制构件可根据需要选择洒水、覆盖、喷涂养护剂等方式进行养护，或采用蒸汽养护、电热养护等养护方式，一般采用蒸汽养护（图 6-29）。蒸汽养护可以缩短养护时间，实现快速脱模，可提高生产效率，减少模具和生产设施的投入。

预制构件采用蒸汽养护时，宜采用自动蒸汽养护装置，并保证蒸汽管道通畅，养护区应无积水。蒸汽养护可在养护室内进行，应分静停、升温、恒温和降温 4 个阶段，并应符合下列规定：

图 6-29 蒸汽养护

1）混凝土全部浇捣完毕后的静停时间不宜少于 2h。

2）升温速度不得大于 15℃/h。

3）恒温时的最高温度不宜超过 55℃，恒温时间不宜少于 3h。

4）降温速度不宜大于 10℃/h。

2. 构件脱模

为避免出现由于蒸汽温度骤降引起的混凝土构件变形或裂缝，应严格控制构件脱模时构件温度与环境温度的差值。预制构件脱模时的表面温度与环境温度的差值不宜超过 25℃。构件脱模时应根据模具结构的特点及拆模顺序拆除模具，严禁使用振动、敲打模具的方式拆模。预制构件脱模、起吊应符合下列规定：

项目6 装配式混凝土结构施工

1）预制构件的起吊应在构件与模具之间的连接部分完全拆除后进行。

2）预制构件脱模时，同条件混凝土立方体抗压强度应根据设计要求或生产条件确定，且不应小于 $15N/mm^2$。

3）预应力混凝土构件脱模时，同条件混凝土立方体抗压强度不宜小于设计值的75%。

4）采用平模板工艺生产的大型墙板、挂板类预制构件，宜采用翻板机翻转直立后再行起吊。对于设有门洞、窗洞等较大洞口的墙板，脱模起吊时应进行加固，防止构件扭曲变形造成开裂。

5）预制构件吊点设置应满足平稳起吊的要求，平吊吊运的吊点不宜少于4个（图6-30），侧吊吊运的吊点不宜少于2个且不宜多于4个。

3. 表面修补

构件脱模后，不存在影响结构性能的局部破损和构件表面的非受力裂缝时，可用修补浆料进行表面修补。构件表面带有装饰性石材或瓷砖的预制构件，脱模后应对石材或瓷砖表面进行检查和清理，应先去除石材或瓷砖缝隙部位的预留封条和胶带，可用清水冲洗（图6-31），清理完成后宜对石材或瓷砖表面进行保护。

图6-30　四点平吊

图6-31　构件冲洗

4. 质检

预制构件在出厂前应进行成品质检，质检项目包括预制构件的外观质量，预制构件的外形尺寸，预制构件的钢筋、连接套筒、预埋件、预留孔洞的施工质量，预制构件的外装饰和门窗框的施工质量。质检结果和方法应符合国家现行标准的规定。

5. 构件标识

预制构件质检合格后，应在明显部位标识构件的型号、生产日期和质检合格标志。预制构件的标识应清晰、准确，应在构件出厂、运输、堆放、吊装等全过程中能确保正确识别构件的"身份"。

构件标识应位于预制厂和施工现场堆放、安装时容易辨识且不易遮挡的位置，具体位置可由预制厂和施工单位协商确定。标识的颜色和文字的大小、顺序应统一，宜采用喷涂或印章的方式制作标识。基于建筑信息模型设计、生产、施工和维护管理的预制构件，宜采用适合电子识别（二维码或芯片）的标识方法。可以通过手机扫描、无线射频识别扫描枪（图6-32）扫描读取数据信息。

预制构件生产企业应按照有关标准规定或合同要求，对其供应的产品签发产品质量证明，明确重要参数，有特殊要求的产品还应提供安装说明书。

6.1.7 预制构件的厂内转运与存放

1. 预制构件的厂内转运

预制构件的厂内转运是指预制构件从生产车间转运至存放场地的过程。

图6-32 无线射频识别扫描枪

1）当生产车间与存放场地之间铺筑有轨道时，可采用轨道小车实现转运；如没有轨道，则应根据构件的形状、尺寸、重量等选择合适的运输工具。

2）预制构件的支点和装卸时的吊点，应按设计要求确定。

3）构件应按平面布置图所示位置进行存放，避免二次倒运。

4）厂内转运过程中发生成品损伤时，应对照相关要求进行修补，并重新检验。

2. 预制构件的厂内存放

预制构件如果在存放环节发生损坏、变形，会很难修补，既耽误工期，又会造成经济损失。因此，大型预制构件的存放方式非常重要。预制构件的厂内存放应符合下列规定：

1）存放场地应平整坚实，并应有良好的排水措施，堆放构件的支垫应坚实。存放库区宜实行分区管理和信息化台账管理。成品应按合格区、待修区和不合格区分类存放，并应进行标识。

2）预制剪力墙外墙板、预制剪力墙内墙板等宜采用插放（图6-33）或靠放（图6-34）的形式存放。存放架应有足够的承载力和稳定性。预制构件采用靠放架存放时，宜对称靠放，与地面的倾斜角度宜大于80°，相邻的靠放架宜连成整体。连接止水条、高低口、墙体转角处等

图6-33 插放

图6-34 靠放

薄弱部位，应采用定型保护垫块或专用式套件进行加强保护。

3）预制叠合板、预制柱、预制梁宜采用叠放方式进行存放。预制叠合板的叠放层数不宜大于6层，预制柱、预制梁的叠放层数不宜大于2层。构件不得直接放置于地面上，底层及层间应设置支垫，支垫应平整且上下对齐，支垫地基应坚实。预制构件堆放超过上述层数时，应对支垫、地基的承载力进行验算。

4）长期存放时，应采取措施控制预制构件的起拱值和翘曲变形。预制构件码放时，预埋吊件应朝上，构件标识应朝外；垫木或垫块在构件下的位置宜与脱模、吊装时的起吊位置一致。

5）与清水混凝土面接触的垫块应采取防污染措施。

6）预制构件应存放在指定位置，并应有满足周转使用的场地，存放场地应设置在塔式起重机的工作范围内，且工作范围内不得有障碍物，堆垛之间宜设置通道。

3. 成品保护

1）预制构件成品外露的保温层应采取防止开裂的措施，外露钢筋应采取防弯折措施，外露的预埋件和连接件等金属件应按不同环境类别进行防护。

2）外露集料的粗糙面冲洗完成后，应对灌浆套筒的灌浆孔和出浆孔进行透光检查，并清理灌浆套筒内的杂物。

3）预埋螺栓孔宜采用海绵棒进行填塞，以保证吊装前预埋螺栓孔的清洁。

4）钢筋连接套筒、预埋孔洞应采取防止堵塞的临时封堵措施。

5）在冬季生产和存放的预制构件的非贯穿孔洞，应采取措施防止雨水、雪水进入发生冻胀损坏。

6）不得在板上任意凿洞，板上如需要打洞，应用机械钻孔，并按设计和规范要求做好相应的加固处理。

7）预制构件存放场地要用防护栏杆等进行保护，避免闲杂人等进入。

8）叠合板上的甩筋（锚固筋）在存放、运输、吊装过程中要注意保护，不得反复弯曲或折断。

任务 6.2　预制构件的运输与现场堆放

施工单位在现场吊装前，应将需要的预制构件的信息（批次、时间、数量、资料等）发给预制厂，预制厂应在吊装前1~2d将预制构件运送到工地的预制构件堆放处。预制构件的运输计划及方案应包括运输时间、运输路线和运输顺序、运输架设计、支垫设置及成品保护措施等内容。

6.2.1　构件运输

预制构件在运输时，其强度应不低于设计强度的100%。运输车司机必须按指定路线行驶。

预制构件的运输车辆应满足构件尺寸和载重的要求，宜选用低位平板车，装车运输时应符合下列规定：

1）装卸构件时应考虑车体平衡，用外挂（靠放）式运输车运输时，两侧质量应相等，装卸时车架下部要进行支垫，防止倾斜。

2）运输时应采取绑扎固定措施，防止构件移动或倾倒；运输竖向薄壁构件时应根据需要设置临时支架。

3）运输时宜采取如下防护措施：设置柔性垫片以避免预制构件边角部位或链索接触处的混凝土受损；用塑料薄膜包裹垫块以避免预制构件外观污染；墙板门窗框、装饰表面和棱角采用塑料贴膜或其他防护和防止污染的措施；竖向薄壁构件应设置临时支架；装箱运输时，箱内四周采用木材或柔性垫片填实、支撑牢固。

4）预制构件运输时，车辆不宜高速行驶，应根据路面情况掌握行车速度，起步、停车要稳。夜间装卸和运输构件时，施工现场要有足够的照明设施。

预制墙板宜采用插放架（图 6-35）或靠放架（图 6-36）直立运输和堆放，插放架和靠放架应安全可靠。采用靠放架直立堆放的预制墙板宜对称靠放，与竖直方向的倾斜角不宜大于 10°，带外饰面的预制墙板装车时，外饰面应朝外。预制墙板装车时，应将预制墙板连同堆放架一同吊至运输车上，并用紧绳装置进行固定。

图 6-35　插放架直立运输

图 6-36　靠放架直立运输

预制柱、预制梁、预制叠合板、预制阳台板、预制楼梯、预制空调板宜平放运输，运输时构件底部应设置柔性垫片，并用紧绳装置与运输车固定；支垫的位置应与堆放时保持一致。重叠堆放构件时，每层构件间的垫木或垫块应在同一垂直线上，最下面一层支垫应通长设置，预制构件的堆放应考虑反拱措施。水平运输时，预制梁、预制柱构件叠放时不宜超过 3 层，预制板类构件叠放时不宜超过 6 层。

对于超高、超宽、形状特殊的大型预制构件的运输和码放，应制定专门的堆放架和质量安全保证措施。运输过程中发生成品损伤时，必须退回预制厂返修，并重新检验。

预制构件在尺寸及重量上普遍较大，属于重型运输范畴，目前预制构件主要采用公路汽车运输，运输的方式有半挂车运输和专用运输车运输，专用运输车运输与传统半挂车运输相比，具有高效、安全、经济效益高等优势。

1)半挂车运输预制构件(图 6-37)的具体做法如下:在半挂车装载平台上加装运输工装(立放工装及倾斜放置工装),预制构件置于工装上,用绳索捆绑固定。该运输方式整车重心高,行驶稳定性差,耗时费力,易损坏预制构件,运载预制构件时尺寸受限,容易引发安全事故,且装卸时车辆均需在原地等待,工作效率较低。

图 6-37 半挂车运输预制构件

2)相比传统的半挂车,专用运输车(图 6-38)具备自装卸功能,采用中空车体、半轴悬架,预制构件用专用夹具固定,装卸时无须吊装设备辅助,单人即可在 10min 内完成操作,工作效率很高;正常行驶时,装载平面距地仅约 0.4m(传统的半挂车一般在 1m 以上),极大降低了装载后的整车重心,行驶稳定性更高。车体两侧坚固的厢体结构不仅用于承载全部的荷载,还可作为可靠的防护装置,即使运输时发生构件倾倒,厢体结构可有效地防止额外事故的发生。这种专业的预制构件运输车大大提高了运输效率,保证了预制构件的运输安全。

预制构件在运输车上放置的方式分为平层叠放运输方式(图 6-37)、立式运输方式(图 6-38)、散装运输方式(图 6-39)。

图 6-38 专用运输车运输预制构件　　　图 6-39 散装运输预制构件

(1)平层叠放运输方式　该运输方式是将预制构件平放在运输车上,逐件叠放在一起,然后进行运输。预制叠合板、预制阳台板、预制楼梯、预制装饰板、预制梁、预制柱等构件多采用平层叠放运输方式。各预制构件每叠的层数:预制叠合板为 6 层,不影响质量安全时可以是

8 层；预应力板为 8~10 层；预制叠合梁是 2~3 层。

（2）立式运输方式 该运输方式是在平板车上安装专用运输架，预制墙板对称靠放或者插放在运输架上。对于预制剪力墙内墙板、预制剪力墙外墙板等竖向构件，多采用立式运输方案。预制墙板宜在运输架内采用竖向靠放的方式运输；或采用 A 形专用支架斜向靠放运输，即在运输架上对称放置两块预制墙板。

（3）散装运输方式 对于一些小型预制构件和异型预制构件，多采用散装运输方式进行运输。

6.2.2 现场堆放

装配式建筑的安装施工计划应尽可能考虑将预制构件直接从运输车上吊装，减少预制构件的现场临时堆放，从而缩小甚至不设置堆放场地，以大幅减少起重机的工作量，提高施工效率。但是，由于运输车辆在某些时段和区域会限行限停，工地通常不得不准备构件的堆放场地。

预制构件堆放场地的空间位置要根据吊装机械的位置或行驶路线来确定，应使其位于吊装机械有效作业范围内，以缩小运距、避免二次搬运。

1. 预制墙板堆放

预制墙板根据受力特点和构件特点，宜采用专用支架插放或靠放堆放，饰面应朝外，预制墙板与地面的倾斜角度应大于 80°。同时，预制墙板在构件的薄弱部位和门窗洞口处应加设定型保护垫块或专用套件，以防止构件变形开裂。

2. 预制楼板、预制叠合板、预制阳台板堆放

预制楼板、预制叠合板和预制阳台板等构件宜平放，叠放层数不宜超过 6 层（图 6-40）。预制叠合板的预制带肋底板应朝上叠放，严禁倒置；各层预制带肋底板下部应设置垫木，垫木应上下对齐，不得脱空。垫木高度必须大于预制叠合板外露钢筋的高度，以免上下两块预制叠合板相碰。

图 6-40 预制叠合板叠放

3. 预制梁、预制柱堆放

预制梁、预制柱等细长构件宜平放且用条状垫木支垫（图6-41、图6-42），堆放的叠放层数不宜大于3层，底层及层间应设置支垫，支垫应平整且应上下对齐，支垫地基应坚实。

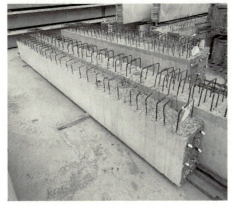

图6-41 预制梁堆放

图6-42 预制柱堆放

4. 其他预制构件堆放

预制楼梯堆放（图6-43）时下面要垫沙袋或垫木，作为高低差调平之用，防止构件因倾斜而滑动。垫木应避开楼梯薄板处，最下面一根垫木应通长，各层垫木应上下对齐，支点一般为吊装点位置。预制空调板应单块水平放置，以方便栏杆焊接施工。

预制异型构件堆放（图6-44）应根据施工现场实际情况按施工方案执行，如女儿墙构件不规则，应单块水平放置。

图6-43 预制楼梯堆放

图6-44 预制异型构件堆放

任务6.3 预制构件的安装

6.3.1 预制构件的进场验收

虽然预制构件在生产的过程中有监理人员驻厂检查，每个构件出厂前也会进行出厂检验,但是构件进入施工现场时仍必须进行质量检查验收。预制构件到达现场,现场监理人员及施工单位质检员应对进入施工现场的构件进行检查验收,检查内容包括构件的数量、规格、型号、质量证明文件或质量验收记录、外观等。若预制构件直接从运输车上吊装,则数量、规格、型号的核实和质量检验在运输车上进行,检验合格后可以直接吊装。若不直接吊装,而是将构件转入临时堆场,也应当在运输车上检验,一旦发现不合格,可直接运回预制厂处理。

6.3.2 预制柱的安装

预制柱安装施工流程:基层清理→施工放线→钢筋校正→垫片找平→预制柱吊装→安装斜支撑→垂直度校准→灌浆。

1)基层清理。预制柱在吊装之前,需要把结合层的浮浆和杂物清理干净,并进行相应的凿毛处理,然后用笤帚清扫干净,必要时可以用清水冲洗,但不能在交接面有积水,以确保灌浆时黏接牢固。

2)施工放线(图6-45)。测量人员应根据图纸及楼层定位线进行放线,放出预制柱的定位线和距离柱200mm的定位控制线。

3)钢筋校正。为了确保钢筋位置准确,在浇筑前一层混凝土时,可安装钢筋定位板,钢筋定位板(图6-46)由钢板和钢管焊接而成。对歪斜的钢筋使用扳手或者钢套管进行校正(图6-47),但不得弯折钢筋。若出现钢筋偏斜过大的情况,可以将偏斜钢筋处的混凝土铲除,自楼面以下调整钢筋位置,然后用高强度等级混凝土修补。

图6-45 施工放线

图6-46 钢筋定位板

4)垫片找平。钢筋定位完成后,要对预制柱结合面的高程进行测量,并根据测量数据放置适当厚度的垫片进行吊装平面的找平。

5)预制柱吊装。吊装构件前,将U形卡与柱顶的预埋吊环连接牢固。预制柱一般采用两点起吊,起吊时要轻起快吊,在距离安装位置300mm时停止下降,将镜子放在柱下面,利用镜子观察预留钢筋插入灌浆套筒的情况(图6-48),再由吊装人员手扶预制柱缓慢降落

(图 6-49),确保钢筋对孔准确。

图 6-47 钢筋校正

图 6-48 利用镜子观察钢筋对位情况

6)安装斜支撑。临时斜支撑(图 6-50)与预制构件一般做成铰接(图 6-51),并通过预埋件进行连接。施工时分别在柱及楼板上的临时支撑的预留螺栓处安装支撑底座,支撑底座安装应牢固可靠。柱的斜支撑最少要设置两道,且应设置在两个相邻的侧面上,水平投影应相互垂直。

图 6-49 预制柱吊装

图 6-50 预制柱斜支撑

7)垂直度校准。利用激光水平仪和靠尺,分别测量预制柱四面的垂直度,并根据测量结果旋转斜支撑进行调节。调节好垂直度后,方可开始灌浆作业。

8)灌浆。

①砂浆塞缝:预制柱下与楼板之间的缝隙采用砂浆封堵(图 6-52),封堵要密实,确保灌浆时不会有浆液流出。

②套筒灌浆:将下排灌浆孔封堵(只剩 1 个灌浆孔不封堵),向没有封堵的灌浆孔中插入灌浆管进行灌浆;待浆液呈柱状流出排浆孔时,应立即封堵灌浆孔和排浆孔。灌浆作业完成后 24h 内,构件和灌浆连接处不能受到振动或冲击作用。

图 6-51 预制柱斜支撑铰接

图 6-52 砂浆塞缝

6.3.3 预制剪力墙安装

预制剪力墙安装应符合下列规定:

1）与现浇部分连接的预制剪力墙宜先行吊装，其他预制剪力墙按先外后内的顺序吊装。

2）吊装前，应预先在预制剪力墙底部设置抄平垫块或标高调节装置，采用灌浆套筒连接、浆锚连接的预制剪力墙外墙板应在外侧设置弹性密封封堵材料，多层预制剪力墙采用坐浆施工时应均匀铺设坐浆材料。

3）预制剪力墙以轴线和轮廓线作为控制线，预制剪力墙外墙板应以轴线和外轮廓线进行控制。

4）安装就位后应设置可调斜支撑作临时固定，测量预制剪力墙的水平位置、倾斜度、高度等，通过墙底垫片、临时斜支撑进行调整。

5）调整就位后，墙底部连接部位应采用相关措施进行封堵。

6）预制剪力墙安装就位后，进行后浇段处钢筋安装，预制剪力墙预留钢筋与后浇段处钢筋的交叉处应全部扎牢。

1. 预制剪力墙外墙板安装

预制剪力墙构件按照先外墙板再内墙板的顺序进行吊装，预制剪力墙外墙板先吊外立面转角处的外墙板，以转角处外墙板作为其余外墙板吊装的定位控制基准。

预制剪力墙外墙板安装施工流程：施工放线→外防护架拆除→基层清理→钢筋校正→设置垫片→粘贴防水密封材料→墙板吊装→安装斜支撑→垂直度校准→灌浆→防水密封胶施工。

1）施工放线。根据设计图纸要求在结构板上放线，将外墙板尺寸和定位线在结构板上标记出来，确保施工时外墙板定位准确。

2）外防护架拆除。外墙板吊装前要拆除安全围栏，要根据吊装情况随时拆除，不得提前拆除，拆除作业人员要系好安全带。

3）基层清理。吊装前，需要将外墙板结合面和钢筋表面的浮尘清理干净，不得有混凝土残渣、油污、灰尘等,以保证墙体结合处灌浆时能结合牢固。

4)钢筋校正。钢筋定位板定位时,测量人员使用全站仪投放定位线,并做好标记,确保钢筋定位板定位准确,并及时复核放线的准确性。在施工前将各个型号的钢筋定位板分门别类放好,并保证按图纸配置齐全的钢筋定位板。按照图纸在钢筋定位板表面印刻好轴线以及轴线编号,安放时将钢筋定位板上的轴线与施工现场的纵、横轴线相对应,保证钢筋定位板定位准确。钢筋定位板安放完成后,根据钢筋定位板的尺寸,调整歪斜的钢筋,保证每个钢筋都在钢筋定位板内,并垂直于楼面。

5)设置垫片。垫片设置在墙板下面,根据墙板的尺寸和设计要求,选择不同厚度的垫片。垫片的总高度一般为20mm,最薄处厚度为1mm,要确保每块墙板在两端的底部设置3个或4个垫片,具体位置在距离墙板外边缘20mm处。设置垫片时要提前用水准仪测好标高,标高以本层楼板面设计结构标高+20mm为准,如果过高或过低可通过增减垫片数量进行调节,直至达到要求为止。也可提前在墙板上安装定位角码,顺着定位角码的位置安放墙板。

6)粘贴防水密封材料。采用灌浆套筒连接、浆锚连接的预制剪力墙外墙板应在外侧粘贴弹性防水密封材料,粘贴时应平整顺直、粘贴牢固。

7)墙板吊装。墙板吊装应采用慢起、稳升、缓放的操作方式,吊装前应系好缆风绳,以控制构件转动。待墙板底面升至距地面300mm时略作停顿,检查吊挂是否牢固,板面有无污染、破损等,若有问题必须立即处理,待确认无问题后,继续提升至安装作业面。墙板在距安装位置上方100cm左右略作停顿,施工人员可以手扶墙板来控制墙板的下落方向,然后墙板缓慢下降。待下降到距预埋钢筋顶部20mm处时,将一面小镜子放在墙板下方,以便施工人员观察钢筋与套筒的对位情况;墙板底部套筒位置与地面预埋钢筋位置对准后,将墙板缓慢下降,使之平稳就位。底部没有灌浆套筒的墙板可直接顺着角码缓缓放下,垫片造成的空隙可用坐浆方式填补,为防止坐浆材料填充到外叶板,可补充设置50mm×20mm的保温板(或橡胶止水条)堵塞缝隙。

8)安装斜支撑。墙板就位后,立即利用可调式支撑杆将墙体与楼面临时固定,分别在墙板及楼板上的临时支撑预留螺栓处安装支撑底座。每块墙板至少使用两根斜支撑(图6-53)进行固定,并安装在墙板的同一侧。安装斜支撑时先安装长斜撑,再安装短斜撑;先紧固地面螺栓,再紧固墙面螺栓。斜支撑的水平投影应与墙板垂直,且不能影响其他墙板的安装。要确保墙板稳定后方可摘除吊钩。

9)垂直度校准。垂直度校准采用激光水平仪或靠尺(图6-54)进行,对垂直度不满足要求的墙体,可调节斜支撑加以校正。在调节斜支撑时,必须两名工人同时间、同方向操作,分别调节两根斜支撑,与此同时要有一名工人拿2m靠尺反复测量垂直度,直到满足要求为止。

10)灌浆。灌浆前需要先用砂浆封堵板缝,封堵要严密,以确保灌浆时不会漏浆。灌浆采用灌浆机施工,将墙板的下排灌浆孔用圆胶塞封堵(只剩1个灌浆孔不封堵),向没有封堵的灌浆孔中插入灌浆管进行灌浆(图6-55、图6-56);待浆液呈柱状流出排浆孔时,立即封堵灌浆孔和排浆孔。灌浆作业完成后24h内,构件和灌浆连接处不能受到振动或冲击作用。

图6-53 墙板斜支撑固定

图6-54 垂直度校准

图6-55 人工灌浆

图6-56 机械灌浆

11）防水密封胶施工。预制剪力墙外墙板的接缝采用防水密封胶密封时（图6-57），应符合下列规定：

图6-57 防水密封胶施工

①预制剪力墙外墙板接缝防水节点的基层及空腔的排水构造应符合设计要求。

②预制剪力墙外墙板外侧的水平接缝、竖直接缝在用防水密封胶封堵前，墙板表面应清理

干净，保持干燥。嵌缝材料应与墙板牢固黏结，不得漏嵌和虚黏。

③接缝处防水密封胶的注胶宽度、厚度应符合设计要求，防水密封胶应在预制剪力墙外墙板校核固定后嵌填，先放入填充材料，然后贴美纹纸并注胶。防水密封胶施工应均匀、顺直、饱满、密实，表面要光滑、连续。

④外墙板"十"字拼缝处的防水密封胶注胶应连续作业。

2. 预制剪力墙内墙板安装

预制剪力墙内墙板在预制厂生产的过程中可以预埋管线，以减少现场二次开槽，降低现场工作量。预制剪力墙外墙板吊装完毕后，即可进行预制剪力墙内墙板的吊装。

预制剪力墙内墙板安装施工流程：基层清理→施工放线→钢筋校正→设置垫片→墙板吊装→安装斜支撑→垂直度校准→灌浆→自检与验收。

预制剪力墙内墙板与预制剪力墙外墙板安装中相同的环节，施工要求基本一致。

6.3.4　叠合梁的安装

叠合梁的下部主筋一般在预制厂完成安放并与混凝土整体浇筑，上部主筋需现场绑扎。叠合梁安装应符合下列规定：

1）梁的安装应遵循先主梁后次梁、先低后高的原则。

2）安装时，梁伸入支座的长度与搁置长度应符合设计要求。

3）安装就位后应对安装位置、标高进行检查。

4）临时支撑应在后浇混凝土强度达到设计要求后，方可拆除。

叠合梁安装施工流程：施工放线→设置梁底支撑→吊装叠合梁→叠合梁加固→接头连接。

1）施工放线。根据楼层控制线，用墨斗在柱上弹出叠合梁的定位线，同时应测量并修正柱顶和临时支撑的标高，确保与梁底标高一致，然后用墨斗在柱上弹出梁边控制线。根据梁边控制线对梁的两端、两侧、轴线进行精密调整，误差控制在 2mm 以内；应复核柱钢筋与梁钢筋的位置、尺寸，对梁钢筋与柱钢筋位置有冲突的地方，应按经设计单位确认的技术方案进行调整。定位线要精准，因为装配式结构以拼接为主，若出现较大误差，可能造成其他部分无法拼接对准。

2）设置梁底支撑。梁底支撑采用立杆支撑＋可调顶托＋100mm×100mm 木方的组合，叠合梁的标高通过支撑体系的紧固件来调节。

3）吊装叠合梁。叠合梁一般用两点吊法进行吊装（图 6-58），叠合梁上的两个吊点分别位于梁顶两侧距离梁两端 0.2 倍的梁长位置处，由预制厂预留，吊装时应采用专用吊具，吊装路线上不得站人。吊装作业时，由人工通过叠合梁顶的绳索辅助就位，缓慢地将叠合梁落在已安装好的底部支撑上；再根

图 6-58　叠合梁吊装

据楼内的 500mm 控制线精确测量梁底标高，然后通过梁下部的独立支撑调节梁底标高；待轴线和标高正确无误后，将叠合梁主筋与剪力墙或梁钢筋进行点焊，最后卸除吊索。

有主次梁的，主梁吊装结束后，根据柱上已放出的梁边和梁端控制线，检查主梁上的次梁缺口位置是否正确；如不正确，需作相应处理后方可吊装次梁，梁在吊装过程中要以柱作为参考对称吊装。

4）叠合梁加固。叠合梁就位后，分别在梁侧面及楼板上的临时支撑预留螺栓处安装支撑底座，支撑底座安装应牢固可靠，无松动现象。利用可调式支撑杆将叠合梁与楼面临时固定，每根叠合梁至少使用两根斜支撑进行固定，并安装在叠合梁的同一侧。

5）接头连接（图 6-59）。叠合梁两端的键槽钢筋在连接时，应确保钢筋位置准确。叠合梁水平钢筋连接的方式有机械连接、钢套筒灌浆连接和焊接连接。

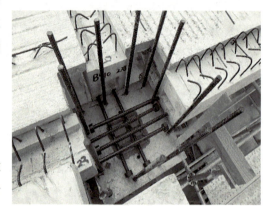

图 6-59　接头连接

6.3.5　叠合板安装

叠合板的安装应符合下列规定：

1）安装叠合板前应检查支座顶部标高及支撑面的平整度，检查结合面的粗糙度是否符合设计要求。

2）叠合板之间的接缝宽度应满足设计要求。

3）吊装就位后，板底接缝高差不满足设计要求时，应将构件重新起吊，通过可调托座进行调节。

4）临时支撑应在后浇混凝土强度达到设计要求后方可拆除。

叠合板安装施工流程：基层清理→施工放线→安装支撑体系→叠合板吊装、就位→叠合板校正→楼板接缝处理→墙板接缝处理→钢筋和管线布置→叠合板混凝土浇筑。

1）基层清理。叠合板就位前应检查叠合板的编号，预留洞、接线盒的位置和数量，支座顶部标高及支撑面的平整度，并清理叠合板安装部位的基层。

2）施工放线。叠合板吊装前，在校正完的梁或墙上测量并弹出相应的控制线，同时复核叠合板的支座标高，对偏差部位进行切割、剔凿或修补，以满足构件安装要求。

3）安装支撑体系。在叠合板构件吊装就位时，应安装临时支撑，根据标高控制线调节临时支撑的高度，控制叠合板的标高。临时支撑到叠合板支座处的距离不应大于 500mm，临时支撑沿叠合板长度方向的间距不应大于 2000mm；对跨度大于等于 4000mm 的叠合板，板中部应加设临时支撑并起拱，起拱高度不应大于板跨的 3‰。临时支撑应沿板的受力方向安装在板边，临时支撑的上部垫板位于两块叠合板板缝中间的位置，以确保叠合板底部拼缝间的平整度。临时支撑常采用独立式三角支撑，三角支撑架可拆卸，顶托为独立顶托。

4）叠合板吊装、就位。叠合板的吊点位置应合理设置，起吊时吊索与板水平面所成夹角不宜小于60°，且不应小于45°。吊装应采用慢起、快升、缓放的操作方式。吊装时（图6-60）应按设计图纸或叠合板安装布置图对号入座，先吊装边缘窄板，然后按照顺序吊装剩下的板。吊装时应先将叠合板吊离地面约500mm，检查吊索是否有歪扭或卡死现象，各吊点受力要均匀，同时核对叠合板的编号；接着在信号工的指挥下，将叠合板吊运至安装部位的正上方，再缓缓下落；在作业层上空20cm处略作停顿，施工人员手扶叠合板调整方向，将板的边线与墙（梁）上的安装位置线对准。放下时要停稳慢放，严禁快速猛放，以避免冲击力过大

图6-60　叠合板吊装

造成板面裂缝。叠合板搁置长度应满足设计规范要求，叠合板预留钢筋锚入剪力墙、柱的长度应符合规范要求。5级以上大风天气时应停止吊装。

5）叠合板校正。叠合板安装初步就位后，根据墙体上的水平控制线及竖向板缝定位线，校核叠合板的竖向标高及轴线位置。

①竖向标高校正。吊装工根据叠合板标高控制线调节支撑顶托，对叠合板标高进行校正。用支撑上的顶托微调器调节竖向独立支撑，确保叠合板满足设计标高要求，允许误差为±5mm。如果叠合板有误差范围内的翘曲，要根据剪力墙上的控制线进行调整、校正，保证叠合板顶标高一致。

②轴线位置校正。吊装工根据叠合板轴线位置控制线，将楔形小木块嵌入叠合板，对叠合板的轴线位置进行调整。不得直接使用撬棍调整，以免损坏板边。

6）楼板接缝处理。楼板接缝选用干硬性砂浆并掺入水泥用量5%的防水粉进行填空。填缝材料应分两次压实填平，两次施工时间间隔不小于6h。

7）墙板接缝处理。墙板接缝采用自粘型海绵条进行粘贴，确保混凝土浇筑时不出现漏浆情况。

8）钢筋和管线布置。铺设楼板上层钢筋前，需要在叠合板之间铺设附加钢筋，再进行预埋管线的敷设与连接工作。为便于施工，叠合板在预制厂生产阶段已将相应的接线盒及预留洞口等按设计图纸预埋完毕，现场安装时也可以后开孔，宜用机械开孔，注意不要切断预应力主筋。

管线敷设（图6-61）正穿时采用刚性管线，斜穿时采用柔韧性较好的管材。施工过程中各方必须做好成品保护工作。管线敷设经检查合格后，钢筋工开始进行楼板上层钢筋的安装。楼板上层钢筋应置于叠合板桁架钢筋上面并绑扎固定，以防止偏移

图6-61　管线敷设

和混凝土浇筑时上浮。安装完成后，需要对钢筋的长度、型号、间距、搭接位置、搭接长度进行验收，要符合规范要求。

对已铺设好的钢筋、模板要做好保护，禁止在底模板上行走或踩踏，禁止随意扳动、切断钢筋。

9）叠合板混凝土浇筑。叠合板混凝土的浇筑必须满足相关规范的要求。浇筑混凝土过程中，应该按规定见证取样，留置混凝土试件。混凝土浇筑前必须将板表面清扫干净并浇水充分湿润，但板面不能有积水。

叠合板混凝土浇筑要一次完成，并使用平板振动器振捣，要确保混凝土振捣密实。浇筑时，采用2m刮杠将混凝土刮平，随即进行混凝土收面及收面后的拉毛处理。浇筑完成后，按相关施工规范的规定对混凝土进行养护。

6.3.6 预制楼梯安装

预制楼梯安装施工流程：清理基层→施工放线→检查预留钢筋→吊装预制楼梯→固定端连接（绑扎钢筋、混凝土浇筑）→成品保护。

1）清理基层。预制楼梯构件吊装前应清理楼梯吊装的接触面，用灰铲清理干净浮浆，再用笤帚清扫干净。

2）施工放线。根据已知的楼层控制线弹出楼梯安装控制线，同时检查楼梯休息平台、梁口等的平面位置及标高，并应设置抄平垫块。楼梯侧面与结构墙体之间预留30mm空隙，为后续的抹灰层施工预留空间。梯井根据楼梯栏杆的安装要求预留40mm空隙。

3）检查预留钢筋。用钢卷尺检查预留钢筋的长度是否符合设计要求。

4）吊装预制楼梯。为确保在起吊过程中预制楼梯的休息平台保持水平状态，可采用专用吊架均衡起吊就位（图6-62），吊点至少为4个；吊装钢丝绳为两短两长，长短比例应与楼梯的倾斜坡度相匹配。就位时，楼梯要从上垂直向下安装，在作业层上空500mm处略微停顿，施工人员手扶楼梯调整方向，调整楼梯位置使楼板上的预埋钢筋穿过楼梯的预留圆孔。就位时要求缓慢操作，严禁快速猛放，以免造成楼梯损坏。楼梯基本就位后，根据弹出的楼梯安装控制线，使用撬棍轻轻地调整构件，先保证楼梯两侧准确就位，再使用水平尺和手拉葫芦调节楼梯水平度。

5）固定端连接（绑扎钢筋、混凝土浇筑）。预制楼梯根据安装方式的不同分为搁置式楼梯（图6-63）和锚固式楼梯（图6-64）。搁置式楼梯吊装完成后需要进行固定端连接，连接时将灌浆料缓慢注入楼梯固定端预留孔内，待浆料上表面距孔口30mm时停止灌浆。灌浆作业完成后24h内，楼梯和灌浆连接处不能受到振动或冲击作用。灌浆完成后，使用水泥砂浆对楼梯固定端预留孔进行封堵，封堵完成后的预留孔表面要求平整、密实、光滑。

锚固式楼梯需要进行二次钢筋绑扎，并浇筑混凝土。在楼梯吊装到位后，绑扎楼梯与楼板板面钢筋，楼梯预留钢筋的搭接要符合规范要求，搭接长度应满足设计要求，每处搭接点需要绑扎三道扎丝，注意检查钢筋的数量、规格。混凝土浇筑前需要对基层进行洒水湿润，并且清理干净浇筑作业面上的杂物。浇筑时要随时振捣、随时抹平，并及时测量楼梯标高是否符合设计要求。

图 6-62　楼梯起吊

图 6-63　搁置式楼梯

6）成品保护。楼梯安装完成后，应及时将踏步面加以保护（图 6-65），防止施工时被破坏。楼梯临边要安装防护栏杆，以防止安全事故发生。

图 6-64　锚固式楼梯

图 6-65　预制楼梯踏步面保护

6.3.7　预制阳台安装

预制阳台安装施工流程：施工放线→外防护架拆除→搭设支撑→粘贴防水密封材料→构件起吊→预制阳台吊装就位→校正标高和轴线位置→临时固定→安装支撑→撤去吊钩→钢筋绑扎→阳台模板安装→混凝土浇筑→养护→验收。

预制阳台安装注意事项：

1）吊装前应检查构件的编号，预埋吊环、预留管道的位置、数量、外观尺寸等。

2）标高控制线、位置控制线已在对应位置用墨斗线弹出。

3）在阳台安装前，需拆除安装位置的外防护架。

4）吊装预制空调板和阳台时，吊点的位置和数量必须与设计图一致。

5）吊装完后，应对板底接缝的高差进行校核。如板底接缝高差不满足设计要求，应将构件重新起吊通过可调托座进行调节。

6）就位后，应立即调整并固定，固定完成后方可拆除吊钩。

7）钢筋绑扎。阳台吊装完成后，将阳台上部钢筋和楼板钢筋一同绑扎。楼板钢筋与阳台上部钢筋采用搭接连接，搭接处绑扎不少于3道扎丝。阳台板边的交接处，应附加两道通长钢筋。

8）预制阳台应待后浇混凝土强度达到设计要求后，方可拆除临时支撑。

任务 6.4 结构连接

预制构件与现浇混凝土的连接、预制构件之间的连接是装配式混凝土结构施工的关键技术环节，是设计的重点。装配式混凝土结构的连接方式有套筒灌浆连接、后浇混凝土连接、浆锚搭接、叠合连接等。

6.4.1 套筒灌浆连接

套筒灌浆连接（图 6-66）是指将带肋钢筋插入内腔为凹凸表面的灌浆套筒内（图 6-67），通过向套筒与钢筋的间隙灌注专用高强度水泥基灌浆料，待灌浆料凝固后，在套筒筒壁与钢筋之间形成较大的压力，在带肋钢筋的粗糙表面产生较大的摩擦力，由此得以传递钢筋轴向力。该连接是预制构件中受力钢筋连接的主要形式，主要用于预制墙板、预制梁和预制柱的受力钢筋连接。套筒灌浆连接具有大量的工程实践应用，技术成熟，适用面广，在连接部位形成刚性节点，节点构造具有与现浇节点相近的受力性能；其不足之处在于对节点施工精度要求较高，连接质量受操作者个人技术因素影响较大，节点连接质量不易检测，对操作者技术要求较高，节点构造建设成本较高。

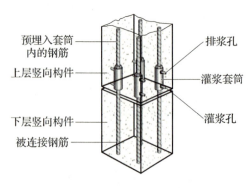

图 6-66 套筒灌浆连接

图 6-67 灌浆套筒

套筒灌浆连接接头由钢筋、灌浆套筒、灌浆料三部分组成，其中灌浆套筒按结构形式分为全灌浆套筒（图6-68）和半灌浆套筒（图6-69）。全灌浆套筒是指接头两端均采用灌浆方式连接。半灌浆套筒是指接头一端采用灌浆方式连接，另一端采用非灌浆方式连接（通常采用螺纹连接）。一般而言，预制剪力墙和预制柱的竖向钢筋连接多采用半灌浆套筒，水平方向预制梁的水平钢筋连接多采用全灌浆套筒。

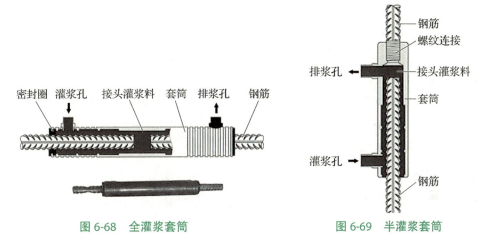

图6-68　全灌浆套筒　　　　　　图6-69　半灌浆套筒

灌浆套筒的安装应符合下列规定：

1）连接钢筋与全灌浆套筒组合时，应逐根插入灌浆套筒内，插入深度应满足设计锚固深度要求。

2）钢筋安装时，应将其固定在模具上，灌浆套筒与柱底、墙底模板应垂直，应采用橡胶环、螺杆等固定件保证在混凝土浇筑、振捣时灌浆套筒和连接钢筋不移位。

3）与灌浆套筒连接的灌浆管、排浆管应定位准确、安装稳固。

4）应采取防止混凝土浇筑时向灌浆套筒内漏浆的封堵措施。

5）对于半灌浆套筒连接，机械连接端的钢筋螺纹加工、连接的质量均应符合相关要求。

1. 竖向构件套筒灌浆连接

（1）连接工艺　竖向构件套筒灌浆连接施工分2个阶段进行：第1个阶段在预制厂中进行，第2个阶段在施工现场进行。预制剪力墙、预制柱的套筒灌浆连接第1个阶段，是将一端钢筋与套筒进行连接或预安装，再与构件的钢筋结构中的其他钢筋连接固定；然后套筒侧壁接灌浆管、排浆管并引到构件模板外；最后浇筑混凝土，将连接钢筋、套筒预埋在构件内。

（2）施工方法　竖向构件套筒灌浆连接施工时，灌浆料应采用压浆法从灌浆套筒下方的灌浆孔中注入，当灌浆料从构件上的本套筒的和其他套筒的灌浆孔、排浆孔流出后，应及时封堵灌浆孔和排浆孔。

竖向构件宜采用联通腔灌浆，并合理划分联通灌浆区域，每个区域除预留灌浆孔、排浆孔与排气孔（有些构件需要设置排气孔）外，应形成密闭空腔，应保证灌浆压力下不漏浆。联通灌浆区域内任意两个灌浆套筒的间距不宜超过1.5m。采用联通腔灌浆时，灌浆施工前应对各联通灌浆区域进行封堵，注意封堵材料不应减小结合面的设计面积。当采用一点灌浆方式施工时（用灌浆泵从接头下方的一个灌浆孔向套筒内压力灌浆），在该构件灌注完成之前不得更换灌浆孔且需连续灌浆，不得断料，严禁从排浆孔灌浆。当采用一点灌浆方式施工遇到问题需要改变灌浆点时，各套筒已封堵的灌浆孔、排浆孔应重新打开，待灌浆料流出后逐个封堵排浆孔。

竖向构件不采用联通灌浆方式时，构件就位前应设置坐浆层或套筒下端密封装置。

2. 水平构件套筒灌浆连接

（1）连接工艺　预制梁在预制厂预制加工阶段只预埋连接钢筋；在结构安装阶段连接预制梁时，将套筒套在两构件的连接钢筋上，然后向每个套筒内灌注灌浆料后静置到浆料硬化，梁的钢筋连接即结束。

（2）施工方法　连接时，应采用全灌浆套筒施工，灌浆套筒各自独立灌浆。灌浆时，灌浆料应采用压浆法从灌浆套筒一侧的灌浆孔注入，当拌合物在另一侧排浆孔流出时应停止灌浆。套筒上的灌浆孔、排浆孔应朝上，应保证套筒灌满后浆面高于套筒内壁最高点。

3. 套筒灌浆施工

套筒灌浆施工流程：灌浆孔检查→灌浆料制备→灌浆料检验→灌浆→封堵灌浆孔、排浆孔→排浆孔充盈度检查。

1）灌浆孔检查。灌浆孔检查的目的是为了确保灌浆套筒内畅通、没有异物。套筒内不畅通会导致灌浆料不能充满套筒，造成钢筋连接不符合要求。检查方法：使用细钢丝从上部排浆孔伸入套筒，如从底部可伸出，并且从下部灌浆孔可看见细钢丝，即畅通；如果钢丝无法从底部伸出，说明里面有异物，需要清除异物直到畅通为止。灌浆前应清理干净并润湿构件与灌浆料的接触面，保证无灰渣、无油污、无积水。

2）灌浆料制备。灌浆料是以水泥为基本材料，配以适当的细集料以及少量的混凝土外加剂和其他材料配制而成的干混料，加水搅拌后具有流动度大、早强、高强、微膨胀等性能。灌浆料的拌和采用手持式搅拌机（图6-70）搅拌，搅拌时间为3~5min。搅拌完的拌合物，随着停放时间的增长，其流动性降低。灌浆料自加水算起应在40min内用完，散落的灌浆料的成分已经改变，不得二次利用；剩余的灌浆料由于已经发生水化反应，如再次与其他灌浆料加水混合使用，可能出现早凝或泌水现象，因此也不能使用。

图6-70　手持式搅拌机

3）灌浆料检验。灌浆料检验主要指流动度检验和现场强度检验，每班灌浆连接施工前应进行灌浆料初始流动度检验，流动度合格后方可使用。制作强度检验试件前，浆料需要静置2~3min，使浆内气泡自然排出。

流动度检验（图6-71）前要拌制好浆料，湿润玻璃板和截锥圆模内壁（但不得有明水），然后将截锥圆模放置在玻璃板中间位置，将灌浆料倒入截锥圆模内，直至浆体与截锥圆模上口持平，徐徐提起截锥圆模，让浆体在无扰动的条件下自由流动直至停止。停止后，测量浆体的最大扩散直径（图6-72）及与其垂直方向的直径，计算平均值，精确到1mm，作为初始流动度；然后将玻璃板上的浆体装入搅拌锅内，并采取防止浆体水分蒸发的措施。自加水拌和算起第30min时，重复上述试验步骤，测定结果为30min流动度。要求初始流动度大于等于300mm，30min流动度大于等于260mm。

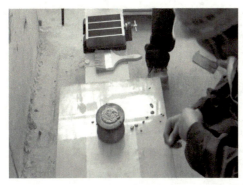
图6-71 流动度检验

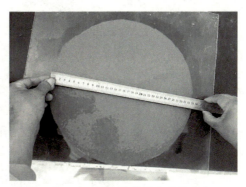
图6-72 测量浆体的最大扩散直径

4）灌浆。灌浆有机械、人工两种方式，套筒灌浆施工人员在灌浆前必须经过专业灌浆培训，培训考试合格后方可进行灌浆作业。套筒灌浆前，灌浆人员必须填写套筒灌浆施工报告，灌浆作业的全过程要有监理人员进行现场旁站监理。

施工时用灌浆泵（图6-73）或灌浆枪（图6-55）从接头下方的灌浆孔处向套筒内压力灌浆，特别注意灌浆料要在自加水搅拌开始20~30min内灌完，以保留一定的操作应急时间。当有灌浆料从排浆孔溢出少许后，用橡胶塞堵住该排浆孔，直至所有的灌浆套筒灌满灌浆料；然后停止灌浆，并封堵灌浆孔。灌浆开始后必须连续进行，不能间断，并尽可能缩短灌浆时间。灌浆完毕，立即用清水清洗搅拌机、灌浆泵和灌浆泵管等器具，以免灌浆料凝固导致清理困难。

5）封堵灌浆孔、排浆孔。接头灌浆时，待接头上方的排浆孔流出浆料后，及时用专用橡胶塞

图6-73 灌浆泵

（图6-74）封堵。灌浆泵管撤离灌浆孔时，也应立即封堵。通过联通腔一次向构件的多个接头灌浆时，应按浆料排出的先后，依次封堵排浆孔，封堵时灌浆泵应一直保持灌浆压力，直至所有灌浆孔、排浆孔出浆并封堵牢固后，再停止灌浆。如有漏浆，须立即补灌损失的浆料。在灌浆完成后浆料凝固前，应巡视检查已灌浆的接头，如有漏浆应及时处理。

6）排浆孔充盈度检查（图6-75）。灌浆料凝固后，取下灌浆孔、排浆孔的封堵橡胶塞，排浆孔内凝固的灌浆料上表面应高于排浆孔下缘5mm以上。

灌浆作业完成后24h内，构件和套筒灌浆连接接头不应受到振动或冲击作用。

图 6-74 专用橡胶塞

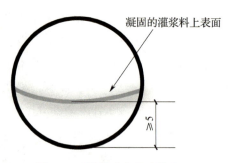
图 6-75 排浆孔充盈度检查

6.4.2 后浇混凝土连接

后浇混凝土连接是指在预制构件结合处留出后浇区（图 6-76），构件吊装安放完毕后，现场浇筑混凝土进行连接。

图 6-76 预制构件结合处留出的后浇区

1. 竖向构件

（1）边缘构件的节点钢筋绑扎

1）调整预制墙板两侧的边缘构件钢筋，然后构件吊装就位。

2）绑扎边缘构件纵筋范围内的箍筋，绑扎顺序是由下而上，然后将每个箍筋平面内的预留钢筋、箍筋与主筋绑扎固定。由于两块墙板之间的距离较为狭窄，制作箍筋时将箍筋做成开口箍状，以便于箍筋绑扎。

3）将边缘构件纵筋以上范围内的箍筋套入相应的位置，并固定于预制墙板的预留钢筋。

4）安放边缘构件纵筋并将其与插筋绑扎固定。

5）将已经套接的边缘构件箍筋调整到位，然后将每个箍筋平面内的预留钢筋、箍筋与主筋绑扎固定。绑扎节点钢筋前，先使用发泡胶将相邻外墙板之间的竖缝封闭。

（2）支设竖向节点构件模板　支设边缘构件及后浇段模板时，应充分利用预制内墙板之间的缝隙及预制内墙板上预留的对拉螺栓孔来强化模板，以保证墙板边缘混凝土模板与后支的钢模板（或木模板）连接紧固，防止胀模。支设模板时应注意：

1）节点处模板应在混凝土浇筑时不产生明显的变形、漏浆，并不宜采用周转次数较多的模板。为防止漏浆污染预制墙板，模板接缝处需粘贴海绵条。

2）要采取可靠措施防止胀模。

（3）混凝土浇筑　对于装配式混凝土结构边缘构件竖向连接接缝的浇筑，应该与水平构件的混凝土叠合层以及按设计非预制必须现浇的结构（如作为核心筒的电梯井、楼梯间）浇筑同步进行，一般选择一个单元作为一个施工段，以先竖向、后水平的顺序施工。这样的施工安排通过后浇混凝土将竖向和水平预制构件结合成了一个整体。竖向连接接缝可逐层浇筑，混凝土分层浇筑高度应符合现行规范要求。浇筑时，应采取保证混凝土浇筑密实的措施。同一连接接缝的混凝土应连续浇筑，并应在底层混凝土初凝之前将上一层混凝土浇筑完毕。预制构件连接节点和连接接缝部位的混凝土应加密振捣，并适当延长振捣时间。混凝土浇筑和振捣时，应采取措施防止模板、相连接的构件、钢筋、预埋件及其定位件发生移位，并应对模板和支架进行观察及维护，发生异常情况应及时进行处理。

2. 水平构件

（1）钢筋绑扎

1）键、槽钢筋绑扎时，为确保U形钢筋位置准确，在钢筋上口加设一根直径6mm的钢筋卡在键、槽当中，作为键、槽钢筋的分布筋。

2）叠合梁、板上部所有的钢筋交错点均应绑扎牢固，同一水平直线上相邻的绑扣应呈八字形，并朝向混凝土构件内部。

（2）浇筑楼板上部及竖向节点混凝土　绑扎叠合楼板负弯矩钢筋和板缝加强钢筋网，预留好管线、套管、预留洞等。浇筑混凝土时，在露出的柱子插筋上做好混凝土顶标高标识，利用外圈叠合梁上的外侧预埋钢筋固定边模板专用支架，并调整边模板顶部标高至板顶设计标高，然后浇筑混凝土，利用边模板顶部和柱子插筋上的标高控制标识控制混凝土的厚度和平整度。

装配整体式混凝土结构中的预制构件连接处的混凝土强度等级，不应低于所连接的各预制构件混凝土设计强度中的较大值。用于预制构件连接处的混凝土或砂浆，宜采用无收缩混凝土或无收缩砂浆，并宜采取提高混凝土或砂浆早期强度的措施。

6.4.3　浆锚搭接

浆锚搭接是装配式混凝土结构钢筋竖向连接形式之一，即在混凝土中预埋金属波纹管（图6-77）或螺旋箍筋约束（图6-78），待混凝土达到要求的强度后，将钢筋穿入波纹管或螺旋箍筋约束，再将高强度无收缩灌浆料灌入后进行养护，以起到锚固钢筋的作用。浆锚搭接（以金属波纹管浆锚搭接连接为例）属多重界面体系，即钢筋与锚固材料（灌浆料）的界面体系、锚固材料与波纹管的界面体系以及波纹管与原构件混凝土的界面体系。因此，锚固材料对钢筋的锚固力不仅与锚固材料和钢筋的握裹力有关，还与波纹管和锚固材料之间、波纹管和混凝土之间的连接有关。浆锚搭接一般用于预制剪力墙墙身的连接，不可用于预制暗柱的竖向连接。

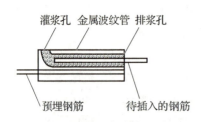
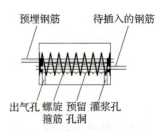

图 6-77　金属波纹管浆锚搭接连接　　　　图 6-78　螺旋箍筋约束浆锚搭接连接

浆锚搭接传力可靠，具有成本低、操作简单的优点，在连接部位形成刚性节点，节点构造具有与现浇节点相近的受力性能；其不足之处在于对节点施工精度要求较高，连接质量受操作者个人技术因素影响较大，且节点连接质量不易检测，对操作者技术要求较高。

6.4.4　叠合连接

叠合连接是一种预制板（梁）与现浇混凝土相叠合的连接方式，叠合构件的下层为预制构件，上层为现浇层。

叠合构件浇筑混凝土前，应清除叠合面上的杂物、浮浆及松散集料，表面干燥时应洒水湿润，洒水后不得留有积水，还应检查并校正构件的外露钢筋。

叠合构件浇筑混凝土时，为了保证叠合构件及支撑受力均匀，应采取从中间向两边的浇筑方式连续施工。浇筑过程中不应移动预埋件的位置，且不得污染预埋件外露的连接部位。叠合构件上一层预制剪力墙的吊装施工，应在与剪力墙整浇的叠合构件后浇层达到足够强度后进行。

高层建筑火灾逃生禁忌

2022 年 12 月 1 日，西安一小区高层建筑发生火灾，造成 5 人死亡；2023 年 5 月 7 日，山西吕梁一小区高层建筑发生火灾，造成 5 人死亡。高层建筑体量庞大，往往结构复杂、人员密集，一旦着火，容易快速蔓延导致火势难以控制，造成人员伤亡和财产损失。

为何在高层建筑火灾中，火势会在短时间内迅速蔓延？这源于高层建筑独特的"烟囱效应"，烟囱效应是指户内空气沿有垂直坡度的空间上升或下降，造成空气强对流的现象。

一旦发生火灾，一定要保持镇定，不要惊慌。除了根据我们所处的环境选择正确的逃生方式，以下几点逃生禁忌千万要注意：

项目 6 装配式混凝土结构施工

1. 绝不要贪恋财物

高层建筑房间一旦起火,短时间内,火焰就会蔓延燃烧至整个房间,而且烟气还有一定的毒性。身处火场,生命至上,必须分秒必争地撤离现场,不要因为抢救财物而浪费逃生时间。

2. 绝不能乘坐电梯

高层建筑发生火灾时,电梯通常会因电力中断而停止运行,无法正常使用;而且,热烟气流会因烟囱效应以每秒 3~5m 的速度在电梯井内向上猛窜,此时乘坐电梯会瞬间被浓烟吞噬。

3. 尽量向下逃生,不要盲目跳楼

如果火源在本层或上层,应迅速通过安全出口向下逃生;如果火源在下层且通道被封锁,则需要选择其他逃生路线或者等待救援。火灾面前,一些人容易失去理智,甚至冒险跳楼、跳窗等,这种行为危险性极大,常伴有生命危险。对于救生气垫,救援高度极限是 15~20m,若身陷火场,所处位置超过 6 层,也绝不能盲目跳救生气垫逃生,否则后果与直接跳楼相差无几。

4. 不要盲目地朝光亮之处逃生

危险中,一些人习惯朝着有光亮的方向逃生,但火场中电源常被切断或跳闸,光亮之处往往是"火魔"的释放地点。

5. 不可随意开门逃生

高层建筑发生火灾时,随意开门可能导致火势迅速蔓延或者浓烟进入屋内。可以先触摸门感受门的温度,判断火势大小,如果门的温度较高,说明火势已经到达门外,千万不可随意开门。

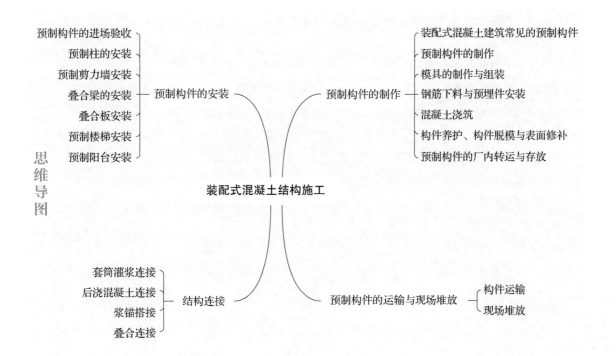

思考题

1. 什么是装配式建筑？
2. 全装配混凝土结构有什么特点？
3. 预制构件有哪些生产方法？
4. 预制构件的成品保护有哪些要求？
5. 简述预制构件进场验收的主要内容。
6. 简述预制柱安装的施工流程。
7. 简述预制剪力墙外墙板安装的施工流程。
8. 简述预制剪力墙内墙板安装的施工流程。
9. 简述叠合梁、叠合板的安装施工流程。
10. 简述套筒灌浆连接的基本施工步骤。
11. 如何进行灌浆料流动度测定？

能力训练题

1. 梁底支撑采用立杆支撑＋可调顶托＋（　　）木方。

   A. 100mm×100mm B. 200mm×200mm
   C. 50mm×100mm D. 100mm×150mm

2. 预制构件标识中应包括工程名称（含楼号）、构件编号（包含层号）、构件质量、（　　）、生产单位、监理印章及楼板安装方向等信息。

   A. 生产标号 B. 生产人
   C. 生产日期 D. 产品合格证

3. 预制构件成品应按（　　）区、待修区和不合格区分类堆放，并应进行标识。

   A. 优秀 B. 合格
   C. 良好 D. 及格

4. （　　）俗称铁扁担、扁担梁，常用于梁、柱、墙板、叠合板等构件的吊装。

   A. 横吊梁 B. 吊索具
   C. 塔式起重机 D. 起吊钩具

5. 灌浆套筒通过（　　）的传力作用将钢筋连接在一起。

   A. 水泥基灌浆料 B. 石灰灌浆料
   C. 石膏灌浆料 D. 混凝土灌浆料

6. 预制构件平放时，应使吊环（　　）、标识（　　），以便于查找与吊运。

   A. 向上　向里 B. 向上　向外
   C. 向下　向外 D. 向下　向里

7. 吊具应根据预制构件的形状、尺寸及重量等参数进行配置,吊索水平夹角不宜大于( ),且不应小于( )。
   A. 55°、45°　　　　　　　　　　　B. 55°、35°
   C. 60°、35°　　　　　　　　　　　D. 60°、45°

8. 当预制构件的粗糙面涂刷缓凝剂时,预制构件脱模后应及时进行( ),露出集料。
   A. 凿毛　　　　　　　　　　　　　B. 喷砂
   C. 拉毛　　　　　　　　　　　　　D. 高压水冲洗

9. 灌浆过程中,每次拌制的灌浆料,宜在( )内使用完。
   A. 2.5h　　　　　　　　　　　　　B. 2h
   C. 1h　　　　　　　　　　　　　　D. 0.5h

10. 预制剪力墙外墙板一般采用"三明治"结构,即结构层+保温层+( )。
    A. 加厚层　　　B. 隔离层　　　C. 防潮层　　　D. 保护层

11. 楼梯的模具可分为卧式和( )。
    A. 横式　　　　B. 大底模式　　C. 立式　　　　D. 独立式

12. 预制叠合板采用拉毛处理方法时,应在混凝土达到( )完成。
    A. 初凝前　　　　　　　　　　　　B. 初凝后
    C. 终凝前　　　　　　　　　　　　D. 终凝后

13. 灌浆料在标准温度和湿度条件下,初始流动度要求( )mm。
    A. ≥260　　　　　　　　　　　　　B. ≥300
    C. ≥360　　　　　　　　　　　　　D. ≥160

14. 灌浆套筒接头一端采用灌浆方式连接,另一端采用非灌浆方式连接(通常采用螺纹连接),这种灌浆套筒称为( )。
    A. 全灌浆套筒　　　　　　　　　　B. 铸造灌浆套筒
    C. 机械加工灌浆套筒　　　　　　　D. 半灌浆套筒

项目 7

防水工程施工

素养目标：

结合防水工程遵循的"防、排、截、堵相结合，刚柔并济，因地制宜，综合治理"原则，培养学生全局意识。

知识目标：

1. 了解防水工程的分类。
2. 熟悉常见防水材料的性质，并能进行防水材料的选择。
3. 掌握屋面防水工程的施工工艺和施工方法。
4. 掌握地下防水工程的施工工艺和施工方法。
5. 掌握厨房、卫生间防水工程的施工工艺和施工方法。
6. 熟悉常见防水节点和构造的做法。

能力目标：

1. 能编制和检查防水工程施工的专项施工方案。
2. 能进行防水工程施工的技术交底。
3. 具有组织防水工程施工的能力。
4. 能参与防水工程施工质量验收。

防水工程是一项系统工程，它涉及防水材料、防水工程设计、施工技术、建筑物的管理等各个方面，其目的是保证建筑物不受水的侵蚀，内部空间不受水的危害，提高建筑物的使用功能，改善人居环境。从工程造价及所需的劳动量来说，建筑工程防水在整个建筑物施工中所占的比重不大，但其质量的好坏不仅关系到建（构）筑物的使用寿命，而且直接影响到人们的生产生活环境和卫生条件。因此，防水工程在满足设计合理性的同时，必须严格控制施工质量，以保证建筑物的耐久性和正常使用。

防水工程按其采取的措施和手段不同分为材料防水和构造防水两大类；按材料性能不同分为柔性防水（卷材防水、涂膜防水）和刚性防水（砂浆防水、细石混凝土防水）；按其部位不同分为屋面防水、地下室防水、卫生间防水、外墙防水等。

任务 7.1　屋面防水工程施工

根据建筑物的性质、重要程度、使用功能要求及防水层耐用年限等将屋面防水分为两个等级，并按相应等级进行设防（表 7-1）。对防水有特殊要求的建筑屋面，应进行专项防水设计。

表 7-1　屋面防水等级和设防要求

屋面防水等级	建筑类别	设防要求
Ⅰ	重要建筑和高层建筑	两道防水设防
Ⅱ	一般建筑	一道防水设防

屋面防水工程所采用的防水材料应有产品合格证书和性能检测报告，材料的品种、规格、性能等应符合国家现行标准和设计的要求。屋面防水工程施工前，要编制施工方案，应建立"三检"制度，并有完整的检查记录。伸出屋面的管道、设备或预埋件应在防水层施工前安设好。施工时每道工序完成后，要经监理单位检查验收合格后，才可进行下道工序的施工。

屋面防水工程的常见做法有卷材防水屋面、涂膜防水屋面、复合防水屋面和刚性防水屋面等。

7.1.1　卷材防水屋面施工

卷材防水屋面是用胶结材料粘贴卷材进行防水的屋面，其典型构造如图 7-1 所示，施工时以设计为依据。这种屋面具有质量轻、防水性能好的优点，其防水层的柔韧性较好，能适应一定程度的结构振动和胀缩变形。但是，卷材防水屋面的卷材易老化、易起鼓、耐久性差、施工工序多、工效低、维修工作量大、产生渗漏时修补找漏困难。

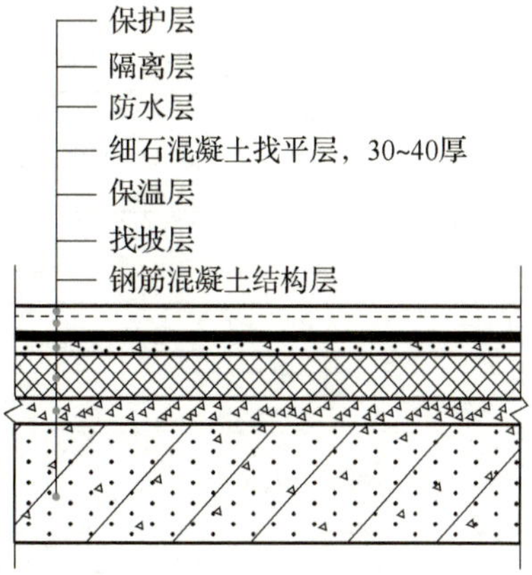

图 7-1　卷材防水屋面构造层次示意图

（保护层、隔离层、防水层、细石混凝土找平层，30~40厚、保温层、找坡层、钢筋混凝土结构层）

1. 材料选择

（1）卷材　将沥青类或高分子类防水材料浸渍在胎体上，制作成的防水材料产品以卷材形式提供，称为防水卷材。防水卷材在我国建筑防水材料的应用中处于主导地位，广泛用于屋面、地下室和特殊构筑物的防水，是一种面广量大的防水材料。根据主要组成材料不同，分为沥青防水卷材、高聚物改性沥青防水卷材和合成高分子防水卷材。

1）沥青防水卷材（油毡）以原纸、织物、纤维毡、塑料膜等材料为胎基，浸涂石油沥青、矿物粉料或塑料膜作为隔离材料制成。这是一种传统的防水材料，成本较低，但拉伸强度和延伸率较低，温度稳定性较差，高温易流淌，低温易脆裂，耐老化性较差，使用年限较短；由于施工时需熬制沥青，污染环境，属于低档防水卷材，已逐渐被淘汰。

2）高聚物改性沥青防水卷材以合成高分子聚合物改性沥青为涂盖层，以纤维织物或纤维毡为胎体，以粉状、粒状、片状或薄膜材料为覆面材料，制成的可卷曲的片状防水卷材。它具有高温不流淌、低温不脆裂、抗拉强度高、延伸率大的特点，能够较好地适应基层开裂及伸缩变形的要求。

3）合成高分子防水卷材以合成橡胶、合成树脂或两者的共混体为基料，加入适量的化学助剂和填充料等，经一定工序加工而成的可卷曲的片状防水材料；或把上述材料与合成纤维等复合，形成两层或两层以上的可卷曲的片状防水材料。其特点是拉伸强度高、断裂伸长率大、抗撕裂强度高、耐热性能好、低温柔性好、耐磨损、耐老化，且可以冷施工。

高聚物改性沥青防水卷材的外观质量要求见表 7-2，合成高分子防水卷材的外观质量要求见表 7-3。

表 7-2　高聚物改性沥青防水卷材的外观质量要求

项目	质量要求
孔洞、缺边、裂口	不允许
边缘不整齐	不超过 10mm
胎体露白、未浸透	不允许
撒布材料的粒度、颜色	均匀
每卷卷材的接头	不超过 1 处，较短的一段不应小于 1000mm，接头处应加长 150mm

表 7-3　合成高分子防水卷材的外观质量要求

项目	质量要求
折痕	每卷不超过 2 处，总长度不超过 20mm
杂质	不允许有大于 0.5mm 的颗粒，每 1m 不超过 9 处
凹痕	每卷不超过 6 处，深度不超过卷材厚度的 30%，树脂深度不超过卷材厚度的 15%
胶块	每卷不超过 6 处，每处面积不大于 4mm^2
每卷卷材的接头	橡胶类每 20m 不超过 1 处，较短的一段不应小于 3000mm，接头处应加长 150mm；树脂类每 20m 长度内不允许有接头

（2）基层处理剂　基层处理剂是为了增强防水材料与基层之间的黏结力，在防水层施工前预先涂刷在基层上的涂料，其选择应与所用卷材的材性相容。用于高聚物改性沥青防水卷材和合成高分子防水卷材的基层处理剂，一般采用合成高分子材料进行改性，基本上由卷材生产厂家配套供应。

（3）胶粘剂　卷材防水层的黏结材料，必须选用与卷材相匹配的胶粘剂。

高聚物改性沥青防水卷材可选用橡胶或再生橡胶改性沥青的汽油溶液或水乳液作为胶粘剂，其剪切强度应大于 0.05MPa，剥离强度应大于 8N/10mm。

合成高分子防水卷材可选用以氯丁橡胶和丁基酚醛树脂为主要成分的胶粘剂或以氯丁橡胶乳液制成的胶粘剂，其剥离强度不应小于 15N/10mm，用量为 0.4~0.5kg/m^2。

（4）密封材料　密封材料是指能承受接缝位移以达到气密、水密目的而嵌入建筑接缝中的材料。密封材料应有较好的黏结性、弹性和耐老化性，能长期经受拉伸和收缩作用，能耐振动疲劳。

密封材料的适用范围:一般用于接缝中,或配合卷材防水层做收头处理。

密封材料的性能特点:一般在面积不大时使用,利用其便于嵌缝处理的优点配合防水卷材和防水涂料做节点部位的处理。

2. 对基层的要求

防水层的基层是防水卷材直接依附的层次,一般是指结构层上或保温层上的找平层。找平层的作用是保证卷材铺贴平整,黏结牢固,有水泥砂浆找平层、沥青砂浆找平层和细石混凝土找平层三种形式。其中,沥青砂浆找平层适合于冬期、雨期施工或用水泥砂浆施工有困难和抢工期时采用;细石混凝土找平层比较适用于松散保温层,它可以增强结构的刚度和强度。找平层质量的好坏直接影响到防水层的铺贴质量,找平层的厚度应符合规范要求,表面应平整,无松动、起壳和开裂现象,并保持表面干燥。干燥程度简易检测方法:将 $1m^2$ 卷材平铺在找平层上,静置 3~4h 后掀开检查,找平层覆盖部位与卷材上未见水印即说明满足施工要求。

为防止温差及混凝土构件收缩导致防水屋面开裂,找平层应留分格缝,缝宽一般为 5~20mm,并嵌填密封材料。分格缝纵、横向的最大间距,当找平层采用水泥砂浆或细石混凝土时,不宜大于 6m;对于沥青砂浆找平层,不宜大于 4m。分格缝施工可预先埋入木条或聚乙烯泡沫条,然后用切割机锯除。如果基层在施工时难以达到所要求的干燥程度,则需做排汽屋面,分格缝可兼作排汽屋面的排汽道,缝可适当加宽,并应与保温层连通。分格缝处应附加 200~300mm 宽的油毡,用沥青基黏结材料单边点贴覆盖。另外,在水泥砂浆或细石混凝土中掺入减水剂和微膨胀纤维或抗裂纤维也可避免或减少找平层开裂。

屋面基层与女儿墙、天窗壁、烟囱、变形缝、伸出屋面的管道等突出屋面结构的连接处,以及基层的转角处(各雨水口、檐口、天沟、檐沟、屋脊等),是变形频繁、应力集中的部位,易引起防水层被拉裂,找平层均应做成圆弧形。

屋面及檐口、檐沟、天沟的找平层的排水坡度,必须符合设计要求,平屋面采用结构找坡时应不小于 3%,采用材料找坡时宜为 2%,天沟、檐沟的纵向找坡不应小于 1%,沟底水落差(天沟内分水线到雨水口的高差)不大于 200mm。

3. 卷材防水施工

卷材防水施工的一般施工流程:基层表面清理、修补→喷(涂)基层处理剂→节点附加增强处理→定位、弹线、试铺→铺贴卷材→收头处理、节点密封→清理、检查、修整→保护层施工。施工注意事项如下:

(1)环境要求 卷材铺贴应选择在好天气时进行,严禁在雨、雪天施工,五级以上大风天气也不得施工,热熔粘贴法施工的环境气温不宜低于-10℃,其他施工方法均应在5℃以上气温条件下施工。若施工中途下雨、下雪,应做好卷材周边的防护工作。

(2)施工顺序 屋面防水层施工时,应先做好节点、附加层和屋面排水比较集中部位(屋面与雨水口连接处、檐口、天沟、屋面转角处等)的处理,然后由屋面最低标高处向上施工。铺贴天沟、檐口卷材时,宜顺天沟、檐口方向,并尽量减少搭接。铺贴多跨和有高低跨的屋面时,应按先高后低、先远后近的顺序进行。大面积屋面施工时,应根据屋面特征及面积等因素合理划分流水施工段。施工段的界线宜设在屋脊、天沟、变形缝等处。

（3）喷（涂）基层处理剂　基层处理剂可采取喷涂法或涂刷法施工，喷涂应均匀一致，无露底。当喷、涂多遍时，应在前一遍干燥后，再做后一遍喷、涂，待表面干燥后方可铺贴卷材。

（4）粘贴附加层　待基层处理剂干燥后，先对女儿墙、天沟、雨水口、管道根部、檐口、阴（阳）角等节点做附加层。附加层做法：阴（阳）角处增铺1~2层与防水卷材相同材质的卷材附加层，宽度不宜小于500mm；铺贴在立面墙上的卷材高度不小于250mm；排汽道、排汽帽必须畅通，分格缝、排汽道上的附加卷材每边宽度不小于250mm，必须单面粘贴。

（5）卷材铺贴方向　卷材铺贴方向应结合卷材搭接缝顺水接槎和卷材铺贴操作性两方面因素综合考虑。卷材铺贴应在保证顺直的前提下，宜平行屋脊铺贴。屋面坡度大于25%时，为防止卷材下滑，卷材应采取满粘和钉压等方法固定，固定点应封闭严密。当卷材防水层采用叠层方法施工时，上下层卷材不得相互垂直铺贴。

（6）卷材搭接　为确保防水质量，所有卷材铺贴时均应用搭接法施工，平行屋脊的卷材搭接缝应顺水流方向，卷材搭接宽度应符合表7-4的规定。为了避免卷材防水层搭接缝重合，上下层卷材长边搭接缝应错开，错开的距离不得小于幅宽的1/3。为了避免多层卷材重叠，影响接缝质量，同一层相邻两幅卷材的短边搭接缝也应错开，错开的距离不得小于500mm。

表7-4　卷材搭接宽度　　　　　　　　　　　　　　　　　（单位：mm）

卷材类别		搭接宽度
合成高分子防水卷材	胶粘剂	80
	胶粘带	50
	单缝焊	60，有效焊接宽度不小于25
	双缝焊	80，有效焊接宽度为10×2+空腔宽
高聚物改性沥青防水卷材	胶粘剂	100
	自粘	80

（7）屋面特殊部位的铺贴　天沟、檐沟、檐口、雨水口、泛水、变形缝和伸出屋面管道的防水构造，必须符合设计要求。天沟、檐沟部位铺贴卷材时，应从沟底开始纵向铺贴，如沟底过宽，纵向搭接缝宜留设在屋面或沟的两侧。沟内卷材附加层在天沟、檐口与屋面交接处宜空铺，空铺的宽度不应小于200mm。天沟、檐沟、檐口、泛水和立面卷材收头的端部应裁齐，并塞入预留凹槽内，用金属压条钉压固定，最大钉距不应大于900mm（图7-2），并用密封材料嵌填封严。凹槽距屋面找平层不小于250mm，凹槽上部墙体应做防水处理。

图7-2　金属压条钉压固定

铺贴泛水处的卷材应采取满粘法。雨水口杯应牢固地固定在承重结构上，防水层贴入雨水口杯内不少于50mm，并涂刷防水涂料1~2遍，雨水口周围直径500mm范围内的坡度不小于5%。应在基层与雨水口的接触处留20mm宽、20mm深的凹槽，并用密封材料嵌填密实。

变形缝处的泛水高度不小于250mm，伸出屋面管道的周围与找平层或细石混凝土防水层之间应预留20mm宽、20mm深的凹槽，并嵌填密封材料。在管道根部直径500mm范围内，找平层应抹出高度不小于30mm的圆台。管道根部四周应增设附加层，宽度和高度均不小于300mm。管道上的防水层收头应用金属箍紧固，并用密封材料封严。

（8）高聚物改性沥青防水卷材施工　依据高聚物改性沥青防水卷材的特性，其施工方法有冷粘法、热熔法和自粘法。在立面或大坡面铺贴高聚物改性沥青防水卷材时，应采用满粘法施工，并宜减少短边搭接。

1）冷粘法施工。冷粘法施工（图7-3）是利用毛刷将胶粘剂涂刷在基层或卷材上，然后直接铺贴卷材，使卷材与基层、卷材与卷材黏结。施工前须测定基层含水率；施工时必须选择与卷材配套的专用胶粘剂，要求涂刷均匀，不得露底、堆积。铺贴卷材时，卷材与基层的铺贴方法可分为满粘法、条粘法、点粘法和空铺法等，见表7-5。

表7-5　防水卷材的铺贴方法和适用范围

铺贴方法	施工要点	适用范围
满粘法	又称全粘法，即在铺贴防水卷材时，卷材与基层全部黏结牢固，热熔法、冷粘法、自粘法施工通常使用这种方法粘贴卷材。找平层的分格缝处宜空铺，空铺的宽度宜为100mm	屋面防水面积较小、结构变形不大、找平层干燥的屋面，以及立面或大坡面的铺贴
空铺法	铺贴防水卷材时，卷材与基层仅在四周一定宽度内黏结，其余部分不黏结。施工时，檐口、屋脊、屋面转角、伸出屋面的排气孔、烟囱根部等部位，采用满粘法施工。黏结宽度不小于900mm	基层潮湿、找平层水汽难以排除及结构变形较大的屋面
条粘法	铺贴防水卷材时，卷材与基层采用条状黏结形式，每幅卷材的黏结面不少于2条，每条的黏结宽度不小于150mm，檐口、屋脊、伸出屋面的管道等细部做法同空铺法	结构变形较大、基层潮湿、排汽困难的屋面
点粘法	铺贴防水卷材时，卷材与基层采用点状黏结形式，要求每平方米范围内至少有5个黏结点，每点范围不小于100mm×100mm，檐口屋脊等细部做法同空铺法	结构变形较大、基层潮湿、排汽有一定困难的屋面

铺贴卷材时应平整顺直，搭接尺寸应准确，不得扭曲、皱折。胶粘剂涂刷应均匀，不得露底、堆积，黏结应牢固，破口处溢出的胶粘剂要立刻刮平并封口。接缝处应用密封材料封严，宽度不应小于10mm。采用冷粘法施工时，应控制胶粘剂与卷材铺贴的间隔时间，一般以用手触及表面似黏非黏时为宜，以免影响黏结的牢固性。铺贴卷材下面的空气应排尽，并辊压黏结牢固，黏合时不得用力拉伸卷材，避免卷材铺贴后处于受拉状态。

2）热熔法施工。热熔法施工（图7-4）是将热熔型防水卷材的底层加热熔化后，进行卷材与基层或卷材之间的黏结。高聚物改性沥青防水卷材，由于其底面涂有一层软化点较高的改性沥青热熔胶，因此可采用热熔法施工，铺贴时用火焰烘烤卷材底面后直接与基层粘贴。这种施工方法受气候影响较小，对基层表面的干燥要求相对宽松。施工中在熔化热熔型改性沥青胶结料时，加热器的喷嘴距卷材表面的距离应适中，幅宽内加热应均匀，以卷材表面熔融至光亮黑色后方可黏合。若熔化不够，会影响卷材接缝的黏结强度和密封性能；若加温过高，会使改性沥青成分老化变焦且会把卷材烧穿。卷材表面热熔后应立即辊压，辊压时应排除卷材与基层之间的空气，压实使之平展并粘贴牢固。

图 7-3 冷粘法施工

图 7-4 热熔法施工

搭接缝的黏结和密封是将上下两层卷材搭接区黏合面的沥青层加热至熔融时黏结，并立即辊压黏实，再通过接缝处挤出的 5~10mm 的沥青条将搭接缝封闭；卷材终端收头利用机械固定并将边缘用密封膏（或封口胶）嵌填严密，从而封闭。热熔法施工时，卷材自身的沥青成分在热熔状态下黏结，黏结强度高且持久，边缘挤出的沥青条或嵌填的密封膏，完全可以将接缝处及收头部位封闭，从而保证接缝和收头的密封性，形成一个完整的封闭严密的整体卷材防水层。

采用热熔法施工时，要防止过分加热卷材或烧穿卷材。厚度小于 3mm 的卷材，严禁采用热熔法施工。

3）自粘法施工。自粘法施工采用带有自粘胶的防水卷材，无加热过程，也不需涂刷胶结材料，直接进行卷材铺贴。铺贴前，基层表面应均匀涂刷基层处理剂，待干燥后及时铺贴卷材。铺贴时，应先将自粘胶底面的隔离纸全部撕净，并要排除卷材下面的空气，然后推铺黏结牢固（图 7-5、图 7-6），不得空鼓。铺贴的卷材应平整顺直，搭接尺寸应准确，不得扭曲、皱折；搭接部位宜采用热风加热，并应立即粘贴牢固；接缝处应用密封材料封严，宽度不应小于 10mm。

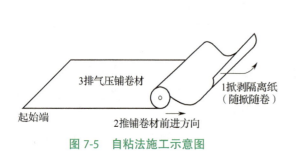

图 7-5 自粘法施工示意图

图 7-6 自粘法施工

（9）合成高分子防水卷材施工　合成高分子防水卷材的施工方法一般有冷粘法、自粘法和热风焊接法三种。

合成高分子防水卷材冷粘法、自粘法的施工要求与高聚物改性沥青防水卷材施工基本相同。

热风焊接法施工时，利用空气焊枪进行防水卷材的焊接（图7-7）。焊接前，卷材应铺设平整、顺直，搭接尺寸应准确，不得扭曲、皱折；卷材焊接缝的结合面应干净、干燥，不得有水滴、油污及附着物。焊接时应先焊长边焊接缝，后焊短边焊接缝。焊接施工时必须严格控制加热温度和时间，焊接缝不得有漏焊、跳焊、焊焦或焊接不牢等现象。焊接时不得损害非焊接部位的卷材。

4. 蓄水或淋水试验

防水层施工完成后要检验屋面有无渗漏、排水坡度是否满足设计要求、排水系统是否畅通、屋面有无积水等。可在雨后或持续淋水2h后进行观察。做屋面蓄水试验的屋面（图7-8），其蓄水时间不应小于24h。

图7-7　热风焊接法

图7-8　屋面蓄水试验

5. 隔离层施工

在柔性防水层上设置块体材料、水泥砂浆、细石混凝土等刚性保护层时，为了防止刚性保护层胀缩变形对防水层造成损坏，应在保护层与防水层之间铺设隔离层。

当基层比较平整时，在蓄水或淋水试验合格的防水层上面，可以直接干铺塑料膜、土工布或卷材。当基层不太平整时，隔离层宜采用低强度等级黏土砂浆、水泥石灰砂浆或水泥砂浆施工。铺抹砂浆时，铺抹厚度宜为10mm，表面应抹平、压实并养护；待砂浆干燥后，其上干铺一层塑料膜、土工布或卷材。隔离层所用的材料应能承受保护层的施工荷载，塑料膜的厚度不应小于0.4mm；土工布应采用聚酯土工布，单位面积质量不应小于$200g/m^2$；卷材厚度不应小于2mm。

隔离层所用材料的质量及配合比应符合设计要求，隔离层不得有破损和漏铺。塑料膜、土工布、卷材应铺设平整，其搭接宽度不应小于50mm，不得有皱折。低强度等级砂浆表面应压实、平整，不得有起壳、起砂现象。

6. 保护层施工

由于屋面防水层长期受阳光辐射、雨雪冰冻、上人活动等影响，很容易老化和遭到破坏，必须加以保护，以延长使用年限。因此，卷材铺贴完成或涂料固化成膜，并经检验合格后，应立即进行保护层的施工。

（1）块体保护层　块体保护层的结合层可采用砂或水泥砂浆。在砂结合层上铺设块体时，砂层应洒水压实、刮平，块体间应预留10mm的缝隙，缝内应填砂，并应用1:2水泥砂浆勾缝。为防止砂流失，在保护层四周500mm范围内，应改用低强度等级水泥砂浆做结合层。在水泥砂浆结合层上铺设块体时，应先在防水层上做隔离层，隔离层可用单层油毡空铺，搭接边宽度不小于70mm；块体预先湿润后再铺砌，块体间应预留10mm的缝隙，缝内应用1:2水泥砂浆勾缝。块体保护层每100m²应留设分格缝，缝宽20mm，缝内嵌填密封材料，可避免因热胀冷缩造成板块拱起或板缝开裂。

（2）水泥砂浆及细石混凝土保护层　水泥砂浆及细石混凝土保护层（图7-9）在铺设前，应在防水层上做隔离层，并按设计要求支设好分格缝模板，也可以全部浇筑、硬化后用锯切割出混凝土缝。水泥砂浆及细石混凝土表面应抹平压光，不得有裂纹、脱皮、麻面、起砂等缺陷。

用水泥砂浆做保护层时，表面应抹平压光，并设表面分格缝，分格面积宜为1m²。用细石混凝土做保护层时，混凝土应振捣密实，表面应抹平压光，分格缝纵、横间距不应大于6m，分格缝的宽度宜为

图7-9　细石混凝土保护层

10~20mm。一个分格内的混凝土应连续浇筑，不留施工缝，当施工间隙超过设计规定时，应对接槎处进行处理。振捣宜采用铁辊辊压或人工拍实，以防破坏防水层。拍实后立即用刮尺按排水坡度刮平，初凝前用木抹子提浆抹平，初凝后及时取出分格缝模板，终凝前用铁抹子压光。细石混凝土保护层浇筑后应及时进行养护，养护时间不应少于7d。养护期满即将分格缝清理干净，待干燥后嵌填密封材料。

7.1.2　涂膜防水屋面施工

涂膜防水屋面是在屋面基层上涂刷防水涂料，经常温固化后形成的一层有一定厚度和韧性的整体涂膜，从而达到防水的目的，其典型的构造层次如图7-10所示。这种屋面具有施工操作简便、施工速度快、固化后无接缝、可适应各种复杂的防水基层、防水性能好、温度适应性强、容易修补且价格低廉等优点；其缺点是涂膜的厚度在施工中较难保持均匀一致。

1. 材料特点

防水涂料（涂膜防水材料）以液体高分子合成材料为主体，在常温下呈无定型状态，用涂

布的方法涂刮在结构物表面，经溶剂挥发或水分挥发，或各组分之间的化学反应，形成一层致密的薄膜物质，具有不透水性、一定的耐候性及延伸性。

根据防水涂料成膜物质的主要成分，适用于涂膜防水层的防水涂料可分为高聚物改性沥青防水涂料和合成高分子防水涂料两类；根据防水涂料形成液态的方式，防水涂料又可分为溶剂型、水乳型和反应型三类。

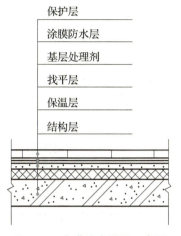

图7-10 涂膜防水屋面示意图

1）溶剂型防水涂料，其作为主要成膜物质的高分子材料溶解于（以分子状态存在）有机溶剂中，再加入颜料、助剂制备而成。它是依靠溶剂的挥发或涂料组分之间的化学反应成膜的，因此施工基本上不受气温影响，可在较低温度下施工。其成膜结构紧密、强度高、弹性好，防水性能优于水乳型防水涂料。但由于在施工和使用中有大量的易燃、易爆、有毒的有机溶剂逸出，对人体和环境有较大的危害，因此应用逐步受到限制。

2）水乳型防水涂料，其作为主要成膜物质的高分子材料以极微小的颗粒（而不是呈分子状态）稳定悬浮（而不是溶解）在水中，成为乳液状涂料。该类涂料具有以下特性：通过水分蒸发，固体颗粒经过接近、接触、变形等过程而结膜；涂料干燥较慢，一次成膜的致密性较溶剂型涂料要低，一般不宜在5℃以下施工；储存期一般不超过半年；可在稍潮湿的基层上施工；无毒、不燃，生产、运输、使用比较安全；操作简便，不污染环境；生产成本较低。

3）反应型防水涂料，其作为主要成膜物质的高分子材料是以液态聚合物的形式存在的，多以双组分或单组分构成涂料，几乎不含溶剂。此类涂料可一次性结成致密的较厚的涂层，几乎无收缩，有异味，生产、运输、使用过程中应注意防火；施工时应在现场按规定配方进行配料，搅拌应均匀，以保证施工质量；价格较高。

防水涂料不耐老化，抗拉强度无法和防水卷材相比，但由于防水涂料在施工固化前为无定型液体，对于形状复杂、管道密集和变截面的基层均易于施工，特别是阴（阳）角、管道根部、雨水口及防水层收头处等部位均易于处理，可形成一层富有弹性、无接缝的整体涂膜防水层，广泛应用于厨房、卫生间以及墙面、楼地面的防水。防水涂料用于地下室、屋面防水时，应配合防水卷材使用。

2. 涂膜防水施工

涂膜防水施工的一般施工流程：基层清理→涂刷基层处理剂→特殊部位附加增强处理→涂布防水涂料及铺贴胎体增强材料→蓄水试验→保护层施工。

（1）基层清理　涂膜防水层依附于基层，基层质量的好坏直接影响防水层的质量。与卷材防水层相比，涂膜防水层对基层的要求更为严格，要求基层坚实、平整、干净，无孔隙、起砂和裂缝，并保证基层干燥。

（2）涂刷基层处理剂　基层处理剂常将防水涂料稀释后使用，其配合比应根据不同防水材料的要求配置。涂刷应均匀、不漏底，尽量将涂料刷入基层表面的毛细孔中。一般在常温下4h后手触摸不发黏时即可进行下一道工序施工。

（3）特殊部位附加增强处理　天沟、檐沟、檐口、泛水等部位，均应加铺有胎体增强材料的附加层。雨水口周围与屋面交接处，应做密封处理，并应加铺两层有胎体增强材料的附加层，涂膜伸入雨水口的深度不得小于50mm。

（4）涂布防水涂料及铺贴胎体增强材料　涂膜防水层必须由两层以上的涂层组成，每层应刷2~3遍，且应根据防水涂料的品种分层、分遍涂布，不能一次涂成，否则厚质涂料的上下层涂膜的收缩和干燥时间不一致，易使涂膜开裂。要待先涂的涂层干燥成膜后，方可涂后一遍涂料，其总厚度必须达到设计要求。两层涂层的施工间隔时间也不宜过长，否则易形成分层现象。防水涂膜在满足厚度要求的前提下，涂刷的遍数越多对成膜的密实度越好。涂料涂布的操作方法有抹压法、涂刷法、涂刮法、机械喷涂法，见表7-6。

表7-6　涂料涂布的操作方法和适用范围

操作方法	具体做法	适用范围
抹压法	涂料用刮板刮平，待平面收水但未结膜时用铁抹子压实抹光	用于固体含量较高、流平性较差的涂料
涂刷法	用扁油刷、圆辊刷蘸防水涂料进行涂刷	用于立面防水层、节点的细部处理
涂刮法	先将防水涂料倒在基面上，用刮板来回涂刮，使其厚度均匀	用于黏度较大的高聚物改性沥青防水涂料和合成高分子防水涂料的大面积施工
机械喷涂法	将防水涂料倒在设备内，通过压力喷枪将防水涂料均匀喷出	用于各种涂料及各部位施工

涂料的涂布顺序为：先远后近，先细部后大面，先立面后平面。同一屋面上先涂布排水较集中的雨水口、天沟、檐口等节点部位，再进行大面积涂布。涂层应厚度均匀、表面平整，不得有露底、漏涂和堆积现象，每遍及相邻两遍之间涂刷的方向应互相垂直。涂层中夹铺增强材料时，宜边涂边铺胎体，胎体应刮平并排除气泡，胎体与涂料应黏合良好。在胎体上涂布涂料时，应使涂料浸透胎体，覆盖完全，不得有胎体外露现象。胎体增强材料的长边搭接宽度不得小于50mm，短边搭接宽度不得小于70mm；当屋面坡度小于15%时，可平行屋脊铺设；屋面坡度大于15%时，应垂直屋脊铺设。采用两层胎体增强材料时，上下层不得相互垂直铺贴，搭接缝应错开，其间距不应小于幅宽的1/3。涂膜防水层收头应用防水涂料多遍涂刷或用密封材料封严。防水涂料对气候的影响较敏感，要求涂料在成膜过程中应为连续无雪、无雨、无冷冻天气，否则会造成麻面、空鼓，甚至被溶解或者被雨水冲刷掉；施工温度的要求也比较严格，温度过高或者过低都会影响质量，适宜的气温是5~35℃。在涂膜未干前，不得在防水层上进行其他施工作业。

（5）蓄水试验　防水层施工完成后应做蓄水试验，观察屋面有无渗漏或积水，蓄水时间不应小于24h。注意检查排水坡度及排水系统是否畅通、有无积水。

（6）保护层施工　涂膜防水屋面应设置保护层，保护层材料可采用水泥砂浆、细石混凝土或块材等。采用水泥砂浆或细石混凝土保护层的，施工时应注意设置分格缝，分格面积：水泥砂浆宜为 1m²，细石混凝土不宜大于 36m²。采用块材保护层的，施工时应在涂膜与保护层之间设置隔离层。

7.1.3 复合防水屋面施工

涂膜防水层具有黏结强度高，可修补防水层基层的裂缝缺陷，防水层无接缝、整体性好等特点，所以卷材与涂料复合使用时，涂膜防水层宜设置在卷材防水层的下面；卷材防水层具有强度高、耐穿刺、厚度均匀、使用寿命长等特点，与涂料复合使用时宜设置在涂膜防水层的上面。

复合防水层的防水涂料与防水卷材之间应黏接牢固，尤其是天沟和立面防水部位，如出现空鼓和分层现象，一旦卷材破损，防水层会出现蹿水现象；另外，空鼓或分层会加快卷材的老化，从而降低卷材的使用寿命。

复合防水层的施工质量应满足卷材防水施工质量和涂膜防水施工质量的要求。

在复合防水层中，如果防水涂料既是涂膜防水层，又是防水卷材的胶粘剂，那么单独对涂膜防水层的验收是不可能的，只能待复合防水层完工后再整体验收。如果防水涂料不是防水卷材的胶粘剂，那么应对涂膜防水层和卷材防水层分别验收。复合防水层的总厚度主要包括卷材厚度、卷材胶粘剂厚度和涂膜厚度，在复合防水层中如果防水涂料既是涂膜防水层，又是防水卷材的胶粘剂，那么涂膜厚度应给予适当增加。

7.1.4 刚性防水屋面施工

刚性防水屋面是指用细石混凝土、补偿收缩混凝土、预应力混凝土等材料施工屋面防水层，依靠混凝土自身的密实性，并采取一定的构造措施（增加配筋、设置隔离层、设置分格缝和油膏嵌缝等），以达到防水的目的。与卷材及涂膜防水屋面相比，刚性防水屋面所用材料来源广泛、价格便宜、耐久性好、维修方便；但刚性防水层材料的表观密度较大，抗拉强度较低，极限拉应力较小，易受混凝土或砂浆的干湿变形、温度变形和结构变形影响而产生裂缝，因此刚性防水屋面常用作多道防水设防中的其中一道防水层，不适用于设有松散保温层的屋面、大跨度和轻型屋盖的屋面，以及受较大振动或冲击和坡度大于 15% 的屋面。

刚性防水屋面的一般构造如图 7-11 所示。

1. 结构层施工

结构层必须具有足够的强度和刚度，故通常采用现浇或预制的钢筋混凝土屋面板。刚性防水屋面一般为结构找坡，坡度以 3%~5% 为宜。

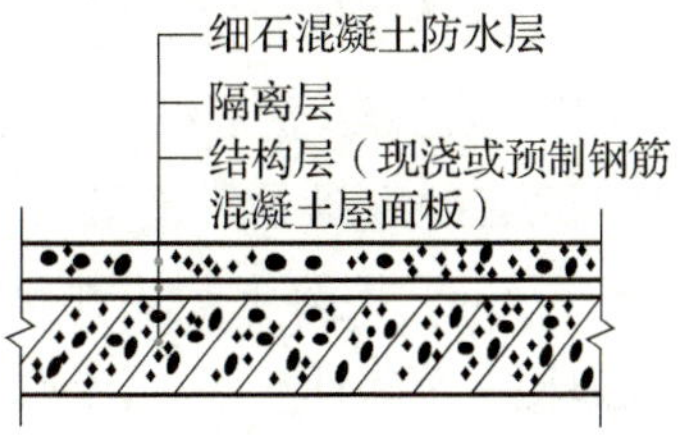

2. 隔离层施工

图 7-11 刚性防水屋面的一般构造

在结构层与防水层之间宜增加一层低强度等级砂浆或卷材或土工布或塑料薄膜等材料，起隔离作用，使结构层和防水层的变形互不影响，以减少开裂。

卷材隔离层施工时，先用1:3水泥砂浆将结构层找平（若屋面板为现浇时，可不设此层），压实抹光后进行养护，再在干燥的找平层上依次铺一层干细砂和一层卷材隔离层，搭接缝用热沥青胶胶结，也可以在找平层上直接铺一层塑料薄膜。做好隔离层后，进行下一道工序施工时，要注意对隔离层加强保护。混凝土运输不能直接在隔离层表面进行，应采取垫板等措施；绑扎钢筋时不得扎破隔离层表面，浇捣混凝土时更不能振酥隔离层。

3. 分格缝的设置

为防止大面积的刚性防水层因温差、混凝土收缩等原因产生裂缝，应按设计要求设置分格缝。其位置一般应设在结构应力变化较突出的部位，如结构层屋面板的支撑端、屋面转折处、防水层与突出屋面结构的交接处，并应与板缝对齐。分格缝的纵、横间距一般不大于6m。

分格缝的一般做法是在施工刚性防水层前，先在隔离层上定好分格缝位置，再安放分格条，然后按分隔板块浇筑混凝土，待混凝土初凝后，将分格条取出即可。起条时不得损坏分格缝处的混凝土；当采用切割法施工时，分格缝的切割深度宜为防水层厚度的3/4。分格缝处可采用嵌填密封材料并加贴防水卷材的办法进行处理，以增加防水的可靠性。

4. 铺设钢筋网片

为防止刚性防水层在使用过程中产生裂缝而影响防水效果，应按照设计要求设置钢筋网片；如无设计要求时，可配置双向钢筋网片，钢筋直径为6~8mm，间距为100~200mm。钢筋应绑扎或焊接，保护层厚度不应小于10mm，分格缝处钢筋应断开。

5. 防水层施工

刚性防水屋面防水层的做法，常用的有普通细石混凝土防水层、补偿收缩混凝土防水层、水泥砂浆防水层、块体刚性防水层、预应力混凝土防水层、钢纤维混凝土防水层、外加剂防水混凝土防水层等。

（1）普通细石混凝土防水层施工　由细石混凝土或掺入减水剂、防水剂等非膨胀性外加剂的细石混凝土浇筑成的防水层，统称为普通细石混凝土防水层。其施工流程：屋面结构层的施工→找平层施工→隔离层施工→绑扎钢筋网片→支设分格缝模板和边模板→浇筑普通细石混凝土防水层（同时留试块）→振捣、抹平压实→拆分格缝模板和边模板→二次压光→养护→分格缝嵌填密封材料。

混凝土浇筑应按先远后近、先高后低的原则进行，一个分格缝内的混凝土必须一次浇筑完毕，不得留施工缝。普通细石混凝土防水层的厚度不小于40mm，混凝土的质量要严格保证，加入外加剂时应准确计量，投料顺序应得当，搅拌应均匀。混凝土搅拌应采用机械搅拌，搅拌时间不少于2min，混凝土运输过程中应防止漏浆和离析。混凝土浇筑时，先用平板振动器振实，再用辊筒辊压至表面平整、泛浆，然后用铁抹子压实抹平，注意要确保防水层的设计厚度和排水坡度。压抹时严禁在表面洒水、加水泥浆或撒干水泥。待混凝土初凝收水后，应进行二次表面压光，或在终凝前三次压光成活，以提高其抗渗性。混凝土浇筑12~24h后应进行养护，一般采用自然养护，即在自然条件下，采取浇水湿润或防风、保温等措施进行养护。露天养护时，为保持一定的湿度，需在混凝土表面覆盖草垫等遮盖物，并定期浇水（覆盖塑料薄膜养护除外)。养护时间不应少于14d,养护初期严禁上人踩踏。施工时的气温宜在5~35℃,以保证防水层的施工质量。

(2)补偿收缩混凝土防水层施工　补偿收缩混凝土是在细石混凝土中掺入膨胀剂拌制而成的,硬化后的混凝土产生微膨胀,以补偿普通混凝土的收缩。其施工流程:清理基层→铺设隔离层→绑扎钢筋网片→固定分格缝和凹槽木条→混凝土浇筑→混凝土二次压光→分格缝及凹槽勾缝处理。

补偿收缩混凝土防水层施工要求与普通细石混凝土防水层大致相同。当用膨胀剂拌制补偿收缩混凝土时,应按配合比准确称量,搅拌投料时膨胀剂应与水泥同时加入。混凝土连续搅拌时间不应少于3min。

(3)水泥砂浆防水层施工　此种工艺通常分为普通水泥砂浆防水和聚合物水泥砂浆防水两类。其施工流程:结构层施工→结构层表面处理→特殊部位处理→刷第一道防水净浆→铺抹底层防水砂浆→压实后搓出麻面→刷第二道防水净浆→铺抹面层防水砂浆→二次压光→三次压光→养护。

任务 7.2　地下防水工程施工

地下防水工程是防止地下水对地下构筑物或地下室的长期浸透,提高结构寿命,保证地下构筑物或地下室使用功能正常发挥的一项重要工程。在高层建筑或超高层建筑工程中,由于深基础的设置或建筑功能的需要,一般设有一层或数层地下室,由于地下工程常年受到地表水、潜水、上层滞水、毛细管水等的作用,所以地下防水工程比屋面防水工程要求更高,防水技术难度更大。地下工程的防水等级分为4级,各级的防水标准应符合表7-7的规定。

表 7-7　地下工程防水等级及防水标准

防水等级	防水标准	适用范围
1级	不允许渗水,结构表面无湿渍	人员长期停留的场所;少量湿渍会使物品变质、失效的储物场所,以及严重影响设备正常运转和危及工程安全运营的部位;极重要的战备工程
2级	不允许漏水,结构表面可有少量湿渍 工业与民用建筑:总湿渍面积不大于总防水面积(包括顶板、墙面、地面)的1‰;任意100m²防水面积上的湿渍不超过2处,单个湿渍的最大面积不大于0.1m² 其他地下工程:湿渍总面积不应大于总防水面积的2‰;任意100m²防水面积上的湿渍不超过3处,单个湿渍的最大面积不大于0.2m²;其中,隧道工程平均渗水量不大于0.05L/(m²·d),任意100m²防水面积上的渗水量不大于0.15L/(m²·d)	人员经常活动的场所;有少量湿渍不会使物品变质、失效的储物场所,以及基本不影响设备正常运转和工程安全运营的部位;重要的战备工程
3级	有少量漏水点,不得有线流和漏泥砂 任意100m²防水面积上的漏水或湿渍点数不超过7处,单个漏水点的最大漏水量不大于2.5L/d,单个湿渍的最大面积不大于0.3m²	人员临时活动的场所;一般战备工程
4级	有漏水点,不得有线流和漏泥砂 整个工程平均漏水量不大于2L/(m²·d),任意100m²防水面积上的平均漏水量不大于4L/(m²·d)	对渗漏水无严格要求的工程

地下工程的防水方案,应遵循"防、排、截、堵相结合,刚柔相济,因地制宜,综合治理"的原则,根据使用要求、自然环境条件及结构形式等因素确定。常用的防水方案有结构自防水、防水层防水。

地下工程的钢筋混凝土结构应采用防水混凝土,并根据防水等级的要求和地下工程的开挖方式确定采用的防水方案。

7.2.1 结构主体防水的施工

1. 防水混凝土结构的施工

防水混凝土又称抗渗混凝土,是以调整混凝土配合比、掺加外加剂或采用特种水泥等手段提高混凝土的密实性、憎水性和抗渗性,使其抗渗等级大于或等于P6(抗渗压力为0.6MPa)。用防水混凝土做防水层具有取材容易、施工简便、工期短、造价低、耐久性好等优点,在一般民用建筑的地下室、水泵房、水池、大型设备基础、沉箱、地下连续墙等建(构)筑物中多有运用。

防水混凝土对抗渗性能有严格要求,其抗渗性能用抗渗等级(P)来表示,并按埋置深度确定(表7-8),但最低不得小于P6。

表7-8 防水混凝土的设计抗渗等级

工程埋置深度 H/m	$H < 10$	$10 \leqslant H < 20$	$20 \leqslant H < 30$	$H \geqslant 30$
设计抗渗等级	P6	P8	P10	P12

需要注意的是,不是所有的混凝土结构都可以采用自防水方案,以下是不适用于混凝土结构自防水方案的情况:

1)裂缝开展宽度大于《混凝土结构设计标准》(GB/T 50010—2010)规定的结构。

2)遭受剧烈振动或冲击的结构。

3)防水混凝土不能单独用于耐蚀系数小于0.8的受侵蚀防水工程;当在耐蚀系数小于0.8且地下混有酸、碱等腐蚀性的条件下应用时,应采取可靠的防腐蚀措施。

4)用于受热部位时,其表面温度不应大于80℃,否则应采取相应的隔热防烤措施。

防水混凝土一般分为普通防水混凝土、外加剂防水混凝土和膨胀水泥防水混凝土三种。

1)普通防水混凝土通过调整配合比,控制材料的选择、混凝土的拌制、混凝土的振捣来提高密实度和抗渗性。

2)外加剂防水混凝土是在混凝土中掺入一定的有机或无机外加剂,通过改善混凝土内部组织结构来增加密实性、提高抗渗性。

3)膨胀水泥防水混凝土是用膨胀水泥或在水泥中掺入膨胀剂制成的,可使混凝土产生适度膨胀,以补偿混凝土的收缩。

不同类型的防水混凝土具有不同特点,应根据使用要求加以选择。

防水混凝土结构工程质量的优劣,除取决于合理的设计、材料的性质及配合比以外,还取决于施工质量的好坏。因此,对施工中的各主要环节,如混凝土的搅拌、运输、浇筑、振捣及

项目 7 防水工程施工

养护等，均应严格按照规范施工。

防水混凝土施工除严格按《混凝土结构工程施工质量验收规范》(GB 50204—2015)的要求进行外，还应注意以下几项：

1) 施工期间，应做好基坑的降（排）水工作，使地下水位低于施工底面50cm以下，严防地下水或地表水流入基坑造成积水，影响混凝土的施工和正常硬化，导致防水混凝土的强度及抗渗性降低。在主体混凝土结构施工前，必须做好基础垫层混凝土，使其起到辅助防水的作用。

2) 防水混凝土所用模板除满足一般要求外，应特别注意模板应表面平整、拼缝严密、吸水率较小、支撑牢固。浇筑混凝土前，应将模板内部清理干净。模板固定一般不宜采用螺栓拉杆或钢丝对穿，以免在混凝土内部造成引水通路，影响防水效果。但如果墙体较高需用螺栓贯穿混凝土墙固定模板时，应采取有效的止水措施，如采用工具式螺栓、螺栓加焊止水环、预埋套管加焊止水环、螺栓加堵头等做法。

①工具式螺栓做法。用工具式螺栓将防水螺栓固定并拉紧，以压紧固定模板。拆模时，将工具式螺栓取下，再以嵌缝材料及聚合物水泥砂浆将螺栓凹槽封堵严密。

②螺栓加焊止水环做法（图7-12a）。在对拉螺栓上加焊止水环，止水环与螺栓必须满焊严密，拆模后应沿混凝土结构边缘将螺栓割断。

③预埋套管加焊止水环做法（图7-12b）。套管采用钢管，其长度等于墙厚（或其长度加上两端垫木的厚度之和等于墙厚），兼具支撑作用，以保持模板之间的设计尺寸。止水环在套管上应满焊严密。支模时，在预埋套管中穿入对拉螺栓拉紧并固定模板。拆模后将螺栓抽出，套管内以膨胀水泥砂浆封堵密实。套管两端有垫木时，拆模时连同垫木一并拆出，除密实封堵套管外，还应将两端垫木留下的凹坑用同样的方法封实。此方法可用于抗渗要求一般的结构。

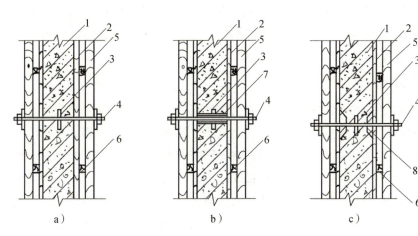

图 7-12 螺栓穿墙止水措施

a) 螺栓加焊止水环做法 b) 预埋套管加焊止水环做法 c) 螺栓加堵头做法
1—防水建筑 2—模板 3—止水环 4—对拉螺栓 5—水平加劲肋 6—垂直加劲肋
7—预埋套管（拆模后将螺栓抽出，套管内用膨胀水泥砂浆封堵）
8—堵头（拆模后将螺栓沿凹槽底割去，再用膨胀水泥砂浆将凹槽封堵）

④螺栓加堵头做法（图7-12c、图7-13）。施工时，在结构两边的螺栓周围做凹槽，拆模后将螺栓沿凹槽底割去，再用膨胀水泥砂浆将凹槽封堵。

3）为了有效地保护钢筋和阻止钢筋的引水作用，迎水面防水混凝土的钢筋保护层厚度不得小于50mm。应用与防水混凝土相同配合比的细石混凝土或水泥砂浆制作垫块，将钢筋垫起，严禁以钢筋垫钢筋。钢筋以及扎丝均不得接触模板。若采用铁马凳架设钢筋时，在不能取掉的情况下，应在铁马凳上加焊止水环，防止水沿铁马凳渗入混凝土结构。

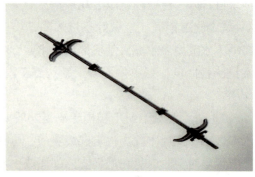

图7-13 加堵头对拉螺栓实物图

4）浇筑过程中，为防止漏浆和离析，应严格做到分层连续进行，每层厚度不宜超过300~400mm，两层浇筑的时间间隔一般不超过2h，混凝土须用机械振捣密实。浇筑混凝土的自落高度不得超过1.5m，否则应使用串筒、溜槽或溜管等工具进行浇筑，以防发生离析，影响质量。

防水混凝土的养护条件对其抗渗性有重要影响，因为防水混凝土中胶合材料用量较多，收缩性大，如养护不良，易使混凝土表面产生裂缝而导致抗渗能力降低。因此，在常温下，混凝土终凝后（一般浇筑后4~6h），应在其表面覆盖草袋，并浇水养护，保持湿润，以防止混凝土表面水分急剧蒸发引起水泥水化不充分，使混凝土产生干裂，失去防水能力。

5）防水混凝土结构须在混凝土强度达到设计强度40%以上时，方可在其上面继续施工；达到设计强度70%以上时方可拆模。拆模时，混凝土表面温度与环境温度之差不得超过15℃，否则会由于混凝土结构表面的温度应力而出现裂缝，影响混凝土的抗渗性。拆模后应及时进行填土，以避免混凝土因干缩和温差产生裂缝，也有利于混凝土后期强度的增长和抗渗性的提高。

6）防水混凝土浇筑后严禁打洞，所有预埋件、预留孔都应预先埋设准确。对防水混凝土结构内的预埋件、穿墙管道等防水薄弱处，应采取措施，防止渗漏。

2. 水泥砂浆防水层施工

水泥砂浆防水层是一种刚性防水层，施工时在结构的底面和侧面分别涂抹一定厚度的水泥砂浆，利用砂浆本身的憎水性和密实性来达到抗渗、防水的效果。常用的水泥砂浆防水层主要有多层抹面的普通水泥砂浆防水层、聚合物水泥砂浆防水层、掺外加剂的水泥砂浆防水层。多层抹面的普通水泥砂浆防水层利用不同配合比的水泥砂浆和素灰胶浆，在结构基层上互相交替抹压，要求均匀密实，形成一个多层整体的刚性防水层。掺外加剂的水泥砂浆防水层中的外加剂有防水剂和膨胀剂两种。对于多层抹面的普通水泥砂浆防水层，铺抹的面层终凝后，应及时进行养护，且养护时间不得少于14d。聚合物水泥砂浆防水层未达硬化状态时，不得浇水养护或受雨水冲刷，硬化后应采用干湿交替的养护方法进行养护。

3. 卷材防水层施工

地下卷材防水层属于柔性防水层，具有较好的韧性和延伸性，防水效果好，其基本要求与屋面卷材防水层相同。地下卷材防水层应采用高聚物改性沥青防水卷材或合成高分子防水卷材,所选用的基层处理剂、胶粘剂、密封材料等均应与铺贴的卷材相匹配。

地下防水措施按位置分为外防水和内防水,防水层铺贴在外墙外的称为外防水,防水层铺贴在外墙内的称为内防水。地下防水工程一般把卷材防水层设置在建筑结构的外侧迎水面上制成外防水,这种防水层的铺贴可以借助土压力压紧,并与结构一起抵抗有压地下水的渗透和侵蚀作用,防水效果良好,应用比较广泛。卷材防水层用于建筑物地下室时,应铺设在结构主体底板垫层至墙体顶端的基面上,在外围形成封闭的防水层。卷材防水层的层数一般为一层或二层。

阴(阳)角处应做成圆弧或45°坡角,其尺寸根据卷材品质确定。在转角处、阴(阳)角处等特殊部位,应增贴1~2层相同的卷材,宽度不宜小于500mm。结构主体底板垫层混凝土部位的卷材可采用空铺法或点粘法施工,其黏结位置、点粘面积应按设计要求确定。铺贴立面卷材防水层时,应采取防止卷材下滑的措施。铺贴双层卷材时,上下两层和相邻两幅卷材的接缝应错开1/3~1/2幅宽,且两层卷材不得相互垂直铺贴。

外防水的卷材防水层铺贴方法,按其与地下防水结构施工的先后顺序分为外防外贴法和外防内贴法两种。

(1)外防外贴法 外防外贴法(图7-14)是将立面卷材防水层直接铺设在需防水结构的外墙外表面,其施工要点如下:

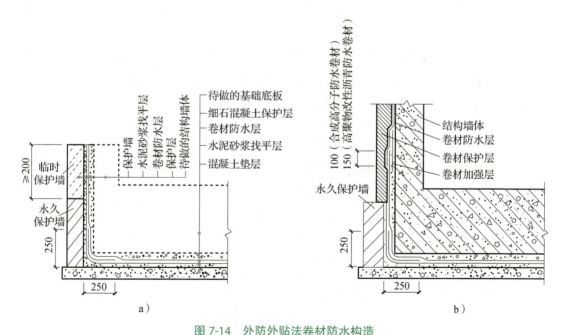

图7-14 外防外贴法卷材防水构造

a)基础底板施工前 b)结构及防水层施工后

1)卷材应铺贴在水泥砂浆找平层上,找平层不宜太薄,太薄易"爆皮"。铺贴卷材时,找平层应基本干燥。

2）在垫层上砌筑永久保护墙时，墙下应铺一层干油毡。墙的高度不小于需防水结构底板厚度再加 100mm。

3）在永久保护墙上用石灰砂浆接砌临时保护墙，墙高为 300mm。

4）在永久保护墙上抹 1∶3 水泥砂浆找平层，转角处抹成圆弧形；在临时保护墙上抹石灰砂浆找平层，并刷石灰浆。

5）待找平层基本干燥后，即可根据所选卷材的施工要求进行铺贴。高聚物改性沥青防水卷材铺设用热熔法，施工时应注意卷材与基层的接触面要加热均匀。合成高分子防水卷材铺设可用冷粘法施工，施工时应注意胶粘剂与卷材性能的相容性，胶粘剂要涂刷均匀。

6）在大面积铺贴卷材之前，应先在转角处粘贴一层卷材附加层，然后再进行大面积铺贴，先铺平面，后铺立面。在垫层和永久保护墙上应将卷材防水层空铺；而在临时保护墙（或模板）上应将卷材防水层临时贴附，并分层临时固定在其顶端。

7）当不设保护墙时，从底面折向立面的卷材接槎部位应采取可靠的保护措施。

8）应在需防水结构外墙外表面抹找平层。

9）主体结构完成后铺贴立面卷材时，应先将接槎部位的各层卷材揭开，并将其表面清理干净，如卷材有局部损伤，应及时进行修补。卷材接槎的搭接长度，高聚物改性沥青防水卷材为 150mm，合成高分子防水卷材为 100mm。当使用两层卷材时，卷材应错槎接缝，上层卷材应盖过下层卷材。

10）待卷材防水层施工完毕，并经过检查验收合格后，应及时做好卷材防水层的保护结构。

外防外贴法的优点是在构筑物与保护墙之间有不均匀沉降时，对防水层影响较小；防水层做好后即可进行漏水试验，发现问题容易修补；其缺点是工期较长，占地面积大；底板与墙身接头处卷材易受损。在施工现场条件允许时，多采用此法施工。

（2）外防内贴法　外防内贴法（图 7-15）是指混凝土垫层浇筑完成后，在垫层上砌筑永久保护墙，然后将卷材铺设在垫层和永久保护墙上，再进行底板和墙体施工。外防内贴法施工要点如下：永久保护墙砌完后，用 1∶3 水泥砂浆在永久保护墙和垫层上抹灰找平。找平层干燥后即可涂刷基层处理剂，基层处理剂干燥后铺贴卷材防水层，卷材宜选用高聚物改性沥青防水卷材或合成高分子防水卷材。卷材铺贴时，先铺立面，后铺平面，先铺转角，后铺大面。所有的转角处应铺设附加层，附加层为抗拉强度较高的卷材，铺贴应仔细，粘贴应紧密。卷材防水层完工

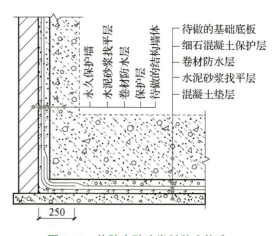

图 7-15　外防内贴法卷材防水构造

后应做好成品保护工作，立面可抹水泥砂浆、贴塑料板或采用其他可靠做法；平面可抹 20mm 厚的水泥砂浆或浇筑 30~50mm 厚的细石混凝土。

外防内贴法的优点是防水层的施工比较方便，不必留接头，且施工占地面积较小；其缺点是构筑物与保护墙发生不均匀沉降时，对防水层影响较大，保护墙稳定性差，竣工后如发现漏水，较难修补。这种方法只有当施工场地受限制，无法采用外防外贴法时才会采用。

两种施工方法的优（缺）点比较见表 7-9。

表 7-9 外防外贴法和外防内贴法的优（缺）点比较

名称	优点	缺点
外防外贴法	1. 由于绝大部分卷材防水层直接贴在结构外表面，所以防水层较少受结构沉降变形影响 2. 由于是后贴立面防水层，所以浇捣结构混凝土时不会损坏防水层，只需注意保护底板与留槎部位的防水层即可 3. 便于检查混凝土结构及卷材防水层的质量，且容易修补	1. 工序多、工期长，需要一定的工作面 2. 土方量大，模板用量大 3. 卷材接头不易保护好，施工烦琐，影响防水层质量
外防内贴法	1. 工序简便，工期短 2. 节省施工占地，土方量较小 3. 节约外墙外侧模板 4. 卷材防水层无须临时固定留槎，可连续铺贴，质量容易保证	1. 受结构沉降变形影响，容易断裂、产生漏水 2. 卷材防水层及混凝土结构的抗渗质量不易检验；如产生渗漏，修补卷材防水层较困难

（3）保护层施工　卷材防水层完工并经验收合格后应及时做保护层。保护层应符合下列规定：

1）顶板的细石混凝土保护层与防水层之间宜设置隔离层。细石混凝土保护层厚度：机械回填时不宜小于 70mm，人工回填时不宜小于 50mm。

2）底板的细石混凝土保护层厚度不应小于 50mm。

3）侧墙卷材防水层的保护层宜采用软质保护材料（图 7-16）或铺抹 20mm 厚 1∶2.5 水泥砂浆。

图 7-16　外墙聚苯板或挤塑板保护层

4. 涂膜防水层施工

地下防水工程的涂膜防水层一般采用外防外涂法和外防内涂法施工。涂料涂刷前应先在基面上涂一层与涂料相容的基层处理剂，涂膜应多遍完成，每遍涂刷应待前遍涂层干燥成膜后进行，每遍涂刷时应交替改变涂层的涂刷方向，同层涂膜的先后搭槎宽度宜为 30~50mm。涂膜防水层的施工缝应注意保护，搭接缝宽度应大于 100mm，接涂前应将其甩槎表面处理干净。涂膜防水层中铺贴胎体增强材料时，同层相邻的搭接宽度应大于 100mm，上下层接缝应错开 1/3 幅宽。

7.2.2　细部构造防水的施工

地下工程的施工缝、变形缝、后浇带、穿墙管、预埋件、预留通道接头、桩头等细部构造，是防水工程的薄弱环节，应有加强防水措施，否则会引起渗漏现象，从而直接影响地下工程的正常使用和寿命。

1. 施工缝防水施工

防水混凝土应连续浇筑，尽量不留或少留施工缝。必须留设施工缝时，宜留在下列部位：墙体水平施工缝不应留在剪力与弯矩最大处或底板与侧墙的交接处，应留在高出底板表面不小于300mm的墙体上；拱（板）墙结合的水平施工缝，宜留在拱（板）墙接缝线以下150~300mm处；墙体有预留孔洞时，施工缝距孔洞边缘不应小于300mm；垂直施工缝应避开地下水和裂隙水较多的地段，并宜与变形缝相结合。在施工缝处继续浇筑混凝土时，已浇筑的混凝土抗压强度不应小于1.2MPa。施工缝防水构造形式如图7-17 ~ 图7-19所示。

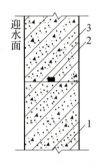

图 7-17　埋设遇水膨胀止水条
1—先浇混凝土
2—遇水膨胀止水条
3—后浇混凝土

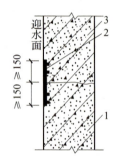

图 7-18　外贴止水带
1—先浇混凝土
2—外贴止水带
3—后浇混凝土

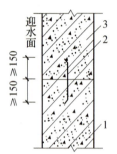

图 7-19　中埋止水带
1—先浇混凝土
2—中埋止水带
3—后浇混凝土

水平施工缝浇筑混凝土前，应将其表面浮浆和杂物清除，然后铺设净浆、涂刷混凝土界面处理剂或水泥基渗透结晶型防水涂料，再铺30~50mm厚的1∶1水泥砂浆，并及时浇筑混凝土。垂直施工缝浇筑混凝土前，应将其表面清理干净，再涂刷混凝土界面处理剂或水泥基渗透结晶型防水涂料，并及时浇筑混凝土。选用的遇水膨胀止水条（图7-20）应牢固地安装在缝表面或预留槽内，应具有缓胀性能，其7d膨胀率不应大于最终膨胀率的60%，最终膨胀率宜大于220%；止水条采用搭接连接时，搭接宽度不得小于30mm。如采用中埋止水带或预埋式注浆管，应位置准确、固定牢靠。

图 7-20　遇水膨胀止水条

2. 变形缝防水施工

常见的变形缝止水带材料有橡胶止水带（图7-21）、塑料止水带、氯丁橡胶止水带、钢边橡胶止水带（图7-22）和金属止水带（钢板止水带，如镀锌钢板）等。其中，橡胶止水带与塑料止水带的柔性、适应变形能力与防水性能都比较好，是目前变形缝常用的止水带材料；氯丁橡胶止水带具有施工简便、防水效果好、造价低且易修补的特点；金属止水带一般仅用于高温环境条件下无法采用橡胶止水带或塑料止水带的场合，金属止水带适应变形能力较差，制作困难，对工作环境温度高于50℃的场合，可采用2mm厚的纯铜片或3mm厚不锈钢金属止水带；采用钢边橡胶止水带时，由于止水带与混凝土、止水带与橡胶之间不会产生新的渗漏缝，因此钢边橡胶止水带增强了结构变形的防渗性能，对整个工程的防渗止水起到了重要的质量保证作用，同时在安装后具有良好的自定性，克服了其他止水带需多方固定的工序，使施工安装更加方便。

图7-21 橡胶止水带

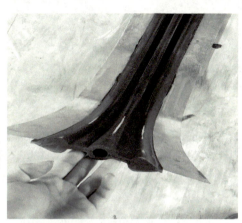
图7-22 钢边橡胶止水带

在不受水压的地下室防水工程中，结构变形缝可采用加有防腐掺合料的沥青浸过的松散纤维材料、软质板材等填塞严密，并用封缝材料严密封缝，墙体变形缝的填嵌应按施工进度逐段进行，每300~500mm高填缝一次，缝宽不小于30mm。不受水压的卷材防水层，在变形缝处应加铺两层抗拉强度高的卷材。

在受水压的地下室防水工程中，施工温度经常<50℃，在不受强氧化作用时，变形缝宜采用橡胶或塑料止水带；当有油类侵蚀时，应选用相应的耐油橡胶或塑料止水带。

施工时，止水带应整条使用，如必须接长，应采用焊接或胶接，止水带的接缝宜设一处，应设在侧墙较高的位置上，不得设在结构转角处。接头宜采用热压焊接，接缝应平整、牢固，不得有裂口和脱胶现象。止水带埋设位置应准确，其中间空心圆环（或中心线）应与变形缝及结构厚度中心线重合。在转角处，止水带应做成弧形；顶（底）板内的止水带应呈盆状安装，宜采用专用钢筋套或扁钢固定，止水带不得穿孔或用钢钉固定，损坏处应修补，止水带应固定牢固、平直，不能有扭曲现象。

钢板止水带施工时要注意：两块钢板之间的焊接要饱满且为双面焊（图7-23），钢板搭接不小于20mm；墙体转角处的止水钢板可采用整块钢板弯折、丁字形焊接、7字形焊接（图7-24、图7-25）等处理方式；止水钢板的支撑焊接，可以将小钢筋点焊在主筋上（图7-26）；止水钢板穿过柱箍筋时，可以将所穿过的箍筋断开，制作成开口箍（图7-27a），电焊在钢板上；止水钢板的"开口"朝迎水面（图7-27b）。

变形缝接缝处两侧应平整、清洁、无渗水，并涂刷与嵌缝材料相容的基层处理剂，嵌缝应先设置与嵌缝材料隔离开的背衬材料，并嵌填密实，与两侧黏结应牢固。在缝上粘贴卷材或涂刷涂料前，应在缝上设置隔离层后才能进行施工。

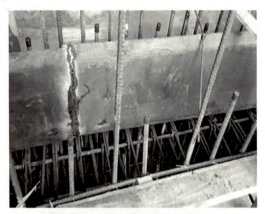
图 7-23　两块钢板搭接双面焊

图 7-24　止水钢板转角处的焊接（一）

图 7-25　止水钢板转角处的焊接（二）

图 7-26　止水钢板支撑焊接

a)

b)

图 7-27　止水钢板穿过柱箍筋做法以及"开口"朝向迎水面

变形缝止水带的构造形式通常有埋入式、可卸式、粘贴式等，目前采用较多的是埋入式。根据防水设计的要求，有时在同一变形缝处可采用数层、数种止水带共用的构造形式。图 7-28 是埋入式橡胶（或塑料）止水带构造，中埋式止水带的一些做法如图 7-29～图 7-32 所示。

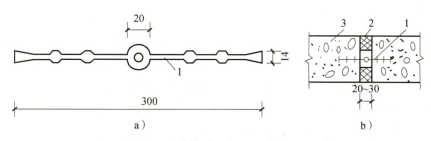

图 7-28 埋入式橡胶（或塑料）止水带构造

a）橡胶止水带　b）变形缝构造

1—止水带　2—沥青麻丝　3—构筑物

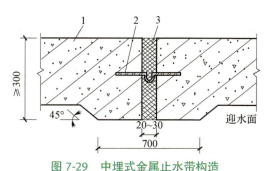

图 7-29 中埋式金属止水带构造

1—混凝土结构　2—金属止水带　3—嵌缝材料

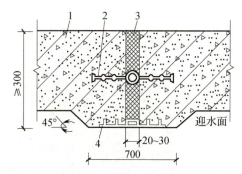
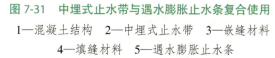

图 7-30 中埋式止水带与外贴防水层复合使用　图 7-31 中埋式止水带与遇水膨胀止水条复合使用

　1—混凝土结构　2—中埋式止水带　　　　　　1—混凝土结构　2—中埋式止水带　3—嵌缝材料

　3—嵌缝材料　4—外贴防水层　　　　　　　　4—填缝材料　5—遇水膨胀止水条

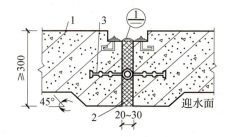
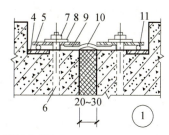

图 7-32 中埋式止水带与可卸式止水带复合使用

1—混凝土结构　2—填缝材料　3—中埋式止水带　4—预埋钢板　5—紧固件压板　6—预埋螺栓
7—螺母　8—垫圈　9—紧固件压块　10—Ω形可卸式止水带　11—紧固件圆钢

3. 穿墙管防水施工

穿墙管应在浇筑混凝土前预埋，穿墙管与墙角、墙体凹凸部位的距离应大于250mm；固定式穿墙管应加焊止水环（图7-33）或环绕遇水膨胀橡胶圈（图7-34），并做好防腐处理；穿墙管应在主体结构迎水面预留凹槽，槽内应用密封材料嵌填密实。套管式穿墙管的套管与止水环及翼环应连续满焊（图7-35、图7-36），并做好防腐处理；套管内表面应清理干净，穿墙管与套管之间应用密封材料和橡胶密封圈进行密封处理，并采用法兰盘及螺栓进行固定。

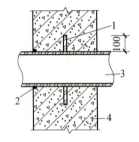

图7-33 加焊止水环

1—钢板止水环 2—嵌缝材料
3—穿墙管 4—混凝土结构

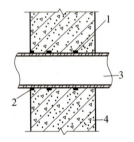

图7-34 环绕遇水膨胀橡胶圈

1—遇水膨胀橡胶圈 2—嵌缝材料
3—穿墙管 4—混凝土结构

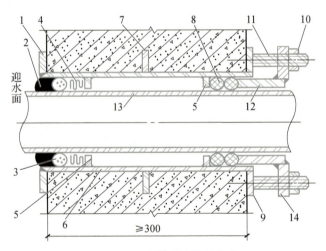

图7-35 套管式穿墙管构造

1—翼环 2—密封材料 3—衬垫条 4—填缝材料 5—挡圈
6—套管 7—止水环 8—橡胶圈 9—套管翼盘 10—螺母
11—双头螺栓 12—短管 13—主管 14—法兰盘

图7-36 套管式穿墙管

穿墙管线较多时，宜集中后采用穿墙盒穿墙。穿墙盒的封口钢板与混凝土结构墙体上预埋的角钢应焊平，并从钢板上的预留浇注孔注入改性沥青密封材料或细石混凝土，封填后将浇注孔口用钢板焊接封闭。密封材料嵌填应密实、连续、饱满、黏结牢固。当主体结构迎水面有柔性防水层时，防水层与穿墙管连接处应增设加强层。

任务 7.3 厨房、卫生间防水工程施工

建筑工程中的厨房、卫生间是建筑物中不可忽视的防水部位，具有施工面积小、穿墙管道多、设备多、阴（阳）角转角复杂、房间长期处于潮湿受水状态等不利条件。传统卷材防水做法在施工时剪口和接缝较多，很难黏结牢固和封闭严密，难以形成一个弹性的整体的防水层，比较容易发生渗漏等工程质量事故，从而影响装饰质量及使用功能。涂膜防水或聚合物水泥砂浆防水技术，能够使地面和墙面形成一个连续、无缝、封闭严密的整体防水层，从而确保厨房、卫生间的防水质量。下面以卫生间为例介绍涂膜防水的做法。

7.3.1 卫生间楼地面聚氨酯防水涂料施工

聚氨酯防水涂料一般是指以聚氨酯树脂为主要成膜物质的双组分化学反应固化型高弹性防水涂料，多以甲、乙双组分形式使用。它的主要组成材料包括甲组分（预聚体）、乙组分和无机铝盐防水剂等，辅助材料有二甲苯、醋酸乙酯和磷酸等。

1. 基层处理

铺设卫生间找平层前，必须对穿楼板的管道节点处进行密封处理。当找平层厚度小于30mm 时，应用 1 ：（2.5~3）（水泥跟砂的体积比）的水泥砂浆做找平层，水泥强度等级不低于 32.5MPa；当找平层厚度大于 30mm 时，应采用细石混凝土做找平层，混凝土强度等级不低于 C20。找平层应坚实无空鼓，表面不应有起砂、掉灰现象；如有油污，用钢丝刷和砂纸刷掉。所有穿过防水层的预埋件、紧固件应联结可靠，其周围均应采用高性能密封材料密封。抹找平层时，应使管道根部周围略高于地面，在地漏的周围应做成略低于地面的洼坑。地面向地漏处的排水坡度应为 2%~3%，从地漏边缘向外 50mm 内的排水坡度为 3%~5%。大面积公共厕浴间的地面应分区，每一个分区设一个地漏；区域内的排水坡度为 2%，坡度直线长度不大于 3m。地面排水坡度和坡向应正确，不得出现向墙角、墙边及门口等处的倒泛水，也不得出现积水现象。凡遇到阴（阳）角处，应抹成半径不小于 10mm 的小圆弧。基层必须基本干燥，一般在基层表面均匀泛白无明显水印时，才能进行涂膜防水层施工。

2. 工艺流程

卫生间楼地面聚氨酯防水涂料施工流程：清理基层→涂刷基层处理剂→附加层施工→第一遍涂膜施工→第二遍涂膜施工→第三遍涂膜和粘砂粒施工→防水层一次蓄水试验→保护层、饰面层施工→防水层二次蓄水试验→防水层验收。

3. 操作要点

（1）清理基层 基层表面必须彻底清扫，做到干净、干燥。施工前，先以铲刀和扫帚将基层表面的突出物、砂浆疙瘩等异物铲除，并将尘土、杂物彻底清扫干净。对阴（阳）角、管道根部、地漏和排水口等部位应认真清理，如发现有油污、铁锈等，要用钢丝刷、砂纸和有机溶剂等将其彻底清除干净。

（2）涂刷基层处理剂　将防水涂料的甲、乙组分和二甲苯按 1∶1.5∶（2~3）的比例（质量比，以产品说明为准）配合搅拌均匀，作为基层处理剂。用辊刷或油漆刷均匀地涂刷处理剂于基层表面，涂刷量以 0.2kg/m² 左右为宜。涂刷后应干燥 4h 以上，才能进行下一道工序。

（3）附加层施工　在地漏、管道根部、阴（阳）角和出入口等易发生漏水的薄弱部位，应先将防水涂料的甲、乙组分按 1∶1.5 的比例混合搅拌均匀后涂刮一次，做附加层处理。按设计要求，细部构造也可做带胎体增强材料的附加层处理，胎体增强材料的宽度为 300~500mm，搭接缝宽度为 100mm，施工时一边铺贴胎体增强材料，一边涂刮防水涂料。

（4）第一遍涂膜施工　用橡胶刮板或油漆刷将防水涂料涂刮在基层表面，涂刮厚度要均匀一致，涂刮量以 0.8~1kg/m² 为宜。

（5）第二遍涂膜施工　在第一遍涂膜固化后，再按上述配方和方法涂刮第二遍涂膜。涂刮方向应与第一遍涂刮方向相垂直，涂刮量仍与第一遍相同。

（6）第三遍涂膜和粘砂粒施工　在第二遍涂膜固化后，再按上述配方和方法涂刮第三遍涂膜，涂刮量以 0.4~0.5kg/m² 为宜，三遍涂膜总厚度要求在 1.5mm 以上。在最后一遍涂膜施工完毕且未固化时，应在其表面稀疏地撒上少量干净的砂粒，使其与涂膜黏结牢固，以增加涂膜和将要覆盖的水泥砂浆之间的黏结能力。

待涂膜固化完全和检查验收合格后，即可抹水泥砂浆保护层或粘贴面砖、马赛克等饰面层。

4. 质量要求

1）聚氨酯涂膜防水材料的技术性能应符合设计要求或标准规定，并应附有质量证明文件、现场取样的检测报告及其他有关质量证明文件。

2）聚氨酯涂膜防水材料的甲、乙组分必须密封存放，甲组分开盖后，吸收空气中的水分会发生化学反应而固化；如在施工中混有水分，则聚氨酯在固化后会在内部形成水泡，影响防水能力。

3）涂膜厚度应均匀一致，总厚度应在 1.5mm 以上。

4）涂膜防水层必须均匀固化，不应有明显的凹坑、气泡和渗漏水现象。

7.3.2　卫生间楼地面氯丁胶乳沥青防水涂料施工

氯丁胶乳沥青防水涂料是以氯丁橡胶和沥青为基料，加入表面活性剂、乳化剂、防霉剂等辅助材料，经加工合成的一种水乳型防水涂料。它兼有橡胶和沥青的双重优点，具有防水、抗渗、耐老化、不易燃、无毒、抗基层变形能力强等优点，可冷作业施工，操作方便。

1. 基层处理

基层处理与聚氨酯防水涂料施工的要求相同。

2. 工艺流程

卫生间楼地面氯丁胶乳沥青防水涂料施工一般采用二布六油施工工艺，其施工流程：清理基层→刮氯丁胶乳沥青水泥腻子→涂刷第一遍涂料（表干 4h）→做细部构造附加层→铺贴玻璃纤维网格布、刷第二遍涂料（实干 24h）→涂刷第三遍涂料（表干 4h）→铺贴玻璃纤维网格布、刷第四遍涂料（实干 24h）→涂刷第五遍涂料（表干 4h）→涂刷第六遍涂料并撒砂粒（实干 24h 以上）→防水层一次蓄水试验→保护层、饰面层施工→防水层二次蓄水试验→防水层验收。

3. 操作要点

（1）清理基层　卫生间防水施工前，应将基层注浆和杂物清理干净。

（2）刮氯丁胶乳沥青水泥腻子　在清理干净的基层上满刮一遍氯丁胶乳沥青水泥腻子（厚度为 2~3mm），管道根部和转角处要厚刮并抹平整。其中，水泥腻子的配制是将氯丁胶乳沥青防水涂料倒入水泥中，边倒边搅拌至黏稠状即可。

（3）涂刷第一遍涂料　待上述腻子干燥后，满刷一遍防水涂料，涂料不能过厚、不得漏刷，以表面均匀不流淌、不堆积为宜，立面刷至设计高度。

（4）做细部构造附加层　在细部构造部位，如阴（阳）角、管道根部、地漏、大便器蹲坑等位置，分别附加一布二涂附加层。

（5）铺贴玻璃纤维网格布、刷第二遍涂料　附加层做完并干燥后，开始大面积铺贴玻璃纤维网格布，同时涂刷第二遍防水涂料，使防水涂料浸透网格布布纹渗入下层。玻璃纤维网格布的搭接宽度不小于 100mm，立面贴至设计高度，应顺水接槎，收口处要贴牢。

（6）涂刷第三遍涂料　待上述涂料实干后（24h），满刷第三遍防水涂料，涂刷要均匀，不得漏刷。

（7）铺贴玻璃纤维网格布、刷第四遍涂料　待上述涂料表干后（4h），铺贴第二层玻璃纤维网格布，同时刷第四遍防水涂料。第二层玻璃纤维网格布与第一层玻璃纤维网格布的接槎要错开，涂刷防水涂料时应均匀，玻璃纤维网格布要展平且无皱折。

（8）涂刷第五遍、第六遍涂料　待上述涂层干燥后，再依次刷第五、第六遍防水涂料。

待涂膜全部固化完全和检查验收合格后，即可抹水泥砂浆保护层或粘贴面砖、马赛克等饰面层。

4. 质量要求

1）防水涂料应有产品质量说明书及现场取样的复检报告。

2）水泥砂浆找平层做完后，应对其平整度、坡度和干燥程度进行预验收。

3）施工完成后，氯丁胶乳沥青涂膜防水层不得有起鼓、裂纹和孔洞等缺陷。末端收头部位应粘贴牢固、封闭严密，形成一个整体的防水层。

7.3.3 蓄水试验

待整个卫生间防水层实干后，可做蓄水试验（图 7-37）。试验时，将地漏、管道口和门口处临时封堵，蓄水深度在地面最高处应有 20mm 的积水；蓄水 24h 后，观察无渗漏现象为合格。防水层施工

图 7-37　卫生间蓄水试验

完毕,保护层施工前,要做第一次蓄水试验;卫生间装饰工程全部完工后、工程交付使用前,应进行第二次蓄水试验,以检验防水层完工以后是否被水电或其他工序所损坏。蓄水试验合格后,卫生间的防水工程才算完成。

7.3.4 保护层、饰面层施工

已完工的涂膜防水层,必须经蓄水试验合格后,方可进行刚性保护层的施工。进行刚性保护层施工时,不得损坏防水层,以免留下渗漏隐患。保护层施工可采用15~25mm厚的1:3水泥砂浆,其上做地面砖等饰面层,材料由设计选定。防水层最后一遍施工中,在涂膜未完全固化时,可在其表面撒少量干净粗砂,以增强防水层与保护层之间的黏结;也可采用掺建筑胶的水泥浆在防水层表面进行拉毛处理后,再做保护层。

7.3.5 卫生间涂料防水施工注意事项

存放施工材料的仓库和施工现场必须通风良好,无通风条件的地方必须安装机械通风设备。

卫生间涂料防水施工的施工材料多属易燃物质,存放仓库、配料过程以及施工现场必须严禁烟火,现场要配备足够的消防器材。在施工过程中,严禁上人踩踏未完全干燥的涂膜防水层。操作人员应穿平底胶布鞋作业,以免损坏涂膜防水层。

图 7-38 卫生间找平层向卫生间门口外延伸

凡需做附加层的部位应先施工,然后再进行大面积的防水层施工。卫生间找平层应向卫生间门口外延伸250~300mm(图7-38),以防止卫生间内的水向外渗漏。

卫生间地面四周与墙体的连接处,防水层应往墙面上返250mm以上(图7-39);有淋浴设施的卫生间墙面,防水层高度不应小于1.8m(图7-40),宜从地面向上一直做到楼板底部,公共浴室还应在吊顶粉刷中加做聚合物水泥基防水涂膜,厚度不小于0.5mm。

图 7-39 防水层向墙面上返250mm以上

图 7-40 有淋浴设施的卫生间墙面,防水层高度不小于1.8m

项目 7　防水工程施工

拓展阅读

沥青类防水卷材热熔工艺（明火施工）被限制使用

为防范化解房屋建筑和市政基础设施工程重大事故隐患，降低施工安全风险，推动住房和城乡建设行业淘汰落后工艺、设备和材料，提升房屋建筑和市政基础设施工程安全生产水平，根据《建设工程安全生产管理条例》等有关法规，住房和城乡建设部组织制定了《房屋建筑和市政基础设施工程危及生产安全施工工艺、设备和材料淘汰目录（第一批）》（图 7-41），并于 2021 年 12 月 14 日发布。其中，沥青类防水卷材热熔工艺（明火施工）被限制使用，不得用于地下密闭空间、通风不畅空间、易燃材料附近的防水工程，替代的施工工艺为粘接剂施工工艺（冷粘、热粘、自粘）等。

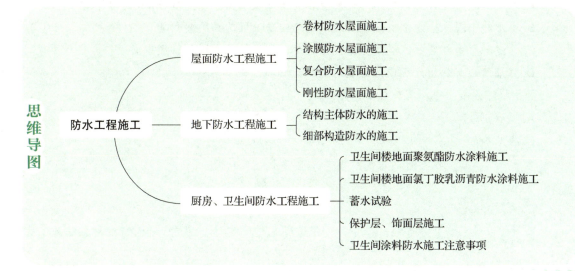

图 7-41　住房和城乡建设部行政规范性文件

思维导图

防水工程施工
- 屋面防水工程施工
  - 卷材防水屋面施工
  - 涂膜防水屋面施工
  - 复合防水屋面施工
  - 刚性防水屋面施工
- 地下防水工程施工
  - 结构主体防水的施工
  - 细部构造防水的施工
- 厨房、卫生间防水工程施工
  - 卫生间楼地面聚氨酯防水涂料施工
  - 卫生间楼地面氯丁胶乳沥青防水涂料施工
  - 蓄水试验
  - 保护层、饰面层施工
  - 卫生间涂料防水施工注意事项

思考题

1. 屋面防水有哪几个防水等级？各有什么设防要求？
2. 防水卷材的种类有哪些？
3. 防水工程施工中，基层处理剂有什么作用？
4. 简述屋面找平层分隔缝的做法和施工要求。
5. 在卷材防水屋面施工过程中，对于卷材铺贴方向有哪些规定？
6. 简述涂膜防水屋面施工的工艺流程。
7. 简述涂膜防水屋面施工中涂料的涂布顺序要求。
8. 简述普通细石混凝土防水层屋面的施工流程。
9. 试比较外防外贴法和外防内贴法的优（缺）点。
10. 简述卫生间楼地面聚氨酯防水涂料施工的工艺流程。
11. 简述卫生间防水蓄水试验的要求。
12. 涂膜防水层施工中胎体增强材料的铺贴有哪些要求？

能力训练题

1. 不允许渗水，结构表面可有少量湿渍的地下工程防水等级标准为（　　）。
   A. 1 级　　　　　　　　　　　　B. 2 级
   C. 3 级　　　　　　　　　　　　D. 4 级

2. 高聚物改性沥青防水卷材的特点不包括（　　）。
   A. 高温不流淌　　　　　　　　　B. 低温不脆裂
   C. 抗拉强度高　　　　　　　　　D. 延伸率小

3. 下列关于地下防水工程细部处理的说法中，错误的是（　　）。
   A. 基础底板与墙体之间的施工缝应留在高出底板表面不小于 300mm 的墙体上
   B. 变形缝中埋式止水带的接缝应设在边墙较高位置的结构转角处
   C. 后浇带所用补偿收缩混凝土的抗压强度、抗渗性能和限制膨胀率必须符合设计要求
   D. 穿墙管应加焊止水环或环绕遇水膨胀止水圈

4. 补偿收缩混凝土中掺入的外加剂是（　　）。
   A. 减水剂　　　　　　　　　　　B. 早强剂
   C. 膨胀剂　　　　　　　　　　　D. 缓凝剂

5. 地下防水工程防水卷材的设置与施工宜采用（　　）法。
   A. 外防外贴　　　　　　　　　　B. 外防内贴
   C. 内防外贴　　　　　　　　　　D. 内防内贴

6. 高聚物改性沥青防水卷材施工中，采用胶粘剂进行卷材与基层、卷材与卷材黏结施工的

施工方法称为（　　）。

A. 条粘法　　　　　　　　　　　　B. 自粘法

C. 冷粘法　　　　　　　　　　　　D. 热熔法

7. 在屋面保温层上铺抹水泥砂浆找平层时，分格缝的纵、横间距不应大于（　　）。

A. 4m　　　　　　　　　　　　　B. 5m

C. 6m　　　　　　　　　　　　　D. 8m

8. 涂膜防水屋面施工时，其胎体增强材料的长边搭接宽度不得小于（　　），短边搭接宽度不得小于（　　）。

A. 50mm；50mm　　B. 50mm；70mm　　C. 70mm；50mm　　D. 70mm；70mm

9. 合成高分子防水卷材使用的黏结剂（　　），以免影响黏结效果。

A. 应是高品质的　　　　　　　　　B. 应是同一种类

C. 由卷材生产厂家配套供应　　　　D. 可任意使用

10. 当屋面坡度大于（　　）时，应采取防止卷材下滑的固定措施。

A. 3%　　　　　　　　　　　　　B. 10%

C. 15%　　　　　　　　　　　　 D. 25%

11. 对屋面是同一坡面的防水卷材，最后铺贴的应为（　　）。

A. 雨水口部位　　　　　　　　　　B. 天沟部位

C. 沉降缝部位　　　　　　　　　　D. 大屋面

12. 卫生间防水施工结束后，应做（　　）h 蓄水试验。

A. 4　　　　　　　　　　　　　　B. 6

C. 12　　　　　　　　　　　　　 D. 24

13. 防水混凝土防水属于（　　）。

A. 柔性防水　　　　　　　　　　　B. 防水卷材防水

C. 涂料防水　　　　　　　　　　　D. 刚性防水

14. 卫生间墙面防水的设防高度应不小于（　　），宜设防到墙顶。

A. 1.5m　　　　　　　　　　　　B. 1.8m

C. 2.0m　　　　　　　　　　　　D. 2.5m

15. 地下防水工程中施工缝使用的遇水膨胀止水条应具有缓胀性能，其7d膨胀率不应大于最终膨胀率的（　　）。

A. 50%　　　　　　　　　　　　B. 60%

C. 70%　　　　　　　　　　　　D. 80%

项目 8

围护结构施工

素养目标：

结合围护结构施工技术的学习，强化绿色建造、智慧建造，引导大家多学习专业知识和专业技能，不负韶华。

知识目标：

1. 熟悉蒸压加气混凝土砌块填充墙的材料和构造要求。
2. 掌握蒸压加气混凝土砌块填充墙的施工工艺。
3. 掌握轻质板材隔墙的施工工艺。
4. 掌握膨胀聚苯板薄抹灰外墙外保温系统的施工工艺。

能力目标：

1. 能编制蒸压加气混凝土砌块填充墙的施工方案，并能进行施工质量交底和质量验收。
2. 能编制轻质板材隔墙的施工方案，并能进行施工质量交底和质量验收。
3. 能编制膨胀聚苯板薄抹灰外墙外保温系统的施工方案，并能进行施工质量交底和质量验收。

房屋结构的热损失中，围护结构的传热热损失占 70%~80%。围护结构是指建筑及房间各面的围挡物，如门、窗、墙等，能够有效地抵御外界不利环境的影响。根据在建筑物中的位置，围护结构分为外围护结构和内围护结构。高层建筑中的外墙围护结构，是确保建筑物隔热、保温、装饰、密闭等功能的重要组成部分，而且由于高层建筑的表面积较大，故隔热保温、降低能耗就显得尤其重要。在高层建筑中，通常采用轻质隔墙作为围护结构，有助于减轻房屋自重、节约投资，也有助于提高建筑的抗震性能。

任务 8.1 填充墙砌体施工

在高层建筑框架结构、框剪结构及钢结构中，用于维护或分隔区间的填充墙，大多采用小型空心砌块、空心砖、轻集料小型砌块、蒸压加气混凝土砌块等材料。填充墙除自重外不承受其他的荷载,因此施工时不得改变结构的传力路线。为满足使用要求,墙体应有一定的强度、隔声性能、隔热性能,外墙还应具有防水、防潮的性能。下面介绍常见的蒸压加气混凝土砌块填充墙施工工艺。

蒸压加气混凝土砌块是以粉煤灰、石灰、水泥、石膏、矿渣等为主要原料,加入适量发气剂、调节剂、气泡稳定剂,经配料搅拌、浇筑、静停、切割和高压养护等工艺过程制成的一种多孔混凝土制品,如图8-1所示。蒸压加气混凝土砌块的施工特性非常优良,它不仅可以在工厂内生产出各种规格,还可以像木材那样进行锯、刨、钻、钉。蒸压加气混凝土砌块的尺寸:长度一般为600mm,宽度为100mm、120mm、125mm、150mm、180mm、200mm、240mm、250mm、300mm,高度为

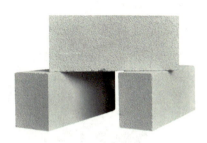

图8-1 蒸压加气混凝土砌块

200mm、240mm、250mm、300mm。如有特殊尺寸要求,可以和材料供应商协商。蒸压加气混凝土砌块一般不考虑强度,故只适用于非承重墙体。

8.1.1 材料要求

蒸压加气混凝土砌块的产品龄期不应小于28d,含水率宜小于30%,进场时需要检查出厂合格证书、性能检测报告、进场验收记录及复验报告。

运输、装卸蒸压加气混凝土砌块的过程中严禁抛掷和倾倒,现场堆放时须下垫上盖,防止雨淋,堆置高度不超过2m。

8.1.2 圈梁、腰梁、构造柱的设置

除规范及图纸要求设置外,下列部位应增设圈梁、腰梁及构造柱(图8-2):自由端的墙体顶面、高度超过4m的墙体应增设钢筋混凝土圈梁;未开窗洞的外墙墙体(3m以下)中部应增设钢筋混凝土腰梁;宽度≥2m洞口的两侧、长度>2.5m的独立墙体端部、墙体长度>5m、外墙阳角、支撑在悬臂梁板上的墙体等部位应增设钢筋混凝土构造柱。

8.1.3 墙体与框架结构的连接

图8-2 构造柱

1. 墙两侧与结构的连接

砌体与混凝土柱或墙的连接处一般要用拉结筋进行加强。拉结筋的留设目前常用的有3种方法:预埋件法、预埋拉结筋法和植筋法。

1）预埋件法。在安装混凝土构件钢筋时，按设计要求的位置，将预埋件准确固定在构件中。砌墙时，按确定好的砌体水平灰缝高度位置将拉结筋焊接在预埋件上。预埋件一般采用厚4mm以上、宽略小于墙厚的钢板。此种方法的缺点是在进行混凝土浇筑施工时，预埋件发生位移或遗漏会给下一步施工带来麻烦，如遇到设计变更则需重新处理。

2）预埋拉结筋法。在安装混凝土构件钢筋时，按设计要求的位置，直接将拉结筋准确固定在构件中，如图8-3所示。该方法的缺点与预埋件法相同。

3）植筋法。混凝土构件施工完成后，在设计要求的位置将拉结筋植入框架构件中，如图8-4所示。这种方法施工方便、灵活，不影响混凝土的外观质量。植筋法施工流程：现场清理→定位放线→钢筋下料制作→钻孔→清孔→注胶→植筋→固化养护→验收。

图8-3 预埋拉结筋法

图8-4 植筋法

①现场清理。将需要植筋的部位清理干净。

②定位放线。要按照图纸要求的钢筋间距、位置放线，但为了避免与钢筋混凝土结构内部的钢筋相碰，允许有少量移位。

③钢筋下料制作。植筋用钢筋要严格按设计要求选用、下料，并做好除锈清理工作，除锈长度应大于锚固长度5cm左右。

④钻孔。由专业人员接通钻机电源，检查、调试机具；选用与植筋匹配的钻头进行钻孔，钻孔的孔径应略大于植筋钢筋直径（4~5mm）。

⑤清孔。孔钻完后，孔内部会有很多灰粉、灰渣，会影响植筋的质量，所以一定要把孔内杂物清理干净。清理方法：将毛刷套上长棒伸至孔底，来回反复抽动，把灰粉、灰渣带出，再用压缩空气吹出孔内浮尘；吹完后再用脱脂棉蘸酒精或丙酮擦洗孔内壁，但不能用水擦洗，因酒精和丙酮易挥发，水不易挥发，用水擦洗后孔内不会很快干燥。钻孔清理完后要请设计等有关单位验收，合格后方可注胶。

⑥注胶。结构胶充分搅拌均匀后注入孔内，注胶量为孔深的1/3~1/2，以钢筋植入后有少许胶液溢出为宜。

⑦植筋。将钢筋植入部分的锈污清除干净后，插入注有结构胶的孔内并慢慢单向旋入（不可中途逆向反转），直至插入孔底，插入过程应伴有结构胶从孔内溢出。钢筋预留长度应符合

相关图集、规范要求。

⑧固化养护。固结期间勿振动植入的钢筋,待完全固结后方可进行下道工序施工。

⑨验收。植筋工作完成后,应对植筋质量进行检查验收。墙体砌筑前需要对植筋进行现场拉拔试验,如图 8-5、图 8-6 所示。

图 8-5 拉拔仪

图 8-6 植筋拉拔试验

2. 墙体底部与地面或楼面的连接

在厨房、卫生间、浴室等处采用蒸压加气混凝土砌块砌筑墙体时,墙底部宜现浇混凝土坎台,其高度宜为 150mm。

3. 墙顶与梁、板底部的连接

为保证墙体的整体性与稳定性,填充墙的顶部应采取相应的措施与梁、板挤紧。当填充墙砌至接近梁底、板底时,应留一定的空隙,待填充墙砌筑完并至少间隔 14d 后,再将其补砌挤紧。当上部空隙小于等于 20mm 时,用 1∶2 水泥砂浆嵌填密实;稍大的空隙用细石混凝土填充密实;更大的空隙用烧结普通砖或多孔砖以 60°角斜砌挤紧,如图 8-7 所示,要求砌筑砂浆必须密实,不允许出现平砌、生摆(不使用砂浆)等现象。

8.1.4 蒸压加气混凝土砌块填充墙施工

1. 施工技术要求

图 8-7 顶砖砌筑

砌筑前,应认真熟悉图纸,核实门窗洞口位置及洞口尺寸,明确预埋、预留位置,计算出窗台及过梁顶部标高,熟悉相关构造及材料要求。

放线后要复核填充墙、门窗洞口的位置,确保轴线尺寸准确无误,圈梁、过梁的标高正确。填充墙砌筑前应进行排砖、截砖,以达到节约材料、减少建筑垃圾的目的。蒸压加气混凝土砌块填充墙每天的砌筑高度不宜超过 1.8m,并且填充墙上不得留设脚手眼、搭设脚手架。

2. 工艺流程

蒸压加气混凝土砌块填充墙施工流程：绘制砌块排列图→墙体放线→设置拉结筋、构造柱、圈梁→蒸压加气混凝土砌块砌筑→构造柱混凝土浇筑。

1）绘制砌块排列图。在砌块砌筑前，应按每片纵、横墙分别绘制砌块排列图，砌块排列应满足下列原则：①尽量采用主规格砌块；②砌筑填充墙时应错缝搭砌，蒸压加气混凝土砌块的搭砌长度不应小于砌块长度的1/3；③纵、横墙交接处，应交错搭砌；④必须镶砖时，砖应分散布置。

2）墙体放线。建筑结构经验收合格后，把砌筑基层楼地面的浮浆、残渣清理干净并进行弹线（图8-8）。根据楼层中的控制轴线，可测放出每一个楼层墙体和门窗洞口的位置线，并将窗台和窗顶标高画在框架柱上。墙体放线完成后，经监理工程师验收合格，方可进行后续施工。

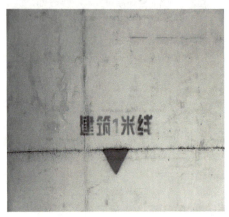 

图 8-8　墙体放线

3）设置拉结筋、构造柱、圈梁。有抗震要求的砌体填充墙应按设计要求设置构造柱、圈梁。圈梁宽度与墙等宽，高度不应小于120mm。圈梁、构造柱的插筋宜优先预埋在结构混凝土构件中或进行植筋，预留长度应符合设计要求。当设计无要求时，构造柱应设置在填充墙的转角处（图8-9）、T形交接处或端部；当墙长大于5m时，应间隔设置。圈梁宜设在填充墙高度方向的中部，如图8-10所示。

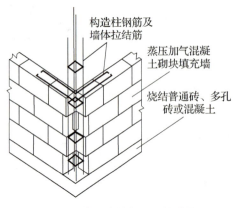 

图 8-9　填充墙转角处的构造柱　　　　图 8-10　圈梁

凡设有构造柱的墙体，在砌筑前应先根据设计图纸在构造柱位置进行弹线，并把构造柱插筋处理顺直。构造柱的截面尺寸和配筋应满足设计要求；当设计无要求时，构造柱截面最小宽度不得小于 200mm，厚度同墙厚，纵向钢筋不应小于 4φ10，箍筋可采用 φ6@200，纵向钢筋顶部和底部应锚入混凝土梁或板中。

为消除主体结构和围护墙体之间由于温度变化产生的收缩裂缝，按规范规定，填充墙砌体与混凝土构造柱之间应设置 φ6 拉结筋。每 120mm 墙厚放置一根拉结筋，120mm 厚墙放置两根拉结筋。拉结筋应沿填充墙全高设置，设置间距不应超过 600mm。拉结筋应埋于砌体的水平灰缝中，水平灰缝厚度应比拉结筋直径大 4mm。埋入每边墙的拉结筋长度不应小于 500mm；对抗震设防烈度 6 度、7 度的地区，不应小于 1000mm，末端应做 90°弯钩。

4）蒸压加气混凝土砌块砌筑。砌筑前应设立皮数杆，皮数杆应立于房屋四角及内外墙交接处，间距以 10~15m 为宜，砌块应按皮数杆拉线砌筑。

按规范规定，砌体与构造柱的连接处应砌成马牙槎，马牙槎宜先退后进（图 8-2），进退尺寸不小于 60mm，高度为 300mm 左右。砌筑时第一块马牙槎砌块应为凹入，称为咬脚，然后按顺序同进同退砌筑马牙槎（若底部采用灰砂砖砌筑，也应砌成马牙槎凹入形式）。不论马牙槎砌块是凹入还是凸出，砌筑时都要用线坠吊垂直。马牙槎砌体界面应放整砖面，砌块切割面应放在里侧，以确保马牙槎美观。

砌墙时应优先使用整砌块。必须断开砌块时，应使用切割机等工具锯裁整齐，并保护好砌块的棱角，锯裁砌块的长度不应小于砌块总长度的 1/3。长度小于等于 150mm 的砌块不得上墙，竖向通缝不应大于 2 皮砌块；不能满足时，应在水平灰缝处配 φ4 钢筋网片或 2φ6 拉结筋，长度均不小于 700 mm，如图 8-11 所示。

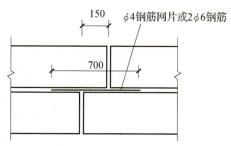

图 8-11 拉结筋或网片设置

砌块墙的转角处，应隔皮纵、横墙砌块相互搭砌（图 8-12）。砌块墙的 T 字形交接处，应使横墙砌块的断面隔皮露头（图 8-13）。

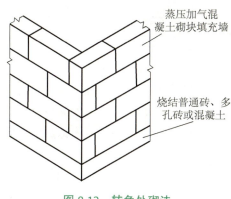

图 8-12 转角处砌法

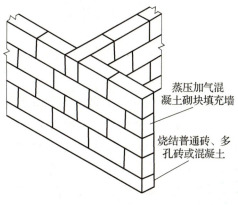

图 8-13 T 字形交接处砌法

蒸压加气混凝土砌块宜采用铺浆法砌筑，灰缝应横平竖直、砂浆饱满，水平灰缝砂浆的饱满度不应小于90%，竖向灰缝砂浆的饱满度不应小于80%。水平灰缝的厚度宜为15mm，竖向灰缝的宽度宜为20mm。

在门窗洞口两侧，将预制好的埋有预埋件的砌块，按洞口高度方向在2m以内每边砌筑3块，洞口高度大于2m时砌4块。墙体洞口上部应放置2ϕ6拉结筋，伸过洞口两边长度每边不少于500mm。留置管（线）槽时，弹线定位后用錾子凿槽或用开槽机开槽，不得用斩砖预留槽的方法施工。

蒸压加气混凝土砌块填充墙在转角处及纵、横墙交接处，应同时砌筑，当不能同时施工时，应留成斜槎。

切锯砌块应使用专用工具，不允许用斧或瓦刀任意砍劈。不同干密度和强度等级的砌块不应混砌。砌块也不得与其他种类的砖、砌块混砌；但在墙底、墙顶及门窗洞口处局部采用烧结普通砖、多孔砖砌筑不视为混砌。

5）构造柱混凝土浇筑。为保证浇筑构造柱混凝土时有一定的操作空间，便于小型插入式振捣棒插入，构造柱模板的对拉螺杆宜设置于构造柱两侧的砌体上，不宜设置于构造柱中。若对拉螺杆设置于构造柱中，会阻碍小型插入式振捣棒的插入。构造柱模板安装可分为三种方式：

①构造柱顶部梁高大于或等于800mm的，模板可以满封，顶部一侧模板可装成喇叭式进料口（图8-14），进料口应比构造柱高出100mm，浇筑柱混凝土时应把进料口也满浇，拆模后将突出的混凝土凿掉即可，这样能保证构造柱顶部混凝土与顶梁之间没有空隙。

图8-14 构造柱模板及喇叭式进料口

②构造柱顶部梁高小于800mm的，模板一侧满封，另一侧应预留缺口作为进料口及小型插入式振捣棒使用，即浇筑构造柱顶部时剩一小截混凝土没浇，必须进行二次补浇。拆模时满封一侧的模板不宜拆除，作为二次补浇模板，有缺口一侧的模板应拆除。二次补浇用的混凝土应制成干硬性混凝土（面团状），二次补浇混凝土塞满后再钉模板。

③对于顶部没梁的构造柱，可在楼板开口浇筑。

不论采用何种施工方式，浇筑构造柱混凝土一定要用小型插入式振捣棒（直径3cm）进行振捣，才能保证混凝土密实。若沿砌体马牙槎凹凸边缘贴上双面胶，则封模更加严密，不会漏浆，拆模后构造柱与砌体的界线更加美观。

构造柱根部施工缝处，在浇筑前宜先铺 5cm 厚的与混凝土配合比相同的水泥砂浆或减石子混凝土。浇筑混凝土构造柱时，应分层浇筑、振捣，每层不得超过 60cm，边下料边振捣。

填充墙砌体施工最好从顶层向下层砌筑，防止因结构变形的向下传递造成下层先砌筑的墙体产生裂缝。

任务 8.2　轻质板材隔墙施工

建筑隔墙用轻质条板是指用于建筑物内部非承重部位的墙体预制条板，包括玻璃纤维增强水泥条板（GRC 板）、玻璃纤维增强石膏空心条板（GRG 板）、蒸压加气混凝土条板（ALC 板）、陶粒混凝土隔墙条板、钢丝（钢丝网）增强水泥条板、轻集料混凝土条板、复合夹芯轻质条板等种类。建筑隔墙用轻质条板（简称轻质隔墙板）常用于一般工业建筑、居住建筑、公共建筑的非承重内隔墙，随着行业环保意识的提高、材料科学和建筑技术的不断进步，轻质隔墙板正向着更加环保、节能的方向发展，已成为现代建筑中不可或缺的一部分。下面就以蒸压加气混凝土条板为例来介绍轻质板材隔墙（图 8-15）的施工工艺。

蒸压加气混凝土条板（图 8-16）也称为蒸压加气轻质混凝土板，是以粉煤灰（或硅砂）、水泥、石灰等为主原料，经过高压、蒸汽养护制成的多孔混凝土成型板材，目前在高层框架建筑及工业厂房的内外墙体中获得了广泛的应用。

图 8-15　蒸压加气混凝土条板隔墙

图 8-16　蒸压加气混凝土条板

8.2.1　蒸压加气混凝土条板的优点

1）经济性好。蒸压加气混凝土条板密度小且厚度薄，便于施工与运输，可降低结构基础、主体结构的整体造价，同时还可以增加建筑使用面积。

2）保温隔热、隔声、防火效果显著。蒸压加气混凝土条板的加气混凝土为多孔材料，热导率小，保温隔热和防火性能好。

3）施工便捷。蒸压加气混凝土条板两边有榫槽，将板材立起，两边榫槽涂上少量嵌缝砂浆后即可拼装。蒸压加气混凝土条板可钻、可锯、可钉，可自由调整尺寸、安装方便、施工速度快，且平面布置灵活。

4）绿色环保。蒸压加气混凝土条板以水泥、石灰、粉煤灰为主要原料，在生产和使用过程中均无毒、无放射性，符合绿色环保的发展理念。

5）使用寿命长。蒸压加气混凝土条板是一种硅酸盐材料，具有良好的耐酸碱性，内部结构稳定，正常使用年限可与建筑主体结构同寿命。

8.2.2 材料要求

1）蒸压加气混凝土条板应符合国家相关标准及设计要求，并应有产品质量合格证和质量检验报告。

2）蒸压加气混凝土条板的规格、型号应与设计相符，并应有足够的强度和刚度。

3）蒸压加气混凝土条板表面应平整、光滑，无裂纹、缺损等缺陷。

8.2.3 运输与堆放

1）蒸压加气混凝土条板起吊时需用尼龙吊带（不可采用钢丝绳）捆绑，应小心装卸，避免磕碰、损坏。

2）蒸压加气混凝土条板应放置在平整、干燥的地方，并应避免阳光直射。

3）蒸压加气混凝土条板堆放高度不得超过2m，堆垛之间应留有足够的通道。

8.2.4 安装

蒸压加气混凝土条板安装流程：基层清理→定位放线→板材切割→固定件安装→板材吊装就位、安装→底缝封堵→挂网补缝→水电管线施工。

1. 基层清理

蒸压加气混凝土条板安装前，应对即将安装蒸压加气混凝土条板的部位进行彻底清理，必须保证蒸压加气混凝土条板接触的混凝土结构面平整、密实，以便于蒸压加气混凝土条板的固定和施工。

2. 定位放线

按设计要求，沿地面、墙面、顶面使用激光投线仪配合墨线，弹出蒸压加气混凝土条板和门窗框位置的两侧边线，弹线应清晰、位置准确。

3. 板材切割

安装时先整板后补板，补板制作应根据排版的实际尺寸，用墨线等工具弹出切割位置

（图 8-17），用专用切割工具进行切割（图 8-18），竖向切口处应用专用黏结剂封闭填平，拼接时表面仍应涂满黏结剂。需要注意的是，切割前必须根据模数进行排版设计，小于 200mm 的蒸压加气混凝土条板不得使用。

图 8-17　板材弹线

图 8-18　板材切割

4. 固定件安装

在基础框架上安装蒸压加气混凝土条板的底部和顶部固定件，确保固定件与框架连接牢固，为板材的安装提供稳定的基础。顶部固定件多为 U 形卡（图 8-19），可用射钉枪固定（图 8-20）。

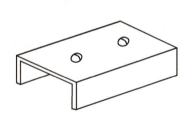

图 8-19　U 形卡示意图

图 8-20　用射钉枪固定 U 形卡

5. 板材吊装就位、安装

将蒸压加气混凝土条板的表面清理干净，并将板顶面和靠墙的侧面涂抹胶粘剂。安装时上下对准墨线后立板，一人推挤，另一人在下部用宽口撬棍撬起板材，边顶边挤紧板材，以有胶粘剂挤出为宜，同时检查垂直度（图 8-21）和平整度（图 8-22）；合格后，立即用 2 对木楔打紧板材底部，使板上端与主体结构接触面顶紧，板边严实。用油灰刀将挤出的胶粘剂刮平补齐，然后继续安装下一块板材（图 8-23）。安装的顺序一般是从主体结构的一端向另一端进行，若板材上有门窗洞口，就从门窗洞口向两侧开始安装。

图 8-21　垂直度检查

图 8-22　平整度检查

6. 底缝封堵

板材底部用细石混凝土或砂浆将缝隙填密实（图 8-24），待细石混凝土达到一定的强度后方可取出木楔，并用水泥砂浆填实找平。填充后的板底缝隙需饱满、无遗漏，以防止板沉降造成开裂。板材顶端与顶棚的连接处及墙面阴角用胶粘剂将缝隙压实抹平。

图 8-23　板材安装

图 8-24　底缝封堵

7. 挂网补缝

为防止安装后的墙面开裂，板与板、板与主体结构之间的垂直缝用宽度不小于 100mm 的玻璃纤维网格布黏接，如图 8-25 所示。施工时，将接缝处外表面的灰尘清理干净后，在接缝处抹上专用胶粘剂，然后马上粘贴玻璃纤维网格布。为了使施工后的板缝美观、洁净，板面不污染，可在刮涂胶粘剂的板面范围弹出灰线，用于控制施工范围。挂网补缝用的胶粘剂与拼装用的胶粘剂相同，玻璃纤维网格布应贴顺铺平，胶粘剂应刮平，补缝完成后成品表面应光滑。

8. 水电管线施工

板材安装完成 14d 后，方可根据水电管线的位置画线，然后开凿水电管线的槽洞（图 8-26），施工时不可用重锤猛击，以免损坏板材。管线埋好后随即用腻子填实、刮平。

图 8-25 挂网补缝

图 8-26 水电管线施工

任务 8.3 外墙外保温施工

按保温材料所处位置不同,外墙保温技术分为外墙内保温、外墙夹芯保温和外墙外保温三种类型。

1)我国于 20 世纪 90 年代初开始实施外墙内保温技术,其应用已有几十年的历史,其造价低,施工方便,技术相对成熟,但也存在不少缺点:

①不便于用户二次装修和吊挂饰物,装修过程中对保温层的破坏较大,会产生新一轮的建筑垃圾;不利于对既有建筑的节能改造。

②占用室内使用空间。

③圈梁、楼板、构造柱等会成为热桥,易出现结露现象,保温隔热效果较差,热损失较大。

④既有建筑进行节能改造时,对居民的日常生活干扰较大。

2)外墙夹芯保温技术在理论上无问题,但当前受施工人员综合素质影响,施工工艺又比较复杂,容易出现质量问题,因此目前应用较少。

3)外墙外保温技术是目前普遍采用的一种利用墙体材料进行建筑节能的施工技术,它的基本原理是在建筑外墙的外侧贴上一层保温隔热材料,以隔断室内外热量通过墙体进行传递,并对外墙起到保护和装饰作用。经过多年的实践证明,采用该保温技术具有以下显著优势:

①适用范围广。外墙外保温不仅适用于北方地区的采暖建筑,也适用于南方地区的空调建筑;既适用于新建建筑,也适用于既有建筑的节能改造。

②保温效果明显。由于保温材料置于建筑物外墙的外侧,基本上可以消除建筑物各个部位的热桥影响,从而充分发挥了轻质高效保温材料的效能。相对于外墙内保温和外墙夹芯保温墙体,它可使用较薄的保温材料,达到较高的节能效果。

③保护主体结构。置于建筑物外侧的保温层,大大减少了自然界温度、湿度、紫外线等对

主体结构的影响。研究资料表明，由于温度对结构的影响，建筑物竖向的热胀冷缩可能引起建筑物内部一些非结构构件的开裂，外墙外保温技术可以降低温度对结构的影响。

④有利于改善室内环境。外墙外保温不仅提高了墙体的保温隔热性能，而且增加了室内的热稳定性。它在一定程度上阻止了雨水等对墙体的破坏，提高了墙体的防潮性能，可避免室内出现结露、霉斑等现象。

⑤不降低建筑物的室内有效使用面积。

⑥有利于旧房改造。采用外墙外保温技术的建筑进行节能改造时，不影响居民在室内的正常生活和工作。

⑦便于丰富外立面。在施工外墙外保温的同时，还可以利用聚苯板做成凹进或凸出墙面的线条，以及其他各种形状的装饰线，不仅施工方便，而且丰富了建筑物外立面。对既有建筑进行节能改造时，不仅使建筑物获得更好的保温隔热效果，而且可以同时进行立面改造，使既有建筑焕然一新。

近年来，许多建筑采用外墙外保温系统，取得了许多施工经验。比较成熟的外墙外保温系统主要有聚苯板薄抹灰外保温系统、胶粉聚苯颗粒外保温系统、现浇混凝土复合无网聚苯板外保温系统、现浇混凝土聚苯钢丝网架板外保温系统等。在外墙外保温施工中得到广泛使用的保温板的品种较多，主要涉及膨胀聚苯板、挤塑聚苯板、聚氨酯硬质泡沫塑料板、水泥发泡板、石墨复合保温板等。下面以施工中常用的膨胀聚苯板薄抹灰外保温系统为例来介绍外墙外保温施工。

膨胀聚苯板薄抹灰外保温系统采用聚苯板作为保温隔热层，用胶粘剂与基层墙体粘贴，辅以锚栓固定，如图 8-27 所示。当建筑物高度不超过 20m 时，也可采用单一的粘贴固定方式，具体的固定方式一般由工程设计部门根据具体情况确定。聚苯板的防护层为嵌埋有玻璃纤维网格布的聚合物抗裂砂浆，属薄抹灰面层，防护层厚度：普通型为 3~5mm，加强型为 5~7mm；最后为饰面层（如为瓷砖饰面，则应改用镀锌钢丝网和专用瓷砖黏结剂、勾缝剂）。

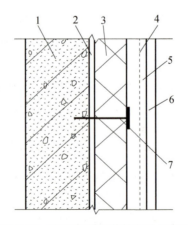

图 8-27　膨胀聚苯板薄抹灰外保温系统

1—基层　2—胶粘剂　3—聚苯板　4—玻璃纤维网格布
5—薄抹灰面层　6—饰面层　7—锚栓

膨胀聚苯板薄抹灰外保温系统具有优越的保温隔热性能，良好的防水性能以及抗风压、抗冲击性能，能有效解决墙体的开裂和渗漏水问题，是国内外普遍使用的、技术上比较成熟的外墙外保温系统。该系统的聚苯板热导率小，并且聚苯板的厚度不受限制，可满足严寒地区节能设计标准的要求。

8.3.1 施工条件

建筑主体结构已验收，外墙和外墙门窗施工完毕并验收合格；伸出外墙面的消防楼梯、雨水管、各种进户管线等安装完毕。

施工现场应具备通电、通水条件，并保持清洁、文明的施工环境；施工现场环境温度和基层墙体表面温度不应低于5℃，夏季应避免阳光暴晒。在5级以上大风天气和雨天不得施工。必须雨天施工时，应采取有效措施，防止雨水冲刷墙面；在施工过程中，墙体应采用必要的保护措施，防止施工墙面受到污染。待泛水、密封等构造细部按设计要求施工完毕后，方可拆除保护措施。

8.3.2 施工材料

1. 聚苯板

聚苯板（图8-28）是由可发性聚苯乙烯珠粒经加热发泡后，在模具中加热成形制得的一种具有闭孔结构的聚苯乙烯泡沫塑料板材，有阻燃和绝热的作用，表观密度为18~22kg/m³。聚苯板的常用厚度有30mm、35mm、40mm等。聚苯板在出厂前，应在自然条件下陈化42d或在60℃蒸汽中陈化5d。

2. 胶粘剂

胶粘剂是专用于把聚苯板黏结在基层墙体上的化工产品，有液体胶粘剂与干粉料两种产品形式，在施工现场按使用说明加入一定比例的水泥或水，搅拌均匀即可使用。胶粘剂主要受到两种作用形式：

图8-28 聚苯板

1）受拉（或受压）：如风荷载作用于墙体表面时，外力垂直于胶粘剂面层，黏结面受拉。

2）受剪：在垂直荷载（如板的自重荷载）作用下，外力平行于胶粘剂面层，黏结面受剪。

3. 锚栓

锚栓是将聚苯板固定于基层墙体上的专用连接件，如图8-29所示。锚栓的有效锚固深度不小于25mm，塑料圆盘直径不小于50mm。

4. 玻璃纤维网格布

在玻璃纤维网格布（图8-30）表面涂覆耐碱防水材料，埋入抹面胶浆中，形成薄抹灰面层,以提高防护层的强度和抗裂性。

图 8-29　锚栓

图 8-30　玻璃纤维网格布

5. 抹面胶浆

抹面胶浆由水泥基或其他无机胶凝材料、高分子聚合物和填料等材料组成,用以提高防护层的强度和抗裂性。

8.3.3　施工准备

1. 材料的包装、运输和储存

1)包装。聚苯板采用塑料袋包装,在捆扎角处应衬垫硬质材料。胶粘剂、抹面胶浆可采用编织袋装或桶装,但应密封,防止遗撒或受潮。玻璃纤维网格布应成卷供应并用防水防潮材料包装。锚栓可以用纸箱包装。

2)运输。聚苯板侧立搬运,侧立装车,用麻绳等与运输车辆固定牢固,不得重压猛摔或与锋利物品碰撞。胶粘剂、玻璃纤维网格布、锚栓在运输过程中应避免挤压、碰撞、雨淋、日晒。

3)储存。所有组成材料应防止与腐蚀性介质接触,远离火源,防止长期暴晒,应放在仓库内干燥、通风、防冻的地方。储存材料期限不得超过保质期,应按规格、型号分别储存。

2. 施工机具准备

主要施工机具有锯条或刀锯、打磨聚苯板的粗砂纸、木锉、抹子、铝合金靠尺、钢卷尺、线绳、线坠、墨斗、灰槽、平锹、电动搅拌机(700~800r/min)、塑料桶、筛网等。

8.3.4　工艺流程

外墙外保温施工流程:基层墙体处理→测量放线→胶粘剂配制→粘贴翻包玻璃纤维网格布→粘贴聚苯板→安装固定件→打磨→抹第一遍抹面胶浆→铺设玻璃纤维网格布→抹第二遍抹面胶浆→饰面层施工→清理验收。

1. 基层墙体处理

基层墙体必须清理干净,并应剔除墙面的突出物。基层墙面松动或风化的部分应清除,并用水泥砂浆填充找平。要检验墙面平整度和垂直度，基层墙体的表面平整度不符合要求时，可用 1:3 水泥砂浆找平，平整度误差不得超过 4mm。找平层应与墙体黏结牢固，不得有脱层、空鼓、裂缝，面层不得有粉化、起皮、爆灰等现象。底层墙体外表面在墙体防潮线以下时，要做防潮处理，以防止地面水分通过毛细作用进入保温层而影响保温层的使用寿命。防潮处理可涂刷氯丁型防水涂料。

2. 测量放线

1）施工前首先识读图纸，确认基层墙体伸缩缝、结构沉降缝、防震缝、体型突变的具体部位，并做出标记。此外，还应弹出首层散水标高线和伸缩缝的具体位置。

2）挂基准线。在建筑物外墙大角（阳角、阴角）及其他必要处挂出垂直基准线、控制线，弹出水平控制基准线。

3. 胶粘剂配制

配制胶粘剂必须由专人负责，集中搅拌，以确保搅拌质量。胶粘剂随用随配，一次配制量以 2h 内用完为宜（夏季施工时间宜控制在 1.5h 内）。配好的胶粘剂应在阴凉处放置，避免阳光暴晒，超过可操作时间的胶粘剂禁止再度加水使用。

4. 粘贴翻包玻璃纤维网格布

在保温层截止的部位（阳台、窗洞口、挑檐等部位）应粘贴翻包玻璃纤维网格布。

5. 粘贴聚苯板

1）施工前，根据整个建筑外墙立面的设计尺寸编制聚苯板的排版图，以达到节约材料、加快施工速度的目的。聚苯板以长向水平铺贴，竖缝应逐行错缝。窗口带造型的应在墙面聚苯板黏结后另外铺贴造型聚苯板，以保证板面不产生裂缝。

2）聚苯板的粘贴应从细部节点（如飘窗、阳台、挑檐）及阴（阳）角部位开始向中间推进。施工时，要求在建筑物外墙所有的阴（阳）角部位沿全高挂通线，以控制聚苯板的顺直度（注意，保温施工时控制阴、阳角的顺直度而非垂直度），并要求预先用墨斗弹好底边水平线及 100mm 控制线，以确保水平铺贴。在每个区段内的铺贴由下向上进行。

3）墙面连续高或宽超过 23m 时，应设伸缩缝。粘贴聚苯板时，板缝应挤紧、挤平，板与板之间的缝隙不得大于 2mm（对下料尺寸偏差或切割等原因造成的大于 2mm 的板间缝隙，须将聚苯板裁成合适的小条将缝塞满，小条不得用砂浆或胶粘剂黏结），板间平整度高差不得大于 1.5mm（板间平整度高差大于 1.5mm 的部位应在施工面层前用木锉、粗砂纸或砂轮打磨平整）。变形缝处应做好防水和保温构造处理。

4）按照预先排好的尺寸（图 8-31）切割聚苯板（用电热丝切割机）。

5）粘贴聚苯板时，胶粘剂涂在板的背面，常用粘贴方法有点框法和条粘法两种，一般采用点框法。点框法（图 8-32）是用抹子在每块聚苯板四周涂上宽约 50mm、厚约 10mm 的胶粘剂，然后在中部均匀抹出 8 块直径约 100mm、厚约 10mm 的黏结点，此黏结点要布置均匀，必须保证聚苯板与基层墙面的黏结面积达到 40%。

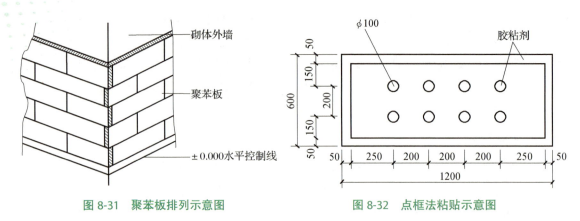

图 8-31 聚苯板排列示意图　　　图 8-32 点框法粘贴示意图

6）粘贴聚苯板时，不允许采用使板左右、上下错动的方法调整板间的平整度，而应采用橡胶锤敲击调整，目的是防止聚苯板左右、上下错动导致聚合物砂浆溢进板与板之间的缝隙内。

7）聚苯板按照上述要求贴墙后，用 2m 靠尺反复压平，保证其平整度及黏结牢固，板与板之间要挤紧，板缝间不得有黏结砂浆。每贴完一块，要及时清除板四周挤出的聚合物砂浆，否则该部位会形成冷桥。若因聚苯板切割不直形成缝隙，要用木锉锉直后再铺贴。

8）门窗洞口四角如不靠近变形缝，则沿 45° 方向各加一层 300mm×200mm 的玻璃纤维网格布进行加强，以防开裂，如图 8-33 所示。为防止首层墙面受冲击，在首层窗台以下墙面加贴一层玻璃纤维网格布。

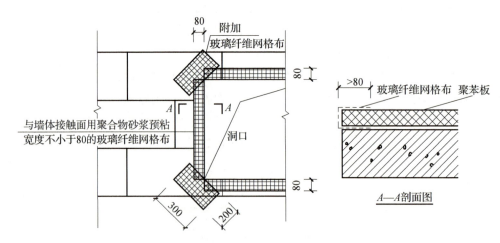

图 8-33 门窗洞口附加玻璃纤维网格布示意图

9）门窗洞口四角处的聚苯板不得用碎板拼接，应采用整块板切割成形，切割边缘必须顺直、平整、尺寸方正，聚苯板接缝应离开角部至少 200mm，如图 8-34 所示。

10）窗洞口板块之间的搭接留缝要考虑防水问题，在窗台部位要求水平粘贴的板压住立面粘贴的板，避免迎水面出现竖缝；在窗户上口，要求立面粘贴的板压住水平粘贴的板。

11）遇到脚手架连墙件等突出墙面且以后需拆除的部位，应按照整幅板预留空缺，最后随拆除随进行收尾施工。

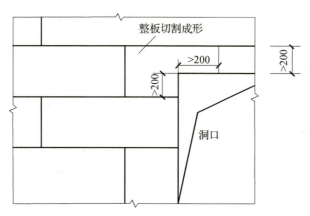

图 8-34　门窗洞口四角处聚苯板处理

6. 安装固定件

在贴好的聚苯板上用冲击钻钻孔，孔洞深入墙面基层 25~30mm，以保证锚栓的入墙深度，墙体的抹灰层或旧饰面层不应计算锚固深度。施工时，将锚栓塞入孔内胀紧，把聚苯板固定在墙体上，螺钉拧到与聚苯板面平齐。锚栓应经现场拉拔试验检验其强度是否满足设计要求，阳角处第一个锚栓应离墙角 6~10cm，以免损坏墙体。

7. 打磨

黏结上墙后的聚苯板应用粗砂纸磨平，然后再将整个聚苯板打磨一遍。打磨时操作工人应戴防护面具。打磨墙面的动作应是轻柔的圆周运动，不得沿与聚苯板接缝平行的方向打磨。打磨后，应用刷子将打磨操作产生的碎屑清理干净，平面上的聚苯板不宜打磨，以免降低聚苯板厚度，影响保温效果。应在聚苯板施工完毕后，至少静置 24h 后才能打磨，以防聚苯板移动，减弱板材与基层墙体的黏结强度。

8. 抹第一遍抹面胶浆

涂抹抹面胶浆前，应先检查聚苯板是否干燥，表面是否平整，并去除板面的有害物质、杂质或表面变质部分。第一遍抹面胶浆的厚度约为 2mm。所抹胶浆面积应略大于玻璃纤维网格布的长或宽，除有包边要求外，胶浆不允许涂在聚苯板侧边。

9. 铺设玻璃纤维网格布

玻璃纤维网格布的铺设应自上而下沿外墙进行。铺设玻璃纤维网格布时，玻璃纤维网格布的弯曲面应朝向墙体，并从中央向四周用抹子抹平，直至玻璃纤维网格布完全埋入抹面胶浆内，目测应无任何可分辨的玻璃纤维网格布纹路。如有裸露的玻璃纤维网格布，应再抹适量的抹面胶浆进行修补。玻璃纤维网格布左右搭接宽度不小于 100mm，上下搭接宽度不小于 80mm，局部搭接处可用胶粘剂补充胶浆，不得使玻璃纤维网格布皱褶、空鼓、翘边。玻璃纤维网格布必须在胶浆湿软状态时及时压入并抹平；严禁先铺玻璃纤维网格布，再抹胶浆。

10. 抹第二遍抹面胶浆

在第一遍抹面胶浆凝结后再抹一道抹面胶浆，厚度为 1~2mm，玻璃纤维网格布应位于防护层靠外一侧的约 1/3 处，不得裸露在外，也不应埋入太深，具体以玻璃纤维网格布看得见格子，看不见颜色为标准。面层胶浆不能过多揉搓，以免形成空鼓。胶浆抹灰施工间歇应位于结构自然断开处，以方便后续施工的搭接，如伸缩缝、阴（阳）角、挑台等部位。在连续墙面上如需停顿，面层胶浆不应完全覆盖已铺好的玻璃纤维网格布，需与玻璃纤维网格布、第一遍抹面胶浆呈台阶形坡槎，留槎间距不小于 150mm，以免玻璃纤维网格布搭接处平整度超出偏差允许值。

全部的抹面胶浆和玻璃纤维网格布铺设完毕，静置养护 24h 后，方可进行下一道工序的施工。在潮湿的气候条件下，应延长养护时间，保护已完工的成品，避免雨水的渗透和冲刷，经验收合格后，方可进行后续饰面层施工。

11. 饰面层施工

根据施工图设计及相关技术要求进行涂料、柔性面砖等饰面层施工。进行面层涂料施工前，应首先检查胶浆上是否有抹子刻痕，玻璃纤维网格布是否完全埋入，然后修补抹面胶浆的缺陷或凹凸不平处，并用专用细砂纸打磨一遍，必要时可批腻子。面层涂料用滚涂法施工，应从墙的上端开始自上而下施工。涂层干燥前，墙面不得遇水以免颜色发生变化。

12. 清理验收（略）

拓展阅读

我国砌体材料的发展

目前，我国最早的砌体材料可追溯到 7300 多年前的双墩文化时期，双墩文化遗址中出土的红烧土被认为是我国最早的烧结砖。早期的烧结砖一般用于城墙、陵墓等的建造，到南宋时期开始大量出现砖砌的民用建筑，明清时期青砖被广泛应用在民居建筑中。我国各时期代表性的砌体古建筑有：西周时期（公元前 1046~公元前 771 年）开始建造的长城；北魏时期（公元 386~公元 534 年）建于河南登封的嵩岳寺塔为我国现存最古老的砖塔；隋大业年间（公元 605~公元 616 年）建造现存于河北赵县的赵州桥（安济桥），是世界上最早的敞肩式拱桥；北宋至和二年（1055 年）建成的河北定州开元寺塔，是当时世界上最高的砌体结构；主体结构始建于洪武三年（1370 年）的西安城墙，是目前世界上保存最完整的古城墙；始建于明永乐四年（1406 年）的故宫是世界上规模最大、保存最完整的古代皇宫建筑群。

20 世纪 50 年代，我国陆续颁布了砌体材料产品标准和砌体结构设计与施工规范，推动了我国砌体结构的快速发展，砌体结构成为我国主要的建筑结构形式。但砌体材料中常用的黏土砖的生产与农业争地，烧制过程不环保，20 世纪 90 年代开始，我国相继实行"禁止使用实心黏土砖"（简称"禁实"）和"限制使用黏土制品"（简称"限黏"）政策，各地也在逐渐淘汰砖混结构，转而大量使用混凝土框架或框架-剪力墙结构，砌体的作用从结构承重变成围护分隔，出现了小型混凝土空心砌块、蒸压灰砂砖、粉煤灰砖、加气混凝土砌块和轻质内墙板等具有节能、节地、废物利用、保温、隔热、轻质高强、抗震、环保等性能的新型墙体材料。

项目 8 围护结构施工

青春华章、技能强国
世界技能大赛金牌的"绝技"是这样练成的

当地时间 2024 年 9 月 15 日晚,第 47 届世界技能大赛在法国里昂闭幕,来自浙江建设技师学院的鲍芳涛荣获砌筑项目金牌,为中国代表队砌筑项目实现金牌"四连冠"。世界技能大赛每两年举办一届,被誉为"世界技能奥林匹克",是当今世界上地位最高、规模最大、水平最为顶尖的国际性职业技能竞赛。每一个有梦想、有追求的技能选手都梦想站上这个大舞台。

2017 年,鲍芳涛考入浙江建设技师学院装饰专业,刚入学不久,抱着"多学技能傍身"的想法,他开始零基础学习"砌筑"。

砌筑,并非只是"砌墙"。世界技能大赛的砌筑项目通常包含 3~5 个模组,从选砖开始,涵盖了识图、放样、切割、砌筑、勾缝、清洁等多个精细工序。大赛对墙体精度要求很高,不管是水平方向、垂直方向还是角度测量,误差均不能超过 1mm,对清洁度及外观也有严格的要求。每一个细节都可能影响最终成果的质量,因此参赛选手们需要经过长时间的练习,才能在比赛中游刃有余。

鲍芳涛几乎每天都在跟砖块和砂浆打交道,白天要进行 6 个小时的实操训练,右手拿灰刀、左手拿砖,反复练习"一铲灰、一块砖、一揉压"的砌筑动作;晚上还要绘图、复盘,不断总结经验以精进技术。他将每一块砖都视为评分点,一面墙拆了又建、建了又拆,力求每一步操作的误差尽可能接近零,让每一个细节的把控都融入肌肉记忆。通过训练,鲍芳涛逐渐学会了在训练中寻找乐趣,将每一块砖的排列视为一种创作、一种表达。成功的背后,是鲍芳涛不懈的练习、持续的努力——在国际大型竞技场上,大家的实力都很强,唯有注重细节,精益求精,追求卓越,才能立于不败之地。

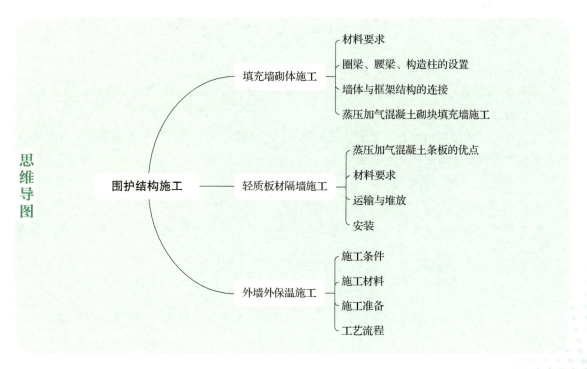

思考题

1. 拉结筋常用的留设方法有哪几种？
2. 简述植筋法的施工工艺流程。
3. 简述蒸压加气混凝土砌块填充墙墙顶与上层结构底部的连接方法。
4. 简述蒸压加气混凝土条板的优点。
5. 简述蒸压加气混凝土条板安装的工艺流程。
6. 外墙内保温有什么优（缺）点？
7. 外墙外保温有哪些优点？
8. 简述膨胀聚苯板薄抹灰外保温系统的施工工艺流程。

能力训练题

1. 膨胀聚苯板薄抹灰外保温墙体的胶粘剂主要承受（　　）。

    A. 拉（压）荷载和剪切荷载　　　　　　B. 拉（压）荷载

    C. 剪切荷载　　　　　　　　　　　　　D. 剪切荷载和集中荷载

2. 锚栓的有效锚固深度应大于25mm，塑料圆盘直径应不小于（　　）mm。

    A. 30　　　　　　　　　　　　　　　　B. 50

    C. 100　　　　　　　　　　　　　　　 D. 150

3. 填充墙砌筑，应待承重主体结构验收合格后进行，填充墙与承重主体结构之间的空隙部位施工，应在填充墙砌筑（　　）后进行。

    A. 7d　　　　　　　　　　　　　　　　B. 14d

    C. 28d　　　　　　　　　　　　　　　 D. 36d

4. 墙体与构造柱砌成马牙槎，在根部的砌法是（　　）。

    A. 先退后进　　　　　　　　　　　　　B. 先进后退

    C. 踏步斜槎　　　　　　　　　　　　　D. 平直阴槎

5. 根据《砌体结构工程施工质量验收规范》（GB 50203—2011），砌筑填充墙时应错缝搭砌，蒸压加气混凝土砌块的搭砌长度（　　）。

    A. 不应小于砌块长度的1/5　　　　　　 B. 不应小于砌块长度的1/4

    C. 不应小于砌块长度的1/3　　　　　　 D. 不应小于砌块长度的1/2

6. 粘贴聚苯板时，应将胶粘剂涂在聚苯板背面，胶粘剂的涂覆面积不得小于聚苯板面积的（　　）。

    A. 20%　　　　　　　　　　　　　　　 B. 25%

    C. 30%　　　　　　　　　　　　　　　 D. 40%

7. 门窗洞口四角处的聚苯板不得拼接，应采用整块聚苯板切割成形，聚苯板接缝应离开角部至少（　　）。

A. 100mm B. 150mm
C. 200mm D. 250mm

8. 隔墙或填充墙的顶面与上层结构的接触处，宜（   ）。
   A. 用砂浆塞填 B. 用砖斜砌顶紧
   C. 用拉结筋拉结 D. 用现浇混凝土连接

9. 蒸压加气混凝土砌块竖向灰缝的宽度宜为（   ）。
   A. 5mm B. 10mm
   C. 15mm D. 20mm

10. 检查灰缝是否饱满的工具是（   ）。
    A. 楔形塞尺 B. 方格网
    C. 靠尺 D. 托线板

11. 蒸压加气混凝土砌块在运输、装卸过程中，严禁抛掷和倾倒。进场后应按规格分别堆放整齐，堆置高度不宜超过（   ）。
    A. 2m B. 2.5m
    C. 3m D. 3.5m

12. 蒸压加气混凝土条板安装时，切割后的拼板宽度不得小于（   ）mm，否则应重新排版。
    A. 200 B. 150
    C. 100 D. 50

13. 膨胀聚苯板薄抹灰外保温系统的施工工艺顺序，正确的是（   ）。
    ①挂基准线 ②粘贴聚苯板 ③抹面层抹面砂浆 ④安装固定件
    A. ①②③④ B. ①③②④
    C. ①②④③ D. ①④②③

14. 不是钢筋植筋施工所包含的施工工艺的是（   ）。
    A. 钻孔 B. 清孔
    C. 注胶 D. 二次注胶

15. 蒸压加气混凝土砌块填充墙的施工工艺，下列有关说法正确的是（   ）。
    A. 厨房、卫生间隔墙墙体底部，应现浇素混凝土坎台，高度不得小于200mm
    B. 砌筑时必须挂线
    C. 砌块宜采用铺浆法施工
    D. 砌块转角及交接处宜同时砌筑，不得留直槎

16. 聚苯板出厂前应在自然条件下或高温中陈化。如选择自然陈化，陈化时间为（   ）d。
    A. 5 B. 14
    C. 28 D. 42

参考文献

[1] 吴俊臣. 高层建筑施工[M]. 北京：北京大学出版社，2022.

[2] 梁晓丹，戚甘红，刘亚龙. 高层建筑施工[M]. 北京：北京理工大学出版社，2023.

[3] 余地华，叶建. 超高层建筑关键施工技术与总承包管理[M]. 北京：中国建筑工业出版社，2022.

[4] 陈光圆. 装配式混凝土建筑构件生产与施工[M]. 武汉：华中科技大学出版社，2023.

[5] 陆艳侠，宁培淋，张静. 建筑施工技术[M]. 北京：北京大学出版社，2023.

[6] 王存芳，严凌，罗振威. 建筑施工技术[M]. 武汉：华中科技大学出版社，2022.

[7] 杨莹. 建筑工程施工技术[M]. 北京：机械工业出版社，2023.

[8] 方洪涛，蒋春平. 高层建筑施工[M]. 北京：北京理工大学出版社，2019.

[9] 姚谨英，姚晓霞. 建筑施工技术[M]. 北京：中国建筑工业出版社，2022.

[10] 杨转运，张银会. 建筑施工技术[M]. 北京：北京理工大学出版社，2021.

[11] 李高锋，刘大鹏，焦文俊. 建筑施工技术[M]. 南京：南京大学出版社，2020.

[12] 徐淳. 建筑施工技术[M]. 北京：北京大学出版社，2023.

[13] 张蓓，高琨，郭玉霞. 建筑施工技术[M]. 北京：北京理工大学出版社，2022.

[14] 卜良桃，曾裕林，曾令宏. 土木工程施工.[M]. 2版. 武汉：武汉理工大学出版社，2019.

[15] 孙家坤，司伟. 装配式建筑构件及施工质量控制[M]. 北京：化学工业出版社，2021.

[16] 郭学明. 装配式混凝土建筑制作与施工[M]. 北京：机械工业出版社，2018.

[17] 钟振宇，甘静艳. 装配式混凝土建筑施工[M]. 北京：科学出版社，2018.

[18] 汤建新，马跃强. 装配式混凝土结构施工技术[M]. 北京：机械工业出版社，2021.

[19] 王茹. 装配式建筑施工与管理[M]. 北京：机械工业出版社，2021.

[20] 张爱莉. 高层建筑施工[M]. 重庆：重庆大学出版社，2019.

[21] 王光炎. 装配式建筑混凝土预制构件生产与管理[M]. 北京：科学出版社，2020.